数学模型在生态学的应用及研究(42)

The Application and Research of Mathematical Model in Ecology(42)

杨东方　李　烨　编著

海洋出版社

2019年 · 北京

内 容 提 要

通过阐述数学模型在生态学的应用和研究,定量化地展示生态系统中环境因子和生物因子的变化过程,揭示了生态系统的规律和机制以及其稳定性、连续性的变化,使生态数学模型在生态系统中发挥巨大作用。在科学技术迅猛发展的今天,通过该书的学习,可以帮助读者了解生态数学模型的应用、发展和研究的过程;分析不同领域、不同学科的各种各样生态数学模型;探索采取何种数学模型应用于何种生态领域的研究;掌握建立数学模型的方法和技巧。此外,该书还有助于加深对生态系统的量化理解,培养定量化研究生态系统的思维。

本书主要内容为:介绍各种各样的数学模型在生态学不同领域的应用,如在地理、地貌、水文和水动力以及环境变化、生物变化和生态变化等领域的应用。详细阐述了数学模型建立的背景、数学模型的组成和结构以及其数学模型应用的意义。

本书适合气象学、地质学、海洋学、环境学、生物学、生物地球化学、生态学、陆地生态学、海洋生态学和海湾生态学等有关领域的科学工作者和相关学科的专家参阅,也适合高等院校师生作为教学和科研的参考。

图书在版编目(CIP)数据

数学模型在生态学的应用及研究.42/杨东方,李烨编著.—北京:海洋出版社,2018.11
ISBN 978-7-5210-0269-0

Ⅰ.①数…　Ⅱ.①杨…②李…　Ⅲ.①数学模型-应用-生态学-研究　Ⅳ.①Q14

中国版本图书馆 CIP 数据核字(2018)第 277484 号

责任编辑:鹿　源
责任印制:赵麟苏

海洋出版社　出版发行

http://www.oceanpress.com.cn
北京市海淀区大慧寺路 8 号　邮编:100081
北京朝阳印刷厂有限责任公司印刷　新华书店北京发行所经销
2019 年 3 月第 1 版　2019 年 3 月第 1 次印刷
开本:787 mm×1092 mm　1/16　印张:20
字数:460 千字　定价:90.00 元
发行部:62132549　邮购部:68038093　总编室:62114335
海洋版图书印、装错误可随时退换

《数学模型在生态学的应用及研究(42)》编委会

数学是结果量化的工具

数学是思维方法的应用

数学是研究创新的钥匙

数学是科学发展的基础

杨东方

要想了解动态的生态系统的基本过程和动力学机制,尽可从建立数学模型为出发点,以数学为工具,以生物为基础,以物理、化学、地质为辅助,对生态现象、生态环境、生态过程进行探讨。

生态数学模型体现了在定性描述与定量处理之间的关系,使研究展现了许多妙不可言的启示,使研究进入更深的层次,开创了新的领域。

杨东方

摘自《生态数学模型及其在海洋生态学应用》

海洋科学(2000),24(6):21—24.

前　言

细大尽力,莫敢怠荒,远迩辟隐,专务肃庄,端直敦忠,事业有常。

——《史记·秦始皇本纪》

数学模型研究可以分为两大方面:定性和定量的,要定性地研究,提出的问题是:"发生了什么或者发生了没有?",要定量地研究,提出的问题是"发生了多少或者它如何发生的?"。前者是对问题的动态周期、特征和趋势进行了定性的描述,而后者是对问题的机制、原理、起因进行了定量化的解释。然而,生物学中有许多实验问题与建立模型并不是直接有关的。于是,通过分析、比较、计算和应用各种数学方法,建立反映实际的且具有意义的仿真模型。

生态数学模型的特点为:(1)综合考虑各种生态因子的影响。(2)定量化描述生态过程,阐明生态机制和规律。(3)能够动态地模拟和预测自然发展状况。

生态数学模型的功能为:(1)建造模型的尝试常有助于精确判定所缺乏的知识和数据,对于生物和环境有进一步定量了解。(2)模型的建立过程能产生新的想法和实验方法,并缩减实验的数量,对选择假设有所取舍,完善实验设计。(3)与传统的方法相比,模型常能更好地使用越来越精确的数据,将生态的不同方面所取得材料集中在一起,得出统一的概念。

模型研究要特别注意:(1)模型的适用范围:时间尺度、空间距离、海域大小、参数范围。例如,不能用每月的个别发生的生态现象来检测1年跨度的调查数据所做的模型。又如用不常发生的赤潮模型来解释经常发生的一般生态现象。因此,模型的适用范围一定要清楚。(2)模型的形式是非常重要的,它揭示内在的性质、本质的规律,来解释生态现象的机制、生态环境的内在联系。因此,重要的是要研究模型的形式,而不是参数,参数只是说明尺度、大小、范围而已。(3)模型的可靠性,由于模型的参数一般是从实测数据得到的,它的可靠性非常重要,这是通过统计学来检测。只有可靠性得到保证,才能用模型说明实际的生态问题。(4)解决生态问题时,所提出的观点,不仅数学模型要支持这一观点,而且还要从生态现象、生态环境等各方面的事实来支持这一观点。

本书以生态数学模型的应用和发展为研究主题,介绍数学模型在生态学不同领域的应用,如在地理、地貌、气象、水文和水动力以及环境变化、生物变化和生态变化等领域的应用。详细阐述了数学模型建立的背景、数学模型的组成和结构以及其数学模型应用的意义。认真掌握生态数学模型的特点和功能以及注意事项。生态数学模型展示了生态系统的演化过程并预测了自然资源的可持续利用。通过本书的学习和研究,可促进自然资源、环境的开发与保护,推进生态经济的健康发展,加强生态保护和环境恢复。

本书获得西京学院的出版基金、陕西国际商贸学院的出版基金、贵州民族大学博点建设文库、"贵州喀斯特湿地资源及特征研究"(TZJF-2011年-44号)项目、"喀斯特湿地生态监测研究重点实验室"(黔教合KY字[2012]003号)项目、贵州民族大学引进人才科研项目([2014]02)、土地利用和气候变化对乌江径流的影响研究(黔教合KY字[2014]266号)、威宁草海浮游植物功能群与环境因子关系(黔科合LH字[2014]7376号)、"铬胁迫下人工湿地植物多样性对生态系统功能的影响机制研究"(国家自然科学基金项目31560107)以及国家海洋局北海环境监测中心主任科研基金——长江口、胶州湾、浮山湾及其附近海域的生态变化过程(05EMC16)的共同资助下完成。

此书得以完成应该感谢北海环境监测中心主任姜锡仁研究员、上海海洋大学副校长李家乐教授、贵州民族大学校长陶文亮教授和西京学院校长任芳教授;还要感谢刘瑞玉院士、冯士筰院士、胡敦欣院士、唐启升院士、汪品先院士、丁德文院士和张经院士。诸位专家和领导给予的大力支持,提供的良好的研究环境,成为我们科研事业发展的动力引擎。在此书付梓之际,我们诚挚感谢给予许多热心指点和有益传授的其他老师和同仁。

本书内容新颖丰富,层次分明,由浅入深,结构清晰,布局合理,语言简练,实用性和指导性强。由于作者水平有限,书中难免有疏漏之处,望广大读者批评指正。

沧海桑田,日月穿梭。抬眼望,千里尽收,祖国在心间。

杨东方　李　烨

2016年5月8日

目　　录

3

卵石的推移质数量模型

1 背景

一般把平均粒径大于10.0 mm的泥沙称为卵石推移质。卵石推移质问题在长江上游的一些河流中十分突出,造成水库、渠道、航道与港口的淤积,危及山区河流的开发、利用与建设。目前计算卵石推移质数量,主要采用三种方法:计算法,测验法,岩矿分析法,然而这些方法都具有一定的局限性。林承坤[1]以分析长江上游卵石推移质来源为基础,借助磨损原理建立相关公式,并计算出长江上游的卵石推移质数量。

2 公式

卵石推移质在运动过程中遭受河床和挟沙水流的摩擦,而造成其重量、粒径和容积的沿程递减,这就是说,卵石遭到了磨损。史当贝(H. U. Sternbrerg)据此提出的卵石推移质重量磨损公式是:

$$\overline{W_L} = \overline{W_0} e^{-CL}$$

式中,$\overline{W_0}$为卵石的起始重量,t;$\overline{W_L}$为卵石运动了距离L(km)被磨损后的重量,t;e为自然对数的底(2.718 2);C为卵石重量磨损系数,km^{-1},其主要随岩类硬度不同而异。

由于卵石重量等于容积($V = \pi d^3/6$,d为等容粒径)与容重(γ)相乘,因此由上式导出的卵石磨损公式是:

$$d_L^3 = d_0^3 e^{-CL}$$

$$d_L = d_0 e^{CL/3} = d_0 e^{-C_d L}$$

式中,d_0为卵石的起始粒径,mm;d_L为卵石经运动了距离L(km)被磨损后的粒径,mm;$C_d = C/3$,为卵石粒径磨损系数,km^{-1}。

河流卵石推移质大都呈扁椭球体,用长径a表示卵石的长度,宽径b表示卵石宽度,厚径c表示卵石的厚度。求每颗卵石的粒径d':

$$d' = (a + b + c)/3$$

卵石平均粒径$d_{平均}$的测定步骤:①在河床上选择适当的采样点,挖一体积为1 m²的采样坑,并采样,再用上式求出每颗卵石的粒径d';②把卵石按d'值大小分成n组,测出各组

的上下极限粒径 $d_{最大}$ 与 $d_{最小}$，与此同时计算出每组卵石数量占所采卵石总数的百分数 P_i；③求出各组卵石的平均粒径 $d_i = (d_{最大} + d_{最小})/2$；④求出每个采样点上的卵石平均粒径：

$$d = \sum_{i=1}^{n} P_i d_i / 100$$

3 意义

根据卵石的推移质数量模型，计算得到卵石推移质数量的沿程分布。在应用卵石的推移质数量模型时，需要利用卵石推移质起始数量与卵石的区间补给量以及磨损法。当然，也可以使用岩矿分析法或测验法，但磨损法拥有自身的特点，在卵石推移质研究中仍有着重要的理论意义与实际意义。而且采用了磨损法后，还能提高岩矿分析法与测验法的精度与效率。因此，同其他方法相比，其计算卵石推移质数量简便、迅速，且在计算过程中没有复杂的技术问题，并能较迅速准确地计算出某河流卵石推移质数量的沿程分布。

参考文献

[1] 林承坤.长江上游卵石推移质数量的计算.山地研究,1986,4(2):111-116.

沉垫式钻井平台的稳定模型

1 背景

自升式钻井平台由上船体、升降机构、桩腿及海底支承结构等几部分组成。马志良等[1]根据沉垫支承自升式钻井平台的船型特征,讨论了该类平台在漂浮状态下的几个稳性问题:任意风向风力作用下的完整稳性;在升降过程中沉垫与上船体的间隙变化对平台稳性的影响,沉垫的存在对平台在波浪中的运动与稳性的影响等。此外,还对若干与稳性衡准有关的问题进行了讨论。所得结果有助于设计者改善该类平台的稳性,有助于制订该类平台合理的操作指南,提高平台的使用安全性。

2 公式

2.1 任意方向风力作用下的完整稳性

对图 1 所示计算模型进行了稳性计算。该模型是有代表性的沉垫式平台,有四根桩腿,上船体与沉垫均呈矩形。图 2 是该模型某一典型的稳性曲线,图 3 表示平台向不同方向倾斜 5° 时复原力矩的变化,横向倾斜时的复原力臂最小;由于平台的首部和尾部不对称,曲线的左边比右边稍高。在计算风倾力矩时,应注意其随风向角的变化,同时亦随平台倾角的变化。因此,必须把整个平台包括水上与水下部分的表面积垂直与水平地划分成大量面积元素进行计算。作用在每个受风面积元素上的风力按下式计算:

$$\Delta F = 0.0625 C_s C_h V^2 \Delta A \tag{1}$$

式中, ΔF 为作用在面积元素上的风力,kg; C_s 为构件的形状系数; C_h 为构件的高度系数; V 为风速,m/s; ΔA 为面积元素在风速方向的投影。

2.2 升降过程中沉垫的位置对稳性的影响

从图 2 可知,初稳心高对平台的静稳性曲线有很大的影响。假如进水角为 10°~15°,则复原力臂曲线下的面积在很大程度上由初稳心高的大小所确定。沉垫升降过程中,平台的重量、排水量及稳心半径等保持不变,但重心、浮心的位置发生了变化。初稳心高的变化 ΔGM 由下式计算:

$$\Delta GM = \Delta BG = \frac{W_m - D_m}{D}(S_1 - S_0) = K(S_1 - S_0) \tag{2}$$

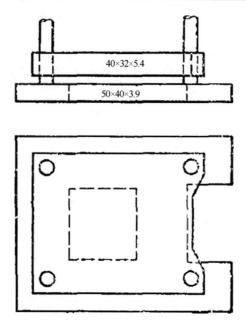

图1　计算模型的上船体及沉垫

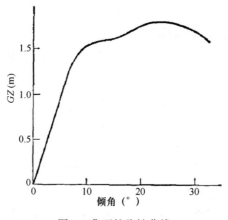

图2　典型的稳性曲线

式中,D 为排水量,W 为沉垫及桩腿(包括沉垫中压载水)的重量,D 为沉垫的排水量,S_0 为沉垫与上船体之间的最小间隙,S_1 为沉垫处于任意位置时的间隙。

公式(2)表示初稳心高的变化和间隙的变化成正比,其大小主要由系数 K 确定。在一般情况下,$W_m > D_m$,故 ΔGM 随沉垫的下降而增大。

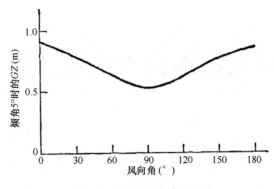

图 3 复原力臂风向角的变化

3 意义

根据沉垫支承自升式钻井平台的船型特征,通过沉垫式钻井平台的稳定模型,计算平台在漂浮状态下的稳定性。计算得到了任意风向风力作用下的完整稳性、在升降过程中沉垫与上船体的间隙的变化对平台稳性的影响以及沉垫的存在对平台在波浪中运动与稳性的影响,此外,应用沉垫式钻井平台的稳定模型,可确定稳定性的衡准。而且,计算所得结果有助于设计者改善该类平台的稳性,有助于制订该类平台合理的操作指南,提高平台的使用安全性。

参考文献

[1] 马志良,杨宗英,潘斌.沉垫支承自升式钻井平台在漂浮状态下的稳性.海洋工程,1983,1(1):56-63.

[2] Leonard Le Blane. "Traeing the Causes of Rig Mishaps", Offshore, Vol. 41, No. 3, Mareh 1981, pp. 51-63.

管状接头的应力场计算

1 背景

近二十年来,海洋工程平台结构中管状接头处应力集中现象引起了人们的极大注意,并开展了广泛的研究工作。目前,研究管状接头应力状况的方法主要有计算法和实验法。计算法主要包括解析计算法和有限元法,实验法包括光弹性法和钢模电测法。陈铁云等[1]提供了一个新的解析方法,可用于各种简单接头的支管和弦管的应力场计算。此法克服了有限元法计算量大的缺点,又克服了过去解析法中载荷传递的近似性,从而解决了过去解析法中尚未解决的支管应力分析问题。

2 公式

2.1 Y 型接头中的几何关系

考虑图 1 中的 Y 型管状接头。

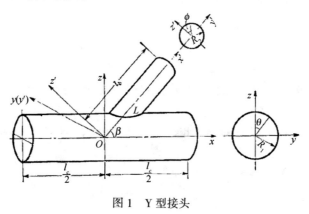

图 1 Y 型接头

由 $oxyz$ 坐标系表达的交贯线方程为:

$$\left.\begin{aligned}
x &= \sqrt{R_1^2 - R_2^2 \sin^2\varphi}\cot\beta - R_2\cos/\sin\beta \\
y &= R_2\sin\varphi \\
z &= \sqrt{R_1^2 - R_2^2\sin\varphi}
\end{aligned}\right\}, \text{其中 } R_2\sin\varphi = R_1\sin\theta \qquad (1)$$

6

2.2 交贯线上力的传递

支管作用于弦管上的力是由交贯线传递的。这些力近似地认为是由有限个节点传递，作用于有限个小正方形上(图 2a)。交贯线被等分为 $2n$ 分，每个等分决定一节点，每一个节点确定一个以它为中心的小正方形。作用在每个小正方形上的力有三种:x 向和 z 向的力及绕着交贯线的弯矩,y 方向的力被忽略。

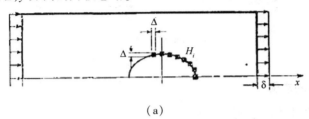

（a）

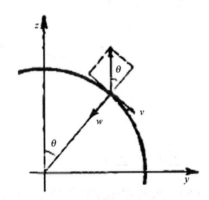

图 2　交贯线上力的传递

弦管上受力的双三角级数的每一项都可用矩阵表达为:

$$\{q_{mk}\} = \{q_{mk}^{(1)}\} + \{q_{mk}^{(2)}\} = [Q_{mk}]\{\alpha\} + \{q_{mk}^{(2)}\} \tag{2}$$

2.3 弦管分析

由于结构的对称性,只考虑第 1 点到第 $n+1$ 点的位移。

弦管的轴向位移 U 为:

$$\{U\} = [F^{(1)}]\{\alpha\} + \{U^{(2)}\} + \{U_0\} \tag{3}$$

2.4 支管分析

图 3 为一支管。L 是弦管中面与支管中面的交贯线,L' 是弦管外壁与支管中面的交界线。

支管轴向位移 U' 为:

$$\{U'\} = [F^{(1)}{}']\{c\}\{\alpha\} + \{U^{(2)}{}'\} + \{U_0{}'\} \tag{4}$$

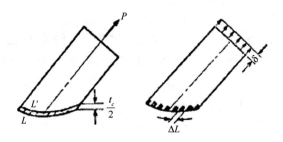

$$图 3 \quad 支管$$

2.5 各种管状接头的求解

2.5.1 T、Y 型管状接头的求解

$\{U\}$ 及 $\{U'\}$ 表示的 u、v、w 项全部投影到 x、y、z 轴上去,并且忽略掉 y 方向的影响,得到表达式如下:

$$[F^{(1)}]\{\alpha\} + \{\overline{U}^{(2)}\} + \{\overline{U}_{01}\} = [F^{(1)}{}']\{\alpha\} + \{\overline{U}^{(2)}{}'\} + \{\overline{U}'_{01}\} \tag{5}$$

再考虑到支管的平衡条件,有:

$$\left. \begin{array}{l} \sum\limits_{i=1}^{n+1} \alpha_{2i} + \sum\limits_{i=2}^{n} \alpha_{1i} = P\cos\beta \\[2mm] \sum\limits_{i=1}^{n+1} \alpha_{2i} + \sum\limits_{i=2}^{n} \alpha_{2i} = P\sin\beta \end{array} \right\} \tag{6}$$

由以上式(3)、式(5)和式(6)三式可解出弦管的位移。再根据内力与位移关系,即可求出弦管的内力。用完全相似的方法,求出支管的内力及位移。

2.5.2 K 型接头

图 4 为一 K 型接头。设 $\{\alpha_1\}$ 为交贯线 L_1 上的载荷列向量,$\{\alpha_2\}$ 为交贯线 L_2 上的载荷列向量,$\{U_1\}$ 为 L_1 上节点的位移列向量,$\{U_2\}$ 为 L_2 上的位移列向量。

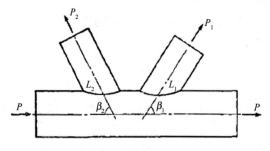

$$图 4 \quad K 型接头$$

由式(2)、式(3)和式(4)式可得：支管在节点上的位移与 $\{\alpha_1\}$、$\{\alpha_2\}$ 的关系为：

$$\left.\begin{array}{c}\{U'_1\} = [F_{11}^{(1)}]\{\alpha_1\} + \{\overline{U}_1^{(2)'}\} + \{\overline{U}'_{01}\} \\[2mm] \{\overline{U}'_2\} = [F_{22}^{(1)}]\{\alpha_2\} + \{\overline{U}_2^{(2)'}\} + \{\overline{U}'_{02}\} + \{U_{2x}\}\end{array}\right\} \qquad (7)$$

式中，$\{U_{2x}\}$ 表示 x 向的常位移。

再考虑支管的平衡条件

$$\left.\begin{array}{c}\sum\limits_{i=1}^{n+1}\alpha_{11i} + \sum\limits_{i=2}^{n}\alpha_{11i} = P_1\cos\beta_1 \\[3mm] \sum\limits_{i=1}^{n+1}\alpha_{12i} + \sum\limits_{i=2}^{n}\alpha_{12i} = P_1\sin\beta_1 \\[3mm] \sum\limits_{i=1}^{n+1}\alpha_{21i} + \sum\limits_{i=2}^{n}\alpha_{21i} = P_2\cos\beta_2 \\[3mm] \sum\limits_{i=1}^{n+1}\alpha_{22i} + \sum\limits_{i=2}^{n}\alpha_{22i} = P_2\sin\beta_2\end{array}\right\} \qquad (8)$$

及交贯线节点位移连续条件

$$\{\overline{U}_1\} = \{\overline{U}'_1\}, \{\overline{U}_2\} = \{\overline{U}'_2\} \qquad (9)$$

可以解出 $\{\alpha_1\}$，$\{\alpha_2\}$，从而也可解出位移及整个应力场。

3 意义

通过管状接头的应力场计算，证明新的计算解析法有相当好的精确度，可以在工程实际中应用。新的管状接头的应力场计算考虑了支管和弦管间的弯矩效应，因而用此法进行管状接头的计算比过去解析法更接近实际。而且，弯矩效应在过去解析法中一直被忽略，它是引起支管应力集中的主要因素，对弦管的应力集中也有一定的影响。新的解法可以计算支管的应力分布，并可以解决 K、Y 型接头的应力分布问题。新的解法及计算程序仅需要 10 个输入参数，这对海洋工程平台结构的稳定性具有重要意义。

参考文献

[1] 陈铁云,陈伯真,王友棋. 海洋工程结构中 T、Y、K 型管状接头的解析解法. 海洋工程,1983,1(1): 24-35

气动型的波力发电模型

1 背景

为了确定波浪能转换装置的性能、效率及装置的最佳方案,需要做模拟实验。目前世界各国使用的各种波浪能转换模拟实验装置,归纳起来有四类:造波水池、静水池、活塞式试验装置和垂直振荡水箱。高祥帆等[1]通过实验对静水池主动式气动型波能转换模拟实验装置展开了探讨。静水池的构造较造波水池简单。在静水池中,将波能转换装置悬吊在钢索下,由一可变半径的曲柄机构带动,装置相对静水面上下做简谐运动,可以获得相对的波浪运动效果。

2 公式

2.1 运动分析

为了研究空气涡轮波力发电装置,设计了一套静水池主动式气动型波能转换模拟实验装置,图 1 是该装置的示意图。该装置水池容积,长、宽、深为 $4 \times 3 \times 2.5 (\mathrm{m})$,可模拟的波高 H 为 $0.15 \sim 0.9$ m、波周期 T 为 $2 \sim 8$ s。实验要求中心管做规则的简谐运动。根据机械运动的原理,精确的简谐运动应采用曲柄移动导杆机构。但这种机构比较复杂,所以改为采用简单的曲柄机构获得近似的简谐运动。

图 2 为模拟实验中心管运动分析图。曲柄长为 r,以角速度 ω 匀速旋转,经过时间 t,滑轮到曲柄旋转中心距离为 L,那么中心管运动方程为:

$$s = \sqrt{r^2 + L^2 - 2rL\cos\omega t} - (L - r) \tag{1}$$

当 $L \neq r$ 时,该式可以按幂级数展开:

$$s = \sqrt{r^2 + L^2}\left[1 - \frac{rL}{r^2 + L^2}\cos\omega t - \cdots\right] - (L - r) \tag{2}$$

分析该实验装置,模拟波高 H 为 $0.15 \sim 0.9$ m,要求曲柄半径 r 为 $0.075 \sim 0.45$ m,滑轮到曲柄旋转中心距离 L 为 5 m,即 $r/L < 0.1$,代入式(2)中的二次项 $\frac{1}{2}\left(\frac{rL}{r^2 + L^2}\right)^2 \cos^2\omega t < 0.005$,可见当 $L \gg r$ 时,二次以后的高阶项可忽略不计,误差很小。式中的 ω、r、L 均为常量,故中心管的运动近似简谐运动,模拟的波高越小,运动就越接近简谐运动。

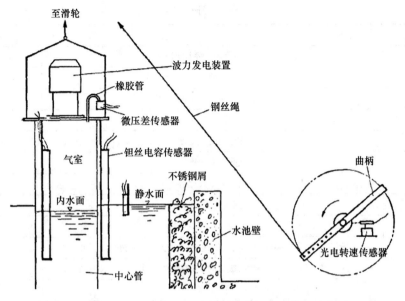

图 1　静水池主动式气动型波能转换模拟实验装置示意图

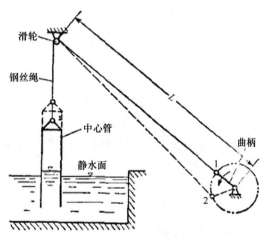

图 2　中心管运动简图

2.2　波力模拟实验的数据处理

各公式用到的符号定义如表 1 所示。

表1　符号定义

符号	定义	单位
s	中心管内气室面积	m^2
r	曲柄长	m
L	滑轮到曲柄旋转中心距离	m
ω	角速度	rad/s
$p_{气}$	瞬时的气流功率	W
g	重力加速度	m/s^2
v_0	大气中空气比容	m^3/N
v_i	气室内空气比容	m^3/N
A	喷嘴出口面积	m^2
c_0	排气时,气室外喷嘴出口处气流速度;吸气时,气室外气流速度	m/s
c_i	排气时,气室内气流速度;吸气时,气室内喷嘴出口处气流速度	m/s
H	模拟波高	m
T	模拟波周期	s
$\overline{P_{气}}$	周期平均的气流功率	W
$\overline{P_{水}}$	周期平均的水波功率	W
$\overline{\eta_{气室}}$	周期平均的气室效率	%

喷嘴出口处气流的瞬时功率为:

$$p_{气} = \frac{A}{2gv}c^3 \tag{3}$$

排气时, $p_i > p_0$,式(3)中 v 、 c 分别为 v_0 、 c_0 ;吸气时, $p_i < p_0$,式(3)中 v 、 c 分别为 v_i 、 c_i 。那么在一个周期内喷嘴出口处气流的平均功率为:

$$\overline{p_{气}} = \frac{1}{T}\int_0^T p_{气}\,\mathrm{d}t \tag{4}$$

中心管内面积上一个周期内的平均水波功率为:

$$\overline{p_{水}} = \frac{5H^2S}{T} \times 10^3 \tag{5}$$

周期平均的气室效率为:

$$\overline{\eta_{气室}} = \overline{p_{气}}/\overline{p_{水}} \times 100\% \tag{6}$$

3　意义

根据气动型波力发电模型,可知在静水池中,将波能转换装置悬吊在钢索下,由一可变半径的曲柄机构带动,相对静水面上下做简谐运动,可获得相对的波浪运动效果。而且可以使用气动型的波力发电模型进行不同波况下的气室性能试验、空气涡轮性能试验和波力空气涡轮发电装置综合性能试验。该试验装置近似岸式或锚泊固定式气动型波能转换装置的工作过程,具有结构简单、实用、造价低的特点。

参考文献

[1] 高祥帆,蒋念东,梁贤光. 静水池主动式气动型波能转换模拟实验装置. 海洋工程,1983,1(1): 84-91.

滩地输水的潮汐水流方程

1 背景

天然河流及潮汐河口往往存在相当大的滩地,它不仅有蓄水作用,还有输水作用。目前,滩地输水的计算方法可分两类:第一类是按一维水流方法计算,令滩地与主槽的流速同步变化[1]。第二类是把主槽与滩地分开计算,文献[2]假设了主槽与边滩的水位相同,只有纵向流动无横向交换。文献[3]进一步考虑了主槽与边滩水位不同,并以堰流方式进行横向交换,但事实上,除了主槽、边滩因水位差产生横向交换外,还可能由于弯道离心力而产生横向交换[4-5]。

2 公式

2.1 工作方程

如图 1 所示主槽与边滩的工作方程为:

主槽:

$$\begin{cases} \dfrac{\partial Z_0}{\partial t} + \dfrac{1}{B_0}\dfrac{\partial Q_0}{\partial x} = \dfrac{Q_3 + Q_4}{B_0} & (1a) \\[3mm] \dfrac{\partial Q_0}{\partial t} + 2u_0\dfrac{\partial Q_0}{\partial x} + A_0 g\dfrac{\partial Z_0}{\partial x} = u_0^2\dfrac{\partial A_0}{\partial x} - g\dfrac{|Q_0|Q_0}{A_0 C_0^2 R_0} + Q_3(u_1\cos\theta_1 - u_0) + Q_4(u_2\cos\theta_2 - u_0) & (1b) \end{cases}$$

左边滩:

$$\begin{cases} \dfrac{\partial Z_1}{\partial t} + \dfrac{1}{B_1}\dfrac{\partial Q_1}{\partial x} = -\dfrac{Q_3}{B_1} & (2a) \\[3mm] \dfrac{\partial Q_1}{\partial t} + 2u_1\dfrac{\partial Q_1}{\partial x} + A_1 g\dfrac{\partial Z_1}{\partial x} = u_1^2\dfrac{\partial A_1}{\partial x} - g\dfrac{|Q_1|Q_1}{A_1 C_1^2 R_1} - Q_3(u_1 - u_0\cos\theta_1) & (2b) \end{cases}$$

忽略对流项时动力方程为:

$$\frac{\partial Q_1}{\partial t} + A_1 g\frac{\partial Z_1}{\partial x} = -g\frac{|Q_1|Q_1}{A_1 C_1^2 R_1} - Q_3(u_1 - u_0\cos\theta_1) \tag{2c}$$

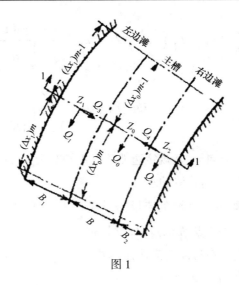

图 1

忽略全部惯性力时:

$$\frac{\partial Z_1}{\partial x} = -\frac{Q_1 |Q_1|}{A_1^2 C_1^2 R_1^2}$$ （2d）

右边滩:

$$\begin{cases} \dfrac{\partial Z_2}{\partial t} + \dfrac{1}{B_2}\dfrac{\partial Q_2}{\partial x} = -\dfrac{Q_4}{B_2} & (3a) \\[3mm] \dfrac{\partial Q_2}{\partial t} + 2u_2\dfrac{\partial Q_2}{\partial x} + A_2 g\dfrac{\partial Z_2}{\partial x} = u_2^2\dfrac{\partial A_2}{\partial x} - g\dfrac{|Q_2|Q_2}{A_2 C_2^2 R_2} - Q_4(u_2 - u_0\cos\theta_2) & (3b) \end{cases}$$

忽略对流项时动力方程为:

$$\frac{\partial Q_2}{\partial t} + A_2 g\frac{\partial Z_2}{\partial x} = -g\frac{|Q_2|Q_2}{A_2 C_2^2 R_2} - Q_4(u_2 - u_0\cos\theta_2)$$ （3c）

忽略全部惯性力时:

$$\frac{\partial Z_1}{\partial x} = -\frac{Q_1 |Q_1|}{A_1^2 C_1^2 R_1^2}$$ （3d）

大多数潮汐河口的主槽与边滩地形是渐变的,故两者之间不宜用堰流衔接[3],而改用明渠衔接。若只考虑重力与阻力平衡,则方程为:

$$\frac{\partial Z}{\partial y} + \frac{Q|Q|}{C^2 A^2 R} = 0$$

其差分形式为:

15

$$Q_{3m}^{n+1} = \frac{1}{2n_1}(Z_1 - Z_{01})^{\frac{5}{3}} sign(Z_1 - Z_0) \sqrt{\frac{\alpha Z_1 - (1-\alpha_1)Z_0}{\frac{1}{2}(B_1 + B_0)}} \qquad (4a)$$

$$Q_{4m}^{n+1} = \frac{1}{2n_2}(Z_2 - Z_{02})^{\frac{5}{3}} sign(Z_2 - Z_0) \sqrt{\frac{\alpha Z_2 - (1-\alpha_2)Z_0}{\frac{1}{2}(B_2 + B_0)}} \qquad (4b)$$

式中，Q_3、Q_4 为单位河长上横向流量，规定边滩流入主槽时为正，m^2/s；

Z_0、Z_1、Z_2 分别为主槽、左右边滩的水位，m；

Q_0、Q_1、Q_2 分别为主槽、左右边滩的流量，m^3/s；

A_0、A_1、A_2 分别为主槽、左右边滩的过水面积，m^2；

u_0、u_1、u_2 分别为主槽、左右边滩的流速，m/s；

B_0、B_1、B_2 分别为主槽、左右边滩的河宽，m；

C_0、C_1、C_2 分别为主槽、左右边滩的谢才系数，$m^{1/2}/s$；

θ_1、θ_2 为主槽与左右边滩轴线的夹角；

α_1、α_2 为横向水位的权重系数；

Z_{01}、Z_{02} 为左右边滩的河底高程，m；

n_1、n_2 为左右边滩的横向糙率系数。

上述方程的解是封闭的，考虑到横向交换除了式 4(a) 和式 4(b) 外，涨潮时惯性力较大，主槽在弯道还有一部分水流向下一个断面凹岸边滩上分流。其分流量比为：

$$\eta = \frac{\Delta Q}{Q} = \frac{1}{\left(11\dfrac{H\Delta x_0}{rB_0} + 1\right)} \frac{A_1}{A_0} \qquad (4c)$$

式中，r 为弯道的曲率半径，m；Δx_0、B_0、H 分别为弯道处主槽河段长度、河宽及水深。

2.2 差分格式

现将边滩不同简化情况的差分公式分述如下。

2.2.1 主槽、边滩均用严格的方程组

联立求解方程式(1a)、式(1b)、式(2a)、式(2b)、式(3a)、式(3b)，可用与文献[4]相类似的方法推得其特征关系式：

$$\left.\begin{array}{l}\left(\dfrac{\partial Z_i}{\partial t} + \lambda_{1i}\dfrac{\partial Z_i}{\partial x}\right) - \dfrac{1}{B_i\lambda_{2i}}\left(\dfrac{\partial Q_i}{\partial t} + \lambda_{1i}\dfrac{\partial Q_i}{\partial x}\right) = \dfrac{q_i}{B_i} + \dfrac{M_i}{B_i\lambda_{1i}} \\[4mm] \left(\dfrac{\partial Z_i}{\partial t} + \lambda_{2i}\dfrac{\partial Z_i}{\partial x}\right) - \dfrac{1}{B_i\lambda_{1i}}\left(\dfrac{\partial Q_i}{\partial t} + \lambda_{2i}\dfrac{\partial Q_i}{\partial x}\right) = \dfrac{q_i}{B_i} + \dfrac{M_i}{B_i\lambda_{2i}}\end{array}\right\} \qquad (5)$$

其中，$i = 0,1,2$，分别为主槽、左右边滩的量。

$$\left.\begin{array}{l}
\lambda_{1i} = u_i + \sqrt{u_i^2 + \dfrac{Ag}{B_i}} \\[3mm]
\lambda_{2i} = u_i - \sqrt{u_i^2 + \dfrac{Ag}{B_i}} \\[3mm]
M_i = u_i^2 \dfrac{\partial A_i}{\partial x} - gB_i \dfrac{|u_i|u_i}{C_i^2} + p_i
\end{array}\right\} \tag{6}$$

q_i 为单位河长上主槽与边滩间的横向交换流量，$i = 0$，$q_0 = Q_3 + Q_4$；$i = 1$ 时，$q_1 = -Q_3$，$i = 2$，$q_2 = -Q_4$；p_i 为单位河长上主槽与边滩间的横向动量交换。

其差分公式如下。

内点：

$$(Q_m^{n+1})_i = (Q_m^n)_i \frac{A_i g}{2}(\Delta Z_m^n)_i - u_i(\Delta Q_m^n)_i + \frac{1}{2}(\beta_i + 2r_i u_i)(\Delta^2 Q_m^n)_i$$

$$+ \frac{1}{2}[u_i^2(\Delta A_m^n)_i] - \left(B_i g \frac{|u_i|u_i}{C_i^2} - p_i\right)\Delta t \tag{7}$$

$$(Z_m^{n+1})_i = (Z_m^n)_i \frac{B_i}{2}(\Delta^2 Z_m^n)_i - \frac{1}{2B_i}(\Delta Q_m^n)_i + \frac{r_i}{2\beta_i}(\Delta^2 Q_m^n)_i$$

$$- \frac{u_i^2}{2A_i g}\beta_i(\Delta^2 A_m^n)_i + \frac{q_i}{\beta_i}\Delta t \tag{8}$$

边界点：

下边界已知水位求流量：

$$(Q_m^{n+1})_i = (Q_m^n)_i - \lambda_{+i} \cdot \lambda_{1i}[(Q_m^n)_i - (Q_{m+1}^n)_i] + B_i \lambda_{2i}[(Z_{m+1}^n)_i - (Z_m^n)_i]$$

$$- A_i g \lambda_{+i}[(Z_m^n)_i - (Z^n)_i] + u_i^2 \lambda_{1i}[(A_m^n)_i - (A_{m+1}^n)_i] - \left(B_i g \frac{|u_i|u_i}{C_i^2} - p_i\right)\Delta t \tag{9}$$

上边界已知水位求流量：

$$(Q_m^{n+1})_i = (Q_m^n)_i - \lambda_{2i} \cdot \lambda_{-i}[(Q_{m-1}^n)_i - (Q_m^n)_i] + B_i \lambda_{1i}[(Z_m^{n+1})_i - (Z_m^n)_i]$$

$$- A_i g \lambda_{-i}[(Z_{m-1}^n)_i - (Z_m^n)_i] + u_i^2 \lambda_{2i}[(A_{m-1}^n)_i - (A_m^n)_i] - \left(B_i g \frac{|u_i|u_i}{C_i^2} - p_i\right)\Delta t \tag{10}$$

2.2.2 主槽用严格方程、边滩忽略对流项

联立式(1a)、式(1b)、式(2a)、式(2c)、式(3a)、式(3c)、式(4a)、式(4b)。此时，特征关系与式(5)相同，特征方向 $i = 0$ 时与式(6)相同，$i = 1，2$ 时为：

$$\begin{cases} \lambda_{1i} = \sqrt{\dfrac{A_i g}{B_i}} \\[3mm] \lambda_{2i} = -\sqrt{\dfrac{A_i g}{B_i}} \\[3mm] M_i = p_i - g B_i \dfrac{|u_i| u_i}{C_i^2} \end{cases} \tag{11}$$

p_i的定义同前,仍用相同的偏心差分格式,经推导可得如下公式。

内点:

$$(Q_m^{n+1})_i = (Q_m^n)_i - \frac{1}{2} A_i g (\Delta Z_m^n)_i + \frac{1}{2} \sqrt{g \frac{A_i}{B_i}} (\Delta^2 Q_m^n)_i - M_i \Delta t \tag{12}$$

$$(Z_m^{n+1})_i = (Z_m^n)_i + \sqrt{\frac{g R_i}{2}} (\Delta^2 Z_m^n)_i - \frac{1}{2 B_i} (\Delta Q_m^n)_i + \frac{q_i}{B_i} \Delta t \tag{13}$$

式中,$i = 1$ 时,左边滩 $q_1 = -Q_3$;$i = 2$ 时,右边滩 $q_2 = -Q_4$;$(\Delta Z_m^n)_i$、$(\Delta^2 Z_m^n)_i$、$(\Delta Q_m^n)_i$、$(\Delta^2 Q_m^n)_i$,定义均同前。

下边界已知水位求流量:

$$(Q_m^{n+1})_i = (Q_m^n)_i - \lambda_{1i} \cdot \lambda_{+i} [(Q_m^n)_i - (Q_{m+1}^n)_i] - B_i \lambda_{1i} [(Z_m^{n+1})_i - (Z_m^n)_i]$$
$$- \lambda_{1i} \lambda_{-i} [(Z_m^n)_i - (Z_{m+1}^n)_i] - M_i \Delta t \tag{14}$$

上边界已知水位求流量:

$$(Q_m^{n+1})_i = (Q_m^n)_i - \lambda_{2i} \cdot \lambda_{-i} [(Q_{m-1}^n)_i - (Q_m^n)_i] - B_i \lambda_{2i} [(Z_m^{n+1})_i - (Z_m^n)_i]$$
$$- \lambda_{2i} \lambda_{+i} [(Z_{m-1}^n)_i - (Z_m^n)_i] - M_i \Delta t \tag{15}$$

2.2.3 主槽用严格方程,边滩只考虑重力、阻力平衡方程

用式(1a)、式(1b)、式(2a)、式(2d)、式(3a)、式(3d)、式(4a)、式(4b)联立求解,此时,主槽和边滩的 z、Q 仍用前面公式求解,只是边滩纵向流量为:

$$Q_i = \frac{1}{n}(B_i + B)(Z_i - Z_{i0})^{\frac{5}{3}} sign (\Delta Z_m^n)_i \sqrt{\frac{(\Delta Z_m^n)_i}{\Delta t}} \tag{16}$$

当 $i = 1, 2$ 时,分别为左右边滩的纵向流量,$(\Delta Z_m^n)_i$ 的定义同前。

2.3 主槽分流计算的控制

弯道离心力造成的分流比可按式(4c)计算。但选用断面有一定随意性,可能使计算不准。为此,再对弯道的主槽、边滩间的水位差值按下式加以控制:

$$[\Delta Z] = \frac{u_0^2}{r g} \tag{17}$$

式中,u_0 为主槽流速,r 为曲率半径,$[\Delta Z]$ 为主槽边滩水位差。如果分流后的水位差大于此值时,则可通过横向水流交换再流入主槽,小于此值则为允许的。

3　意义

根据滩地输水的潮汐水流方程,在纵向流动上,考虑了主槽和边滩河长、水位及流速位相的差别;横向流动上,考虑了水位差及弯道离心力所产生的交换,即用了比一维较复杂,比二维较简化的方法(称简化二维)。以钱塘江河口闸口至八堡河段进行了验证计算,结果较满意。该方法不仅能较准确地计算全断面的流量,而且能分别描述主槽与滩地涨、落潮纵向及横向流量的大小,从而得到流量在断面上的分配。

参考文献

[1]　T.Tingsanchali,Ackerman."Effects of Overbank Flow in Flood Computation"A.S.C.E.Hydraulic Division,
　　　July,1976.
[2]　Milord Milorador."Modelling of Unsteady Flow in Natural water Course"17th Congress I.A.H.R.Vol.
　　　II.1977.
[3]　C.Thirriat."Unsteady Flows in Double — Profiled Channel"International Symposium on Unsteady Flow in
　　　Open Channel,1977.
[4]　韩曾萃,程杭平.钱塘江江水含盐度计算的研究.水利学报,1981 年第 6 期.
[5]　韩曾萃,程杭平.考虑滩地输水的潮汐水流计算方法.海洋工程,1981,1(1):64-73.

离岸工程的水动力学模型

1 背景

海洋历来是人类必须面对的最恶劣的环境之一。海洋工程不断向人类提出各种科学技术与工程问题,对科技工作者与工程人员来说是一个巨大的挑战。由于海洋工程所涉及的工程技术领域极其宽广,顾懋祥[1]仅就近年来国际船模试验池的研究,应用离岸工程的水动力学模型,对水动力学及其实验进行了研究。

2 公式

2.1 固定结构波浪载荷的计算

固定结构一般在 300 米以浅的海域中可作为石油或天然气的生产平台使用。该结构又可分为二种,一种是空间桁架结构;另一种是大型结构,如大型混凝土重力式平台,如图 1 所示。

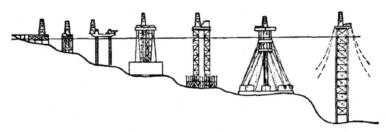

图 1　用于油、气生产的固定结构示例

对整体桁架或对单个构件的波浪载荷,既要考虑一般海况,也要考虑极限生存海况。载荷可用 Morison 公式确定:

$$dF = \frac{1}{2}\rho C_D D u^2 dl + \rho C_M \frac{\pi D^2}{4} \frac{\partial u}{\partial t} dl \tag{1}$$

式中,C_D 为阻尼系数;C_M 为惯性系数;ρ 为海水平均密度,kg/m^3;u 为杆件轴心处原流场水质点速度在杆件法线上的投影。

2.2 波高与风速的关系

Hogben 得出的经验公式是:

$$H_s = (H_1^2 + H_2^2)^{\frac{1}{2}} \tag{2}$$

式中，$H_1 = aw^n$，为风波平均高度的一种测度，其中，a, n 为经验系数，w 为风速，kn；H_2 为涌浪波高的一种测度；H_s 为有义波高。

Hogben 认为十三届 ITTC 所推荐的 P-M 谱对应于开阔海面，而对于有限风程的北海中的几个测波站来说，虽然波高与风速的平均曲线颇为类似，但平均曲线随地点不同而有上下的平移。因此，他认为在波高与风速的关系方面用随地点而异的经验曲线，比用 ITTC 的关系式为好。

2.3 方向谱扩散函数的模型

关于方向谱的问题，Hogben 认为日本用"三叶草"式的测方向波谱的浮标所得的经验公式与 JONSWAP 测得的方向谱结果颇为符合，现在已比较广泛地被采用为方向谱的参数模型，这里介绍一下 Mitsuyasu 的主要公式：

$$E(f, \theta) = G(s) \cos^{2s} \frac{1}{2}(\theta - \theta_0) E(f) \tag{3}$$

$$G(s)（规范函数）= \frac{2^{(2s-1)} \Gamma^2(s+1)}{\prod \Gamma(2s+1)} \tag{4}$$

$$s = 11.5 f_{1m}^{-7.5} f_1^5 (f_1 < f_{1m}) \tag{5}$$

$$s = 11.5 f_1^{-2.5} (f_1 > f_{1m}) \tag{6}$$

$$f_1 = \frac{2\prod U}{g} f, (f 为波频, U 为风速) \tag{7}$$

$$f_{1m} = \frac{2\prod U}{g} f_m, (f_m 为谱峰频) \tag{8}$$

3 意义

利用海岸固定结构波浪载荷、波高与风速的关系以及方向谱扩散函数，建立了离岸工程的水动力学模型。并通过该模型进行了定量化的相应计算。对其计算结果进行分析，对海上石油的开发、海上能源与资源的利用具有重要的意义。从模型实验技术上说，由于有些结构的圆管、拉条的尺度很小或大小不一，故很难使用某一缩尺以后仍保持与 Re 无关的条件，即使在最大的水池中也无法越过此"比尺障"，所以在实际环境下的实尺实验是不可缺少的。

参考文献

[1] 顾懋祥 . 离岸工程中的水动力学与实验问题 . 海洋工程，1983，1（1）：10-16.

水平圆柱的波压力模型

1 背景

对于不同高程的，与波峰线平行的小直径圆柱，严以新[1]通过试验表明，其波压力计算也可以采用莫利逊公式的形式。任佐皋[2]用液体示踪剂摄影方法成功地测定水槽中波浪流速场，并证明了同二阶斯托克斯波浪理论的结果较一致。薛鸿超等[3]在线性理论分析的基础上，运用二阶斯托克斯波浪理论和朗奎特—希金斯(Longuet-iggins)补偿流理论，对水平圆柱上波压力的水平分力进行非线性分析。

2 公式

2.1 非线性分析方法

波浪与水平圆柱相互作用时，按莫利逊公式，其波压力的水平分力 f_x 可以写成如下的形式：

$$f_x = f_{Dx} + f_{Mx} = C_{Dx} \frac{d}{2} \rho u |u| + C_{Mx} \frac{\pi d^2}{4} \rho \dot{u} \tag{1}$$

式中，f_{Dx}、f_{Mx} 分别为阻力、惯性力分量，C_{Dx}、C_{Mx} 为阻力系数、惯性系数，u、$\dot{u}$ 为波浪质点水平速度、加速度，d 为圆柱直径，ρ 为水的密度。

式(1)可写成如下无量纲形式：

$$\begin{cases} \dfrac{f_x}{\gamma H^2} = \dfrac{f_{Dx}}{\gamma H^2} + \dfrac{f_{Mx}}{\gamma H^2} = k_{Dx} C_{Dx} \dfrac{u}{C} \left| \dfrac{u}{C} \right| + k_{Mx} C_{Mx} \left(\dfrac{\dot{u} T}{C} \right) \\[2mm] k_{Dx} = \dfrac{1}{2} \dfrac{d}{H} C^* \\[2mm] k_{Mx} = \dfrac{1}{4} \left(\dfrac{d}{H} \right)^2 \pi \delta C^* \\[2mm] C^* = \dfrac{C^2}{gH} \\[2mm] \delta = \dfrac{H}{L} \end{cases} \tag{2}$$

式中,原始波高 H、波周期 T、波速 C 和波长 L 为已知值;C^* 称为特征波速,d/H 为相对直径,δ 为坡陡,水的比重 γ、圆周率 π 和重力加速度 g 都是常值。

根据海岸动力学[3],二阶斯托克斯波浪理论的势函数 φ 比线性理论将增加一个二阶项,即:

$$\begin{cases} \varphi = \dfrac{H}{2}C\dfrac{\cosh k(z+D)}{\sinh kD}\sin\theta + \dfrac{3}{8}\left(\dfrac{H}{2}\right)kC\dfrac{\cosh 2k(z+D)}{\sinh^4 kD}\sin 2\theta \\ \theta = \sigma t - kx = 2\pi\dfrac{t}{T} - 2\pi\dfrac{x}{L} \end{cases} \quad (3)$$

式中,θ 为相位角,σ 为角频率,k 为波数,D 为水深,z 为高程。波速 C 的函数式仍与线性理论相同。

2.2 波动中心线超高

二阶斯托克斯波浪理论的自由表面方程也不同于线性理论,也多一个二阶项:

$$\frac{\zeta}{H} = \frac{1}{2}\cos\theta + \frac{\overline{\zeta_0}}{H}\cos 2\theta \quad (4)$$

$$\frac{\overline{\zeta_0}}{H} = \frac{1}{8}\pi\delta\coth kD\left(2 + \frac{3}{\sinh^2 kD}\right) \quad (5)$$

式中,ζ/H 为波动表面某点距静水位的相对高程,$\dfrac{\overline{\zeta_0}}{H}$ 为相对波动中心线超高。$\dfrac{\overline{\zeta_0}}{H}$ 随着非线性因子 $\pi\delta$ 的增大或 kD 的减小而增大。

2.3 最大水平分力的相位角 θ^*

应用线性理论时可以得到:

$$\sin\theta^* = -\pi\delta\frac{d}{H}\frac{k_f}{K_1}\frac{F_3}{F_2}\frac{\chi}{2\pi} \quad (6)$$

式中,$F_3 \approx F_2 \approx u_{max}/C$,此式表明,相位角 θ^* 或其正弦 $\sin\theta^*$ 与库尔甘—卡彭特数 χ 或 $\chi_1 = \chi/2\pi$ 存在着密切的联系。

图 1 表明,$\sin\theta^*$ 与 χ_1 之间有较好的关系,只在 $\sin\theta^*$ 等于 -0.2 左右时有些偏离,此关系可用如下的经验公式表示:

$$\begin{cases} \sin\theta^* = -0.31\chi_1^{-1.26}(\chi_1 \geqslant 0.890) \\ \sin\theta^* = -0.51\chi_1 - 0.815(\chi_1 \leqslant 0.890) \end{cases} \quad (7)$$

上段为幂函数,下段成直线,以切点 $A(0.890, -0.360)$ 为分界。式(7)成为可以从 z/D 计算 θ^* 的重要附加关系式。

库尔甘—卡彭特数 χ_1 为 η、δ 和 $(z/D)+1$ 的函数,式(7)的 $\sin\theta^* \sim \chi_1$ 关系也可以用 $\sin\theta^* = f(z/D, \eta, 1/\delta)$ 来表示(图 2)。图 2 表明,$\sin\theta^*$ 按相对高程 z/D 的复合指数函数变化,具体

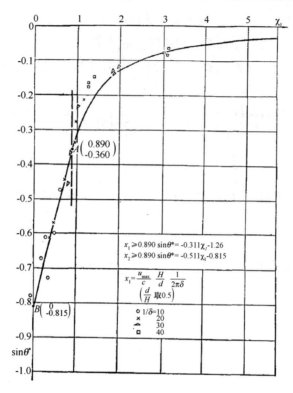

图 1　$\sin\theta^* \sim \chi_1$ 关系曲线

可写成:

$$\sin\theta^* = a_1 \left(b_0 - \frac{z}{D} \right)^{1.20} \exp\left[-1.60\left(b_0 - \frac{z}{D} \right) \right] \tag{8}$$

$$a_1 = -5.85\exp\left(-\frac{1}{5\eta\delta} \right)\left(\eta\delta = \frac{D}{L} \leqslant \frac{1}{2} \right) \tag{9}$$

本试验中, $b_0 = 0.05(\eta=5)$, $b_0 = 0.0833(\eta=3)$。

利用式(8), $\sin\theta^* \sim z/D$ 关系, 得到如下经验关系式:

$$\begin{cases} \dfrac{z}{D} + 1 = \Delta \left(\dfrac{D}{} + 1 \right)^B \\[2mm] \Delta = (-0.037e^{-0.842\eta})\left(\dfrac{1}{\delta} + 11 \right) + 0.930 \\[2mm] B = -0.806\delta + 1.011 \end{cases} \tag{10}$$

式中, z 为波浪流场公式中的高程, z' 为试验中水平圆柱中心位置的高程扩。按式(10)换算后的相应试验数据也标在图2中, $\eta=3$ 时试验条件较稳定, 数据符合得较好, 而 $\eta=5$ 时的数据有所偏离。图2表明, 圆柱直径对静水位附近的 $\sin\theta^*$ 有明显的影响。只有直径 d 很小

24

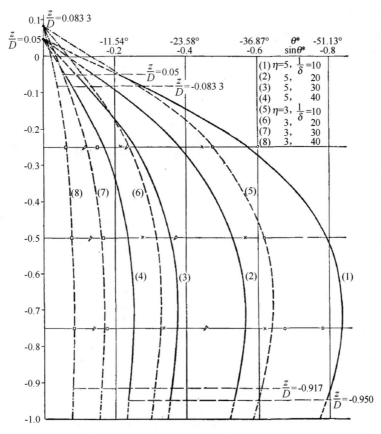

图 2 $\sin\theta^* \sim z/D$ 关系曲线

时,$z/D=0$ 处的 $\sin\theta^*=0$;d 增大时,$z/D=0$ 处的 $\sin\theta^*$ 也增大。

2.4 惯性系数与阻力系数比 C_{Mx}/C_{Dx}

惯性系数与阻力系数的比值 C_{Mx}/C_{Dx} 为:

$$\begin{cases} \dfrac{C_{Mx}}{C_{Dx}} = -2\dfrac{H}{d}\dfrac{1}{\pi^2}a_1 a_2 \tanh\left[\left(b_0 - \dfrac{z}{D}\right)\pi\right] \\ a_2 = 0.0126\left(\dfrac{1}{\eta\delta}\right)^2 + 0.110 \end{cases} \tag{11}$$

式中,a_1 与 b_0 同式(8)和式(9);a_1 和 a_2 都是复合因素时的函数。

式(11)中 $z/D = -1.0$ 时,$\tanh\left[(b_0+1)\pi\right]=1$,$C_{Mx}/C_{Dx}$ 达最大值 $(C_{Mx}/C_{Dx})_m$,$(C_{Mx}/C_{Dx})_m = -(2H/d)a_1 a_2/\pi^2$。取 $d/H=0.5$,$(C_{Mx}/C_{Dx})_m$ 可计算为:

$$\frac{C_{Mx}}{C_{Dx}} = \left(\frac{C_{Mx}}{C_{Dx}}\right)_m \tanh\left[\left(b_0 - \frac{z}{D}\right)\pi\right] \cdot \frac{1}{2}\frac{H}{d} \tag{12}$$

余下的问题是确定惯性系数 C_{Mx},或阻力系数 C_{Dx}。

2.5 计算惯性系数 C_{Mx}

阻力系数 C_{Dx}、惯性系数 C_{Mx} 可以写成为:

$$C_{Dx} = \frac{f_{xmax}}{\gamma H^2} k_{CDx}, \quad k_{CDx} = \frac{1}{k_{Dx}} \frac{F_3}{F_1} k_\theta \tag{13}$$

$$C_{Mx} = \frac{f_{xmax}}{\gamma H^2} k_{CMx}, \quad k_{CMx} = \frac{1}{k_{Mx}} \frac{-F_2 \sin\theta^*}{\pi} k_\theta \tag{14}$$

函数 k_{CDx} 和 k_{CMx} 反映了相位角的影响,特别是两者的公共部分,相位角函数 k_θ 集中反映 C_{Dx}、C_{Mx} 的变化特征。

从式(8)得到的相位角 θ^*,可以算出 k_θ 和惯性函数 k_{CMx} 值,包括 $\eta = 2 \sim 5$,$1/\delta = 10 \sim 40$ 的各种情况。本试验以 $\eta = 3$ 和 $\eta = 5$ 为例,k_{CMx} 值沿水深分布如图3所示,按 $(b_0 - z/D)$ 的复合指数函数变化。

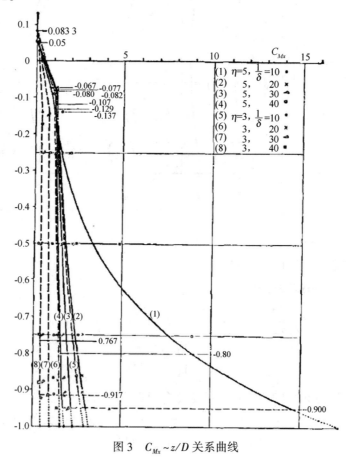

图3 $C_{Mx} \sim z/D$ 关系曲线

按二阶斯托克斯波浪理论的流场计算，k_{CMx} 沿水深分布近似地可以写成：

$$\begin{cases} k_{CMx} = a_3 \left(b_0 - \dfrac{z}{D} \right)^{b_3} \exp \left[- \dfrac{b_3}{0.85} \left(b_0 - \dfrac{z}{D} \right) \right] \\ b_3 = 31.5\,(\eta\delta)^2 + 0.85 \\ a_3 = 33.8\exp\left[10.84\eta^{*-0.719} \right], \eta \leqslant 14.06 \end{cases} \quad (15)$$

其中复合浅水因子 $\eta^* = 1/\eta^3\delta^2$，又称为厄塞尔（Ursell）参数。$b_0 - z/D = 0.85$ 时，k_{CMx} 出现峰值。幂数 b_3 与 $\eta\delta$ 的平方成正比。系数 a_3 是一个变化范围非常大、从 100 到 10^6 以上且函数关系复杂的变量，为 η^* 的幂函数的指数函数。a_3 的变化又可分成两个区域：$\eta^* \geqslant 14.06(a_3 \leqslant 162)$ 时，随 η^* 值的增长，a_3 值迅速地减小；$\eta^* \leqslant 14.06(a_3 \geqslant 162)$ 时，随 η^* 值的增长，a_3 值缓慢地减小。

C_{Mx} 等于 $f_{max}/\gamma H^2$ 和 k_{CMx} 的乘积。C_{Mx} 沿水深分布按 z/D 的指数函数变化，可以写成：

$$\begin{cases} C_{Mx} = \exp\left[a_4 \left(\dfrac{z}{D} \right) + b_4 \right] \\ b_4 = 0.124 - 0.433\eta^{*-1.07}, \eta^* \leqslant 7.2 \\ b_4 = 0.124 - 2.82 \times 10^{-3}\eta^{*1.48}, \eta^* \geqslant 7.2 \\ a_4 = -0.420 - 2.29\eta^{*-0.976}, \eta^* \leqslant 7.2 \\ a_4 = 0.178 - 1.993\eta^{*-0.385}, \eta^* \geqslant 7.2 \end{cases} \quad (16)$$

式中，a_4 与 b_4 都是复合浅水因子 η^* 的幂函数，都以 $\eta^* = 7.2$ 为分界。按式（16）算得的 C_{Mx} 沿水深分布见图 3，与原数据符合得较好。在此试验资料只包括 $\eta = 3$ 和 $\eta = 5$ 两种条件的波浪作用力，由于分析中采用了复合浅水因子 η^*，按式（16）也可算出不同 η 值条件下的 C_{Mx} 值，根据二阶斯托克斯波浪理论的流场还可算出相应的 k_{CMx} 和 $f_{max}/\gamma H^2$ 值。

3 意义

运用非线性波浪理论流场对水平圆柱上水平波浪力的试验资料，建立了水平圆柱的波压力模型。通过该模型，把计算理论成果同试验研究密切结合起来，提出了一种非线性分析方法和分析实例。此方法基于水槽中波浪流场与二阶斯托克斯波浪理论一致的假设。所得 $\sin\theta^* \sim \chi_1$，特别是 $\sin\theta^* \sim z/D$ 的关系式，比线性理论分析有较大的改进，函数变化连续而且完整。并且还顺利地解决了理论和试验的坐标变换问题，具有重要的实际意义。

参考文献

[1] 严以新.水平圆柱上的波压力.华东水利学院,1981.

[2] 任佐皋.水流、波浪运动场试验研究的一种方法.华东水利学院学报,1981,(3).

[3] 薛鸿超,过达,严以新.水平圆柱上波压力的非线性分析.海洋工程,1983,1(1):36-49.

年输沙量的估算公式

1 背景

对于以悬沙为主的有潮淤泥质海岸带的年输沙量的估算,目前尚无较为成熟的计算方法。这种淤泥质海岸坡度小,岸滩长,不可能在岸滩上长期设置几个测站来搜集水文资料,从而分析统计出沿岸年输沙量。许星煌等[1]提出了一个年输沙量的估算方法,根据逐时潮流年平均流速、流向,逐时余流年平均流速、流向,逐时年平均含沙量,分别计算出潮流年输沙量和余流年输沙量,再把两者矢量相加,可得年输沙量和输沙方向,最后,用实测地形变化资料加以验证。

2 公式

2.1 水质点的水平波动流速计算

水文测验在 1980 年 6 月和 1981 年 3 月各进行了一次。各测站布置、水文断面号见图 1。称断面 I、III$_1$、V$_1$ 和 II 包围的面积为 A 区,称断面 II、III$_2$、V$_2$ 和岸线包围的面积为 B 区。

在浅水地区,水质点的水平波动流速可运用下式计算:

$$\overline{V}_{波} = \frac{ghT}{2\lambda} \frac{ch^2 \frac{2\pi}{\lambda}(H-Z)}{ch^2 \frac{2\pi H}{\lambda}} \cos 2\pi \left(\frac{x}{\lambda} - \frac{t}{T}\right) \tag{1}$$

式中,λ 为波长,h 为波高,H 为水深,x 为水平坐标,z 为垂直坐标。波流速采用在一个波长和一个波周期内波动流速沿水深的平均值,取绝对值。

在一个波长和一个波周期内波动流速沿水深的平均值可运用下式计算:

$$|\overline{V}_{波}| = 0.2C \frac{h}{H} \tag{2}$$

式中,C 为波速,单位为 m/s;$\overline{V}_{波}$ 的单位为 m/s,h 和 H 的单位为 m。

2.2 垂线平均含沙量的计算

垂线平均含沙量 $(\bar{\rho})$ 与 $\dfrac{|\overline{V}_{流}| + |\overline{V}_{波}|}{\sqrt{gH}}$ 的关系见图 2,进而得到:

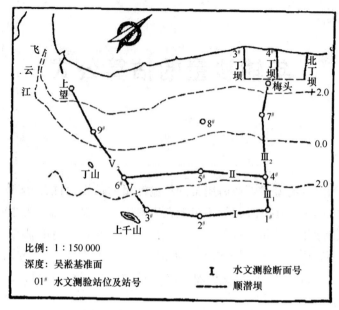

图 1　水文测验站位及工程布置图

$$\bar{\rho} = 16.53 \left(\frac{|\bar{V}_{流}| + |\bar{V}_{波}|}{\sqrt{gH}} \right)^{1.9} \tag{3}$$

或可写为下列形式：

$$\bar{\rho} = 0.00624 \gamma s \left(\frac{|\bar{V}_{流}| + |\bar{V}_{波}|}{\sqrt{gH}} \right)^{1.9} \tag{4}$$

式中,g 为重力加速度,单位为 m/s^2; $\bar{\rho}$ 为垂线平均含沙量,单位为 kg/m^3; γs 为泥沙颗粒容重,取 2 650 kg/m^3;水流流速 $\bar{V}_{流}$ 采用垂线平均流速,它包括潮流流速和余流流速。

2.3　年输沙量的计算及验证

年输沙量的计算按进出 A 区或 B 区的总沙量计算。并分别按潮流年输沙量和余流年输沙量,平行于岸线的和垂直于岸线的,涨潮的和落潮的进行计算。计算式如下：

$$Q = 31536 \times 10^3 \bar{\rho} \cdot \bar{V} \cdot W \tag{5}$$

式中,Q 为年输沙量,单位为 kg/a; $\bar{V}$ 为潮流或余流流速,单位为 m/s; W 为过水面积,单位为 m^2。

计算结果(见表1)表明,A 区和 B 区的年净输沙量都是输入的。

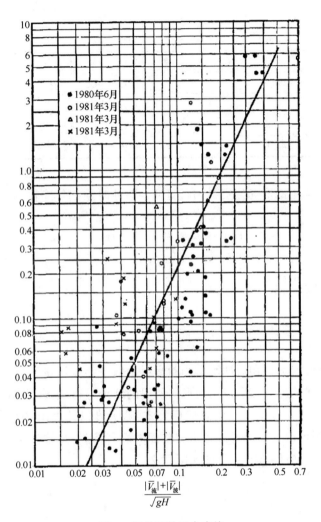

图 2　相关系数拟合直线

表1　年输沙量计算结果

区域	断面	潮流年净输沙量 (10^4 t/a)	余流年净输沙量 (10^4 t/a)	输沙方向	输入或输出该区域的年净输沙量(10^4 t/a)	备注
A区	I	+1 675.4	+202.5	垂直于岸线	+185.4	"+"号表示输入该区域的; "−"号表示输出该区域的
	II	−1 573.2	−187.5	垂直于岸线		
	III$_1$	−39.3	+87.0	平行于岸线		
	V$_1$	+207.7	−277.2	平行于岸线		
B区	II	+1 573.2	+187.5	垂直于岸线	+1 604.3	
	III$_2$	+22.8	+110.4	平行于岸线		
	V$_2$	+44.1	−333.7	平行于岸线		

上述计算结果须用地形变化资料加以验证。验证时须把年净输沙量折算成年冲淤量,用下式换算:

$$M = \frac{Q}{\gamma_{\text{干}}} \tag{6}$$

式中,M 为年冲淤量,单位为 m³/a;$\gamma_{\text{干}}$ 为泥沙的干土容重,单位为 t/m³。

3　意义

在此利用实测波浪资料和短期水文测验资料来估算年输沙量的方法,建立了年输沙量的估算公式。该公式的计算结果以用地形法所得的结果进行验证,表明此估算方法是可用的,并可以在海岸工程中应用。应用此估算公式,除了可以计算出某些海域的年净输沙量及其输沙方向外,还可以计算出经过各水文断面的涨、落潮年总输沙量和输沙方向,并可对海岸工程的效益做出估计,具有重要的实际意义。

参考文献

[1] 许星煌,孙庭兆,黄晋鹏. 淤泥质海岸年输沙量的估算方法及其在海岸工程中的应用. 海洋工程,1983,1(1):50-55.

岸线的变形模型

1 背景

海岸建筑物附近的岸线变形过程是在沙质海岸上修建突堤、防波堤、导堤、丁坝等海岸工程建筑物时必须考虑的问题。由于修建了建筑物,拦截了沿岸输沙,必然要引起建筑物上下游岸线的剧烈变形。对于这种变形做出预估,考虑相应的对策是工程上必须研究的问题。近年来,应用数学模型的方法,在电子计算机上解算岸线变形得到了广泛的应用。陈士荫等[1]通过相关实验对海岸建筑物附近的岸线变形展开了计算。

2 公式

2.1 沿岸输沙的连续方程式

$$\frac{\partial y}{\partial t} = -\frac{1}{d}\frac{\partial Q}{\partial X} \tag{1}$$

式中,X 为沿岸方向的坐标,y 为岸线上某一点离基线的距离,Q 为沿岸输沙率,d 为海滩计算剖面高,即海滩上变动着的那一部分剖面的高度。这个方程说明对于每一段海岸来说,进入与输出的沿岸输沙率之差应等于该段海岸的淤积率或冲刷率。

2.2 泥沙运动的连续方程

若原来的海岸线是平直的,海岸附近的等深线大致与岸线平行,则在此可取原岸线为基线,且作为 x 轴。将泥沙运动的连续方程写成差分形式为:

$$y_i^{(n+1)} - y_i^{(n)} = \frac{\Delta t}{d\Delta x}(Q_{i+1}^{(n)} - Q_i^{(n)}) \tag{2}$$

式中,y、Q、d 的意义前已说明,Δt 为时间步长,Δx 为沿基线的空间步长,上标 (n),$(n+1)$ 为某时刻的编号,下标 i、$i+1$ 是空间格子的编号(图1)。

2.3 关于破波角的计算

一线理论假定在岸线变形过程中海滩的剖面保持不变。设海滩变形下界的水深为 h_1,在水深大于 h_1 的地方,波折射的条件始终不变;而在水深小于 h_1 的地方,应考虑等深线变化对折射的影响(图2)。

设在水深等于 h_1 处,波向线与基线的外法线之间的夹角为 α_1,那里的波速为 c_1。当来

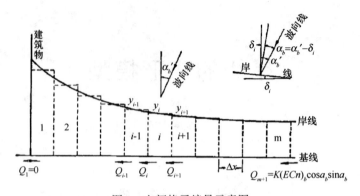

图 1　空间格子编号示意图

波条件不变时，c_1 不变，分析可知 α_1 也不变。根据 Snell 定律，有：

$$\alpha_1 = \sin^{-1}\left(\frac{c_1}{c_0}\sin\alpha_0\right) \tag{3}$$

式中，c_0 是深水波波速，α_0 为深水波波向线与基线的外法线之间的夹角。

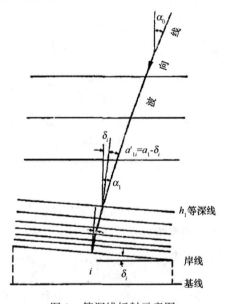

图 2　等深线折射示意图

若第 i 段海岸在 $n\Delta t$ 时刻其岸线对于基线的夹角为 $\delta_i^{(n)}$，则：

$$\delta_i^{(n)} = tg^{-1}\frac{y_{i-1}^{(n)} - y_i^{(n)}}{\Delta x} \tag{4}$$

在水深为 h_1 处，那里的波向线与 h_1 等深线（以及水深小于 h_1 的所有等深线）的外法线之间的夹角为：

34

$$\alpha'^{(n)}_{1i} = \alpha_1 - \delta^{(n)}_i \tag{5}$$

为求得破波角,可以应用 Le Mehaute 的经验公式[见式(7)]。这个公式在等深线全部平行的条件下,可直接从深水波角求得破波角,是十分方便的。为了能应用这个公式,假想在 h_1 等深线以外直至深水,所有的等深线都与 h_1 等深线平行,可以求出这种假想情况的深水波角为:

$$\alpha'^{(n)}_{0i} = \sin^{-1}\left(\frac{c_0}{c_1}\sin\alpha'^{(n)}_{1i}\right) \tag{6}$$

用 Le Mehaute 公式可求得破波角:

$$\alpha^{(n)}_{bi} = \alpha'^{(n)}_{0i}(0.25 + 5.5H_0/L_0) \tag{7}$$

式中,H_0/L_0 为深水波陡。

2.4 岸线变形前后单位岸线长度上的波能流

在岸线变形前,由于等深线全部平行,单位岸线上的破波波能流为:

$$(ECn)^{(0)}_{bi}\cos\alpha^{(0)}_{bi} = (ECn)_0\cos\alpha_0 \tag{8}$$

式中,上标(0)表示为初始条件。

在岸线变形后,根据图(2),可见有两组平行的等深线,可求得在岸线变形后,在波浪破碎处单位岸线上的波能流:

$$(ECn)^{(n)}_{bi}\cos\alpha^{(n)}_{bi} = (ECn)_0\frac{\cos\alpha_0}{\cos\alpha_1}\cos\alpha'^{(n)}_{1i} \tag{9}$$

式中,$(ECn)_b$ 为波浪破碎时单位波峰线长度上的波能流;α 为破波角,即在波浪破碎处波向线与岸线的外法线之间的夹角。

2.5 沿岸输沙率方程

沿岸输沙率是沿着新岸线方向的,在输沙平衡方程中 $Q'^{(n)}_i$ 应取为沿着基线方向,故应写为:

$$Q^{(n)}_i = K(ECn)_0\frac{\cos\alpha_0}{\cos\alpha_1}\cos\alpha'^{(n)}_{1i}\cos\delta^{(n)}_i\sin\alpha^{(n)}_{bi} \tag{10}$$

式中,$(ECn)_0$ 为波浪破碎时单位波峰线长度上的波能流;α 为破波角,即在波浪破碎处波向线与岸线的外法线之间的夹角。K 为沿岸输沙率系数,按美国海岸工程研究中心 1973 年的海岸防护手册建议,当波能流的单位是 J/(s·m),沿岸输沙率 Q 的单位是 m³/s,$K = 0.812 \times 10^{-4}$,且在计算波能 E 时,波高应采用均方根波高。

2.6 岸线变形的计算方法

岸线变形是反复地应用基本方程式(2)、式(3)及辅助方程式(4)、式(5)、式(6)、式(7)、式(10)进行数值计算。按计算顺序把这些方程重新写在下面:

$$\delta^{(n)}_i = tg^{-1}\frac{y^{(n)}_{i-1} - y^{(n)}_i}{\Delta x}; \quad \alpha_1 = \sin^{-1}\left(\frac{c_1}{c_0}\sin\alpha_0\right)$$

$$\alpha'^{(n)}_{1i} = \alpha_1 - \delta^{(n)}_i \; ; \alpha'^{(n)}_{0i} = \sin^{-1}\left(\frac{c_0}{c_1}\sin\alpha'^{(n)}_{1i}\right)$$

$$\alpha^{(n)}_{bi} = \alpha'^{(n)}_{0i}(0.25 + 5.5H_0/L_0) \; ; Q^{(n)}_i = K(ECn)_0 \frac{\cos\alpha_0}{\cos\alpha_1}\cos\alpha'^{(n)}_{1i}\cos\delta^{(n)}_i \sin\alpha^{(n)}_{bi}$$

$$y^{(n+1)}_i - y^{(n)}_i = \frac{\Delta t}{d\Delta x}(Q^{(n)}_{i+1} - Q^{(n)}_i)$$

如果原来的岸线是平直的且取与基线相重合,则初始条件可取为 $y^{(0)}_i = 0(i = 1,2,\cdots,m)$,$m$ 为离建筑物最远处空间格子的编号,此值与变形计算总时间有关,计算变形时间越长,m 也取得越大。其边界条件,在建筑物处取 $Q^{(n)}_1 = 0(n = 1,2,\cdots)$;在远离建筑物的影响处可取为:

$$Q^{(n)}_{m+1} = K(ECn)_0 \cos\alpha_0 \sin\alpha_b (n = 1,2,\cdots)$$

这里 α_b 为变形前原岸线上的破波角。从初始条件出发,反复应用上列方程进行计算,可以得到任意时刻 $n\Delta t$ 时的岸线位置 $y^{(n)}_i(i = 1,2,\cdots,m)$。

2.7 计算稳定性问题

把泥沙连续方程式(1)与改进后的沿岸输沙率方程式(10)合并,可以得到一个非线性的抛物型偏微分方程:

$$\frac{\partial y}{\partial t} = \left[\frac{K}{d}(ECn)_0 \frac{\cos\alpha_0}{\cos\alpha_1} \frac{\partial}{\partial\delta}(\cos\alpha'_1\cos\delta\sin\alpha_0) \frac{1}{1 + \left(\frac{\partial y}{\partial x}\right)^2}\right]\frac{\partial^2 y}{\partial x^2} \quad (11)$$

式中,右边括号内的系数是岸线对基线的倾角 δ 的函数,而 δ 是 x,t 的函数,因此方程是非线性的。对于这种方程的显式解法存在着数值计算的稳定性问题。要稳定地求得数值解,必须对时间步长 Δt 的取值加以限制。由于非线性抛物方程的显式差分方法的稳定性问题在数学上还没有从理论上得到解决,所以时间步长 Δt 不得不用试算法来确定。

2.8 建筑物背后的岸线变形计算

在建筑物的背后,波浪在掩护区发生绕射。由于绕射作用,到达岸边的波高在沿岸方向不是定值。这会引起沿岸流与沿岸输沙的变化,对岸线变形有着不可忽视的影响。因而推导沿岸输沙率公式时要考虑波高的变化:

$$Q = K(ECn)_b \cos\alpha_b \sin\alpha_b - K'(ECn)_b \cos\alpha_b \cot\beta \frac{\partial H_b}{\partial x} \quad (12)$$

式中,第一项为斜向入射波作用下产生的沿岸输沙率,第二项为考虑沿岸波高变化因素产生的沿岸输沙率。$\cot\beta$ 是海滩坡度的倒数,β 是海滩坡角;$\frac{\partial H_b}{\partial x}$ 是破碎波高在沿岸方向的梯度;K' 是系数,当波能流的单位为 J/(s·m),Q 的单位是 m³/s,$K' = 1.40\times10^{-4}$。

因此,若沿岸方向破碎波高有变化时,模型中的沿岸输沙率方程式(10)应改写为:

$$Q_i^{(n)} = K(ECn)_0 \frac{\cos\alpha_0}{\cos\alpha_1} \cos\alpha'^{(n)}_{1i} \cos\delta^{(n)}_i \sin\alpha^{(n)}_{bi}$$

$$- K'(ECn)_0 \frac{\cos\alpha_0}{\cos\alpha_1} \cos\alpha'^{(n)}_{1i} \cot\beta \left(\frac{\partial H_b}{\partial x}\right)^{(n)}_i \quad (13)$$

用波浪绕射计算求出破碎波高沿岸线的分布,然后用式(13)代替式(10),用前述的计算方法可以进行建筑物背后的岸线变形计算。

2.9 努克瓦肖特港突堤方案上下游岸线变形预估

在此对毛里塔尼亚努克瓦肖特港的单突堤方案的上下游海岸进行建堤后的岸线变形计算。由于潮差很小,计算时可以忽略水位的变化。因为沿岸输沙率与单位岸线上的波能流沿岸分量 p_1 成正比,因此可以规定代表波所产生的 $\overline{P}_1$ 与实际波浪过程所产生的 p_1 的平均值相等:

$$\overline{P}_1 = \sum P_{1i} p_i \quad (14)$$

式中,i 表示不同方向不同波浪等级的组别,p_1 为该组波浪出现的频率,p_{1i} 为其产生的单位岸线上的波能流沿岸分量。根据 $\overline{P}_1$ 可以推算代表波的深水波高:

$$\overline{H}_{0rms} = \sqrt{\frac{8}{\rho g} \cdot \overline{P}_1 \frac{1}{\overline{c_0 n_0} \overline{\cos\alpha_0 \sin\alpha_b}}} \quad (15)$$

式中,ρ 为海水密度;g 为重力加速度;$\overline{c}_0,\overline{\alpha}_0,\overline{\alpha}_b$ 分别为深水波速、深水波角、破波角的统计平均值。

根据上述原则,在此求得代表波的深水波要素为:

波高 $H_{0rms} = 0.59\text{m}$(均方根波高)

周期 $T = 5.85 \text{ s}$

深水波角 $\alpha_0 = 45°$

3 意义

通过岸线变形后波浪折射条件的改变,建立了岸线的变形模型。与过去的模型相比,其不同点是该模型考虑了由于岸线变形后,岸线走向的改变对波浪折射的影响。根据岸线的变形模型,对努克瓦肖特港突堤上游的淤积年限进行了计算,其结果与有关的物理模型结果颇为接近;对于突堤下游的冲刷过程的计算,也考虑了由于沿岸波高变化对沿岸输沙率的影响。此模型计算比较简便,可用于估计沙质海岸上建筑物附近的冲刷淤积程度,确定拦沙建筑物的工作年限及其必要的长度等。

参考文献

[1]　陈士荫,曹亚林,史建三.海岸建筑物附近的岸线变形计算.海洋工程,1983,1(2):61-68.

可潜器回收的负荷模型

1 背景

可潜器在海上的吊放回收操作是可潜器安全使用的重要方面,而合理地估算可潜器在吊放回收过程中的最大动力负荷又是吊放回收操作安全的关键。由于海面条件对可潜器吊放回收作业有严重影响,所以有些可潜器为了提高可操作的海况条件,采用在水面下 30 米左右的深度处回收。黄秀章和曹智裕[1]导出求解从水下 30 米到水面这一吊放过程中最大动负荷的计算方法,并用可潜器模型进行了试验验证,证明计算与试验结果具有良好的一致性。

2 公式

2.1 可潜器运动方程式

将母船与可潜器看作是由弹簧连接的单自由度系统,如图 1 所示。图 1 中 A 点为母船上吊杆顶点,假定它做正弦升沉运动。B 点为可潜器的质量中心,在 A 点的升沉运动和波浪作用下,B 点做 $y = y(t)$ 的响应。

取可潜器作为研究对象。其数学模型如图 2 所示。运动方程式为:

$$M\frac{d^2y}{dt^2} = F_b - F_g + F_s + F_d + F_a \tag{1}$$

式中,M 为可潜器的总质量;F_b 为可潜器的浮力;F_g 为可潜器的重量;F_s 为吊索上的张力;F_d 为可潜器运动的阻尼力;F_a 为波浪水质点运动所引起的惯性力。

经分析后式(1)可改写为:

$$M\frac{d^2y}{dt^2} = F_w + K[y_0\sin(\omega t) - y(t) + v_0 t + y_w] + M_1\omega_1^2\zeta_0 e^{-\sigma d}\sin(\omega_1 t)$$
$$- \frac{1}{2}\rho s C_d\left|\frac{dy}{dt} - \omega_1\zeta_0 e^{-\sigma d}\cos(\omega_1 t)\right|\left[\frac{dy}{dt} - \omega_1\zeta_0 e^{-\sigma d}\cos(\omega_1 t)\right] \tag{2}$$

式中,M 为可潜器的总质量;M_1 为附连质量;ρ 为水的密度;s 为可潜器在水平面内的投影面积;C_d 为阻尼系数;K 为吊索系统的刚度;ω 为吊杆顶点的升沉频率;v_0 为起吊速度,假定为匀速起吊;ζ_0 为波浪振幅;ω_1 为波浪频率;g 为重力加速度;而 $\sigma = \omega_1^2/g$;$F_w = F_b - F_g$,为负浮

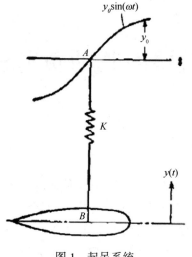

图 1　起吊系统

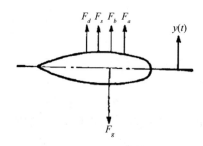

图 2　计算力学模型

力;$y_w = -F_w/K$ 为静伸长。

2.2　可潜器运动方程式的解

假定母船吊杆顶点升沉运动的频率等于波浪频率,即 $\omega = \omega_1$。同时二者之间的相位差为 ε,则式(2)可改写成:

$$M\frac{d^2y}{dt^2} = F_w + K[y_0\sin(\omega t + \varepsilon) - y(t) + v_0t + y_w] + M_1\omega_1^2\zeta_0 e^{-\sigma d}\sin(\omega_1 t)$$
$$- b\left|\frac{dy}{dt} - \omega_1\zeta_0 e^{-\sigma d}\cos(\omega_1 t)\right|\left[\frac{dy}{dt} - \omega_1\zeta_0 e^{-\sigma d}\cos(\omega_1 t)\right] \tag{3}$$

式中,$b = \rho s C_d/2$。

上式是非线性扰动微分方程式,它的瞬时状态没有已知的封闭形式解。但它的解可用数值方法找到。下面分别讨论索始终拉紧和出现松弛的情况。

2.2.1 索始终拉紧

取坐标原点为静平衡点,方程式(3)改为:

$$M\frac{d^2y}{dt^2} = K[y_0\sin(\omega t + \varepsilon) - y(t) + v_0 t] + M_1\omega_1^2\zeta_0 e^{-\sigma d}\sin(\omega_1 t)$$

$$- b\left|\frac{dy}{dt} - \omega_1\zeta_0 e^{-\sigma d}\cos(\omega_1 t)\right|\left[\frac{dy}{dt} - \omega_1\zeta_0 e^{-\sigma d}\cos(\omega_1 t)\right] \tag{4}$$

方程为非线性强迫振动方程,用无因次形式解较方便,先将方程式(4)无因次化得,然后得到:

$$\frac{d^2Y}{dT^2} = 4\pi^2(\sin(2\pi\omega't + \varepsilon) - Y + 2\pi v'\omega'T) + 4\pi^2 M'\omega'\zeta'_0 e^{-\sigma d}\sin(2\pi\omega'T)$$

$$- B\left|\frac{dY}{dT} - 2\pi\omega'\zeta'_0 e^{-\sigma d}\cos(2\pi\omega'T)\right|\left|\frac{dY}{dT} - 2\pi\omega'\zeta'_0 e^{-\sigma d}\cos(2\pi\omega'T)\right| \tag{5}$$

式中,$M' = M_1/M$;$\zeta'_0 = \zeta_0/y_0$;$B = by_0/M$;无因次频率比 $\omega' = \omega_1/\omega_0$,$\omega_0$ 为系统固有频率,可表示为 $\omega_0 = \sqrt{\dfrac{K}{M}}$,无因次响应定义为振幅比 $Y = y/y_0$,无因次起吊速度 $v' = v_0/y_0\omega_1$;y_0 为母船上吊杆顶点处的升沉振幅;v_0 为起吊速度,假定为匀速起吊。

利用方程式(5)可以算出在不同的阻尼系数 B 及波浪参数下的无因次振幅响应 Y 与频率比 ω' 的关系曲线。也可算出吊索中最大张力以及保证吊索不出现松弛的最小无因次负浮力 F_w/Ky_0 频率比 ω' 的变化曲线。

2.2.2 索出现松弛

若吊索的伸长小于等于零,则:

$$\frac{d^2y}{dt^2} = -\frac{K}{M}y_w - \frac{b}{M}\left|\frac{dy}{dt} - \omega_1\zeta_0 e^{-\sigma d}\cos(\omega_1 t)\right|\left[\frac{dy}{dt} - \omega_1\zeta_0 e^{-\sigma d}\cos(\omega_1 t)\right]$$

$$+ \frac{M_1}{M}\omega_1^2\zeta_0 e^{-\sigma d}\sin(\omega_1 t) \tag{6}$$

据方程式(5)和式(6),可算出可潜器在各种不同状态下的瞬时运动轨迹。

2.3 吊索最大张力估算

吊索松弛后可潜器的运动过程大致可分成几个阶段(如图3所示)。从 B 点到 C 点,由于吊索张力大于负浮力,可潜器开始上浮。但上浮速度少于母船吊杆顶点的向上速度,所以吊索继续伸长,到达 C 点时,可潜器上浮速度等于吊杆顶点的向上速度。吊索不再伸长,此时吊索张力最大。

吊索最大张力 F_{max} 为:

$$F_{max} = K\Delta L = \sqrt{KM}\left[\sqrt{F_w/b} + \frac{2\zeta_0}{3T}(e^{-\frac{1}{4}\sigma v'_1 T} + e^{-\frac{7}{4}\sigma v'_1 T}) + y_0\omega + v_0\right] \tag{7}$$

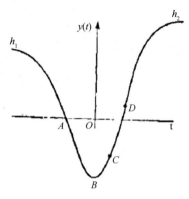

图 3　可潜器的运动过程的几个阶段示意图

式中，ΔL 为吊索伸长；M 为可潜器的总质量；K 为吊索系统的刚度；ω 为吊杆顶点的升沉频率；v_0 为起吊速度，假定为匀速起吊；ζ_0 为波浪振幅；$b = \rho s C_d/2$；而 $\sigma = \omega_1^2/g$；$F_w = F_b - F_g$，为负浮力；$v'_1 = \sqrt{F_w/b}$，是负浮力作用下可潜器的最大下沉速度；y_0 为母船上吊杆顶点处的升沉振幅。

公式（7）中，吊索系统被看作为均匀的弹簧系统。而实际起吊系统中常装有缓冲机构，这对减小吊索的冲击性负荷，提高起吊安全性是十分有利的。这时吊索的最大张力为：

$$F_{\max} = \sqrt{K\left\{ M\left[\sqrt{F_w/b} + \frac{2\zeta_0}{3T}(e^{-\frac{1}{4}\sigma v'_1 T} + e^{-\frac{7}{4}\sigma v'_1 T}) + y_0\omega + v_0 \right]^2 - 2N_{b\max} \right\}} \tag{8}$$

式中，$N_{b\max}$ 是缓冲机构吸收的能量。

3　意义

可潜器在海上的吊放回收操作是可潜器安全使用的重要方面，而合理地估算可潜器在吊放回收过程中的最大动力负荷又是吊放回收操作安全的关键。此处导出了可潜器从水下 30 米左右到水面这一吊放过程中可能出现的最大动力负荷的计算方法，建立了可潜器回收的负荷模型。并用该可潜器模型进行了模型试验，试验结果与计算结果比较表明，两者具有良好的一致性。此处导出的计算方法也可用于计算打捞作业中提升重物至水面附近时吊索的最大张力。

参考文献

［1］　黄秀章，曹智裕 . 可潜器吊放回收过程中动负荷的确定 . 海洋工程，1983，1（2）：38−48.

水下爆破的预裂模型

1 背景

岩石所具有的优良建筑特性,早已被人们所认识。精确开挖水下基岩使形成平顺的陡壁供船舶停靠,更是筑港工作者长期的愿望。可是,基岩是一种难以加工的材料,水下基岩的精确开挖很困难,给实现上述愿望带来重重障碍。廖开文[1]通过实验进行了水下预裂爆破的分析,从而得知岩基海岸建造码头岸壁的简便途径。预裂爆破同码头的使用、造价、施工难易和结构安全都有联系,必须慎重地加以确定。

2 公式

确定最佳点的原则是使每米码头填方和挖方造价之和最小,并保证码头停靠线和岩坡线交点在小潮平均低潮位以上。通过水深测量,发现研究区岩坡的坡度均匀,可近似地假设为一直线,用直角坐标系统表示如图 1。

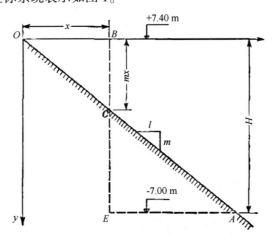

图 1 岩坡直角坐标图

OA 为岩坡线,坡度为 m,BE 为码头停靠线,交岩坡线于 C 点,H 为码头全高

经推导,使每平米码头挖填方造价之和最小,须满足条件预裂位置为:

$$x = \frac{bH}{m(a + b)}$$

式中,x 为 OA 段的距离;a 为填方的平均单价;b 为挖方的平均单价。

3 意义

根据水下爆破的预裂模型,应用到一座岸壁码头的实例。在坡度呈 35°～ 40°的致密角砾凝灰岩海岸上建造一座岸壁码头,经计算得知,此类码头具有结构简单,造价低和施工用具简单的优点。而且,该码头具有重力码头所不可比拟的耐久性、承载力、抗震性、抗风浪、抗冲击及抗爆炸的能力,这对于建造外海和沿岸岛屿码头尤为重要。预裂爆破具有形成光面、保护岩壁和减轻地震波等作用,用来建造码头还可以不必筑堰排水,爆破形成的岩壁可不加衬砌,直接供船舶停靠,因而具有很高的经济效益。

参考文献

[1] 廖开文. 水下预裂爆破——岩基海岸建造码头岸壁的简便途径. 海洋工程,1983,1(2):77- 86.

超声式的水深模型

1 背景

测量地形的传统方法有两种：一种是将模型中的水泄空，然后用测针逐点测量床面的高程；另一种是将模型中的水逐级泄到各预定高程，然后测量水面与河床地形相交水面线的坐标，若用棉线将各级水面线标志出来，那么，摄影记录便是一幅清晰的地形等高线图。有些模型还要在试验进行中不断观测冲淤地形的变化过程，较为复杂。徐明才和姜英山[1]介绍一种用光电方法探测泥面的仪器，很好地解决了这一问题。

2 公式

超声波的传播速度 c 已知，测得其往返所经历的时间 t，便能算出水深 h：

$$h = \frac{1}{2}ct$$

式中，h 为水深，m；c 为超声波的传播速度，m/s；t 为波往返所用时间，s。其工作原理是，将超声探头接触水面，利用电脉冲激发，向河床发射超声波，该脉冲波在河床表面被反射，并被接收探头接受。

（1）对射式——如图1a所示。在水中时，光发射端发出的光线除被对射间隙中的悬砂吸收和散射外，透过的部分被光接受端接受，此时透过光最强。

（2）反射式——如图1b所示。把泥面看作一个反射面，光发射端发出的光线，除被反射间隙中的悬砂吸收和散射，被泥面吸收外，尚有部分反射光被光接受端接受。

为了减小水流对传感器的影响，尤其是接近泥面的头部，因此，光发射端和光接受端应尽可能微型，同时还要兼顾头部强度，为器件的止水和损坏后更换的方便，在此采用了光导纤维的方案：将发射光的光源和接受光的光敏器件均安装在水面外的光电器件盒内（见图2），光源通过光导纤维束传到光发射端，同样，光接受端接受的透射光或反射光通过另一束光导纤维传到上端，被光敏器件感应。

3 意义

在海岸、港湾、河口等进行的浑水动床试验中，河床冲淤地形是必不可少的测量项目。

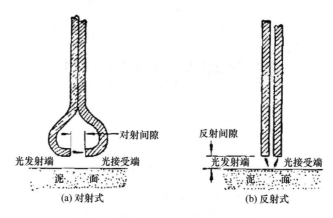

图 1　光电式地形传感器的两种型式

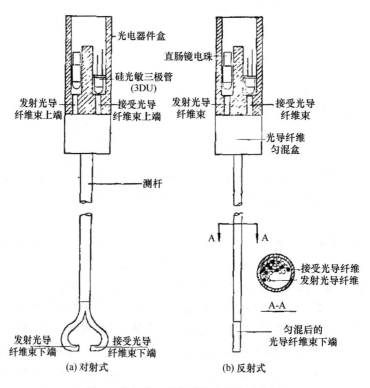

图 2　光电式地形传感器的结构示意图

由于试验提出的新要求,某些传统的测量方法已无法使用。于是,建立了超声式的水深模型,应用该模型,研制了一种用光电方法探测泥面的仪器,在探测水下地形的场合有一定的实用价值。在此除对传感器的工作原理和结构特点做了概要的描述外,还着重介绍其性能试验的结果,并为改变用肉眼读测针的现状,采用了一个简单的泥面高程数字显示装置。

参考文献

［1］ 徐明才,姜英山. 在水力模型中用光电的方法测量地形. 海洋工程,1983,1(2):69-76.

钻井平台的振动模型

1 背景

自升式钻井平台广泛用于水深 40 米至 100 米的近海浅海地区。平台在风、浪、流和冰等多种环境因素以及钻机和各种动力设备的载荷作用下,将会产生剧烈的振动。汪庠宝等[1]以我国自行设计和建造的某自升式钻井平台装置为对象,对该平台的振动模态进行了分析和计算,并对平台模态分析的计算模型做了初步探讨,提出了两种理想化的计算模型,用 SAPS 结构分析程序计算了该平台的第一至第廿谐调的模态和频率,取得了比较满意的结果。

2 公式

平台的计算状态取为桩腿在 40 米水深海域的工作状态,对处在水线以下的桩腿节点上,除了桩腿自身固有质量外,还必须计算桩腿的附连水质量,其计算公式如下:

$$\rho = \gamma \pi a^2 / g$$

式中,ρ 为桩腿单位长度上的附连水质量;γ 为海水密度;a 为桩腿外表面半径;g 为重力加速度。

各谐调的振动频率和周期的变化规律如图 1 和图 2 所示。

固定式平台首阶固有频率的近似估算方法:对某自升式钻井平台首阶频率做了估算,其估算公式如下:

$$f_1 = \frac{1}{2\pi} \sqrt{\frac{K}{M + 0.23m}}$$

式中,f_1 为平台首阶固有频率;K 为整个平台结构在水线处估算的相当刚度;M 为平台(包括设备)的质量;m 为桩腿(包括附连水)质量。

根据自升式平台参数计算得:$K = 5.30 \times 10^3 \text{kg/cm}$;$M = 4.78 \times 102 \text{kg} \cdot \text{sec}^2/\text{cm}$;$m = 3.05 \times 10^3 \text{kg} \cdot \text{sec}^2/\text{cm}$,代入上式求得 $f_1 = 0.156$ Hz。

3 意义

通过钻井平台的振动模型,对某自升式海上石油钻井平台的振动模态进行了计算和分

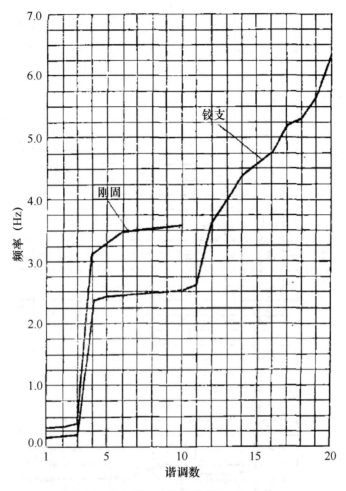

图 1　空间薄壁结构模型各谐调的频率

析。用 SAP5 结构分析程序进行计算,获得了该平台的振动频率和模态,为我国自升式钻井平台动态特性的设计、分析和使用提供了有用的数据和可行的方法。钻井平台的振动模型是计算这类平台整体振动模态的一种简单易行而又经济的合理模型。此外,还指出了这类平台振动周期的跳跃现象,讨论了桩腿的支承条件对平台振动周期的影响以及平台结构的质量和附连水质量的处理等问题。

参考文献

[1]　汪庠宝,金咸定,赵玉华. 自升式海上石油钻井平台振动模态的有限元计算和分析. 海洋工程,1983,1(2):49-60.

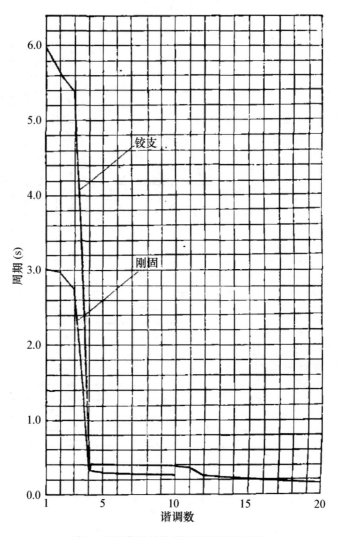

图2　空间薄壁结构模型各谐调的周期

圆形桩柱列的流场模型

1 背景

圆形桩柱列是近海工程中常用的结构形式。在地震作用下桩柱上动水压力值以及在波浪冲击或船舶碰撞时的动力反应是结构设计的重要问题。与此有关的桩柱附加质量,只在有限个数情况下才有解[1]。对于无限圆列,由于理论上的困难,尚未有更为深入的研究,邱大洪和朱大同[2]把文献[1]中的方法应用到无限圆柱列在静水中振动时的流场分析中,并试图从理论上证明这类解的存在性。

2 公式

2.1 圆柱群振动的流场分析

在静水中做谐振的圆柱体,如其振幅微小,则引起的流场是微扰的,势函数 φ 满足下述方程:

$$\frac{\partial^2 \varphi}{\partial r^2} + \frac{1}{r} \frac{\partial \varphi}{\partial r} + \frac{1}{r^2} \frac{\partial^2 \varphi}{\partial \theta^2} = 0 \tag{1}$$

设 $\varphi = U\varphi(r)\cos n\theta$,并代入式(1),得:

$$\frac{\partial^2 \varphi(r)}{\partial r^2} + \frac{1}{r} \frac{\partial \varphi(r)}{\partial r} - \frac{n^2}{r^2} \varphi(r) = 0 \tag{2}$$

式中,U 为圆柱运动速度;n 为周波数。

式(2)的通解为:

$$\varphi(r) = A_n r^n + D_n r^{-n} \tag{3}$$

因为在无穷远处 $\varphi(r)$ 是正的,所以 $A_n = 0$,于是 φ 可表示为:

$$\varphi = D_n U \cos\theta / r^n = B_n U R^{n+1} \cos\theta / r^n \tag{4}$$

若静水中有 k 个圆柱在振动,那么在无限流场中,在第 j 柱作用下的速度势为:

$$\varphi_j = \sum_{n=1}^{\infty} B_{jn} \frac{U_j R_j^{n+1}}{r_j^{n+1}} \cos n\theta_j \tag{5}$$

如图1做坐标变换,从 j 柱坐标变换为 i 柱坐标系,利用 i 柱上的相容条件得:

$$U_i \cos\theta_i = \sum_{n=1}^{\infty} U_i \cos n\theta_i \delta_{n1} \tag{6}$$

式中,U_i为i柱运动速度;n为周波数;δ为克罗内克尔常数,$\delta_{n1} = \begin{cases} 1, n = 1 \\ 0, n \neq 1 \end{cases}$。

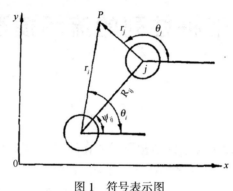

图 1　符号表示图

继而得到求系数B_n的方程:

$$(-n) B_{im} \cdot U_i + \sum_k \sum_{m=1}^{\infty} \frac{(-1)^m (n + m - 1)!\ R_j^{m+1} R_i^{n-1}}{(n-1)!\ (m-1)!\ R_{ij}^{m+n}} B_{jm} U_j \cos(m + n) \psi_{ij} = \delta_{n1} U_i \quad (7)$$

$$\sum_k \sum_{m=1}^{\infty} \frac{(-1)^m (n + m - 1)!\ R_j^{m+1} R_i^{n-1}}{(n-1)!\ (m-1)!\ R_{ij}^{m+n}} B_{jm} U_j \sin(m + n) \psi_{ij} = 0 \quad (8)$$

式中,R为圆柱半径。

当为单一圆柱时,式(7)、式(8)所得重量系数为零,$B_{i1} = -1$,则:

$$\varphi = -\frac{UR^2}{r} \cos\theta \quad (9)$$

此为单一圆柱的已知公式。由它可以求出单一圆柱的附加质量 Stokes 公式。式中 U 为圆柱运动速度;φ 为速度势。

2.2　无限圆柱列作用下的流场

无限个同径圆柱直线排列,以 U 的速度沿 X 轴向做谐振。若原点取在 i 柱,则正方向作用下的求解系数的方程为(计算图式如图 2):

$$B_{in} + 2 \sum_{j=1}^{\infty} \sum_{m=1}^{\infty} \frac{(-1)^{m+1} (n + m - 1)!}{n!\ (m-1)!} \left(\frac{R}{2j\sigma}\right)^{m+n} \cdot B_{jm} \cos\frac{(m + n)}{2}\pi = -\frac{\delta_{n1}}{n} \quad (10)$$

式中,δ 为克罗内克尔常数,$\delta_{n1} = \begin{cases} 1, n = 1 \\ 0, n \neq 1 \end{cases}$;$R$ 为圆柱半径。

因为桩柱是同径的,每一桩柱所处流场条件完全相同,所以式(10)与桩号无关,对柱列中的任一柱的系数 B_{in} 都一样,因此只需要解一个无穷线性方程组。略去桩号后得到:

$$B_n + 2 \sum_{j=1}^{\infty} \sum_{m=1}^{\infty} \frac{(n + m - 1)!}{n!\ (m-1)!} \left(\frac{R}{2j\sigma}\right)^{m+n} \cdot B_m = \frac{\delta_{n1}}{n} \quad (11)$$

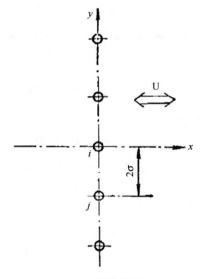

图2 计算图示

可判断出式(11)中的级数收敛。

因 $m=0$ 时, $m/m! = 0$, 级数从 $m=1$ 起算, 于是上式方程组中重级数化为:

$$2 \sum_{j=1}^{\infty} \sum_{m=1}^{\infty} \frac{(n+m-1)!}{n! (m-1)!} \left(\frac{R}{2j\sigma} \right)^{m+n} \cdot B_m = 2 \sum_{j=1}^{\infty} (-1)^n \left(\frac{R}{2j\sigma - R} \right)^{n+1} \tag{12}$$

$$\leqslant 2 \sum_{j=1}^{\infty} \left(\frac{R}{2j\sigma - R} \right)^{n+1} \leqslant \sum_{j=1}^{\infty} \frac{2}{(2j-1)^{n+1} (\sigma/R)^{n+1}}$$

令上式右端小于1, 即可得到无穷方程组有解的条件。因方程组有无穷阶, 所以 $n \to \infty$, 由 Rieman Zeta 函数的性质得:

$$\sigma/R > \lim_{n \to \infty} (2)_{n+1}^{1} \approx 1, \text{即}, \sigma/R > 1 \tag{13}$$

此即式(11)符合正则方程组的条件。

当 $j=1$ 时, 并去掉系数2, 即化为两个同径桩柱问题, 得到:

$$\sum_{m=1}^{\infty} \frac{(n+m-1)!}{n! (m-1)!} \left(\frac{R}{2\sigma} \right)^{m+n} = (-1)^n \left(\frac{R}{2\sigma - R} \right)^{n+1} \leqslant \left(\frac{R}{2\sigma - R} \right)^{n+1} \tag{14}$$

为保证上式小于1, 只需括号中分式满足不等式:

$$\frac{R}{2\sigma - R} < 1, \text{即} \sigma > R \tag{15}$$

式(13)与式(15)完全一致, 这说明两个桩柱的问题与无限桩柱列一样, 只要它们互不接触, 前述问题的解总是存在, 而且唯一。

2.3 无限圆形桩柱列的附加质量

前面讨论的无限同径圆形等距桩柱列与图3中一狭窄水道的中心有一单个桩柱是等价

的,所以上节的流场分析可以直接用于浅水中半圆柱形浮体横移振动及河道中桥墩在顺河向地震作用下的流场分析。由于前面的讨论与图3等价,可按此图用能量原理计算附加质量。在条带范围内有:

$$\frac{1}{2}MU_i^2 = -\frac{\rho U_i^2}{2}\int_\nabla (\nabla\varphi)^2 dV \qquad (16)$$

式中,M 为附加质量;ρ 为水的密度。

从图3可见,沿桩柱面的法向与坐标径向相反。利用正交性得:

$$M = -\rho\pi R^2 B_1 - 2\rho\pi \sum_{j=1}^\infty \sum_{n=1}^\infty \frac{(-1)^n n!}{(n-1)!}\frac{R^2}{\left(\frac{R}{2j\sigma}\right)^{n+1}} B_n \cos\frac{n+1}{2}\pi \qquad (17)$$

令 $\sigma\to\infty$,即为单一桩柱,则 $B_1 = -1$,得到附加质量的 Stokes 公式:

$$M = \pi\rho R^2 \qquad (18)$$

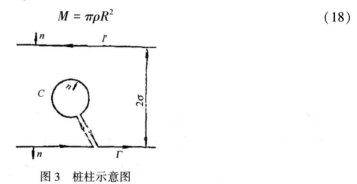

图3　桩柱示意图

将式(17)化为附加质量系数的形式:

$$C_m = \frac{M}{\pi\rho R^2} = -\left\{B_1 + 2\sum_{n=1}^\infty (-1)^n n\left(\frac{R}{2\sigma}\right)^{n+1}\zeta(n+1)\cdot B_n\cos\frac{n+1}{2}\pi\right\} \qquad (19)$$

如果引入 Rieman zeta 函数,则式(19)可化为:

$$C_m = \left\{B_1 + 2\sum_{n=1}^\infty (-1)^n n\left(\frac{R}{2\sigma}\right)^{n+1}\zeta(n+1)\cdot B_n\cos\frac{n+1}{2}\pi\right\} \qquad (20)$$

式中, $\zeta(n+1) = \sum_{j=1}^\infty \frac{1}{j^{n+1}}$,为 Rieman zeta 函数。计算得出的 C_m 值列入图4中,同时也列出了文献[3]中的实验曲线(图4)。由图表明,计算与实验结果相当一致,所以图示曲线可供设计应用。

3　意义

根据圆形桩柱列的流场模型对圆形桩柱列在静水中振动时的流场进行了分析,并从理论上证明了这类解存在的条件。将该模型所得结果应用到计算无限圆柱列的附加质量中

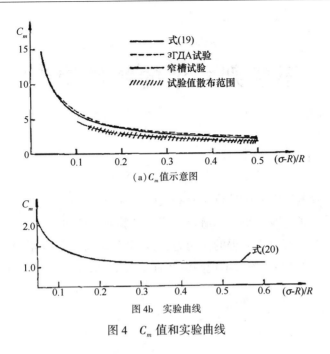

(a) C_m 值示意图

图4b 实验曲线

图4 C_m 值和实验曲线

去,将所得结果与实验结果进行了比较,两者吻合良好,因此,在此给出的曲线可供设计应用,非常有价值。所以,详细地分析桩柱列的附加质量有一定的实际价值和理论意义。同时,也可将其应用于浅水中半圆形浮体的横移振动和窄水道中单一圆墩振动。

参考文献

[1] Chen S S. Vibrations of a row of circular cylinders in a liguid. T ASME. Journal of Engineering for Industry, 1975,197(4).

[2] 邱大洪,朱大同 . 圆形桩柱列的附加质量分析 . 海洋工程,1983,1(2):11-17

[3] федотвский, в. с. . Инерционищо Характеристики и Гидродинамческое Демпфирование Колебаний Кругових Цилиндров в Жидкой Среде. Прикладная Механика том. Ⅹ Ⅵ,1980,внп. 4.

不规则立波的特性模型

1 背景

立波的作用力及其对海底的冲刷是直立式防波堤设计中两个重要方面。近年来,在国际上采用不规则波来进行有关港口和海岸工程的试验研究已日益增多。但是,对于不规则立波的研究主要着重于其对直立堤的作用力,而对其运动特性等则很少述及。谢世楞[1]主要根据不规则波试验的结果,探讨不规则波经直立墙反射后的一些特性以及墙前沙底的冲刷形态。

2 公式

2.1 不规则波波长的计算

通过下式计算波长:

$$\lambda = \frac{g\overline{T}^2}{2\pi}\tanh\frac{2\pi h}{\lambda} \tag{1}$$

式中,h 为水深,m;$\overline{T}$ 为平均周期。

2.2 规则波试验的主要成果

试验得出:

$$Z_{sm} = \frac{0.4H}{\left(\sinh2\pi\dfrac{h}{\lambda}\right)^{1.35}} \tag{2}$$

式中,Z_{sm} 为冲刷剖面达到平衡状态时冲刷谷的最大深度;H 为入射波高;λ 为波长。

根据在模型和原体中无因次参数的相似性,当泥沙为细颗粒时可导出沙径的比尺 n_D 为:

$$n_D = n_1^{0.25} \tag{3}$$

式中,n_1 为长度的比尺。

2.3 不规则立波的特性计算

不规则立波记录的一个例子表示于图 la,采用"上跨零点"法从记录中确定单个波的波高和周期。对于深水波,波高的统计分布服从于瑞利分布,可表示为:

$$P_H = \exp\left[-\frac{\pi}{4}\left(\frac{H_P}{\overline{H}}\right)^2 \right] \tag{4}$$

式中, p_H 为波高 H_p 的累积频率值; $\overline{H}$ 为平均波高。

对于浅水波,一般采用格鲁霍夫斯基经验分布关系:

$$P_H = \exp\left[-\frac{\pi}{4\left(1 + \dfrac{h_*}{\sqrt{2\pi}}\right)}\left(\frac{H_P}{\overline{H}}\right)^{\frac{2}{1-h_*}} \right] \tag{5}$$

式中, $h_* = \overline{H}/h$; $l = \dfrac{n\lambda}{2}$, n 为正整数。

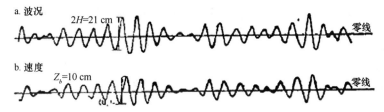

图 1　第 2 组试验的波浪和水质点水平分速的过程线

图 1b 为在不规则波作用下,立墙前第一个节点处近底部水质点轨道速度水平分量的记录。图中 Z_b 为在未扰动的水平沙底上的高度值。比较图 1a 与 b 可得速度过程线与波浪过程线是相似的。

根据一阶立波理论,节点处水质点轨道速度的水平分量为:

$$u = \frac{2\pi H}{T}\frac{\cosh\dfrac{2\pi}{\lambda}(z + h)}{\sinh\dfrac{2\pi}{\lambda}h} \tag{6}$$

式中, z 自静水面起算,向上为正。

速度谱也可由波谱计算而得,若假定两者均为线性时,则:

$$S(u) = K_u^2(f)\,S(f) \tag{7}$$

式中, $S(u)$ 为在墙前第一个节点、水底以上 Z_b 高度处的水平速度谱, m^2/s ; $S(f)$ 为入射波的波谱, m^2/s ; $K_u^2(f)$ 为转换函数,其单位为 s^{-2} ,经推导可得:

$$K_u^2(f) = 4\pi^2 f^2\frac{\cosh^2 k_i z_b}{\sinh^2 k_i h} \tag{8}$$

式中, $k_i = 2\pi/\lambda_i$; λ_i 为与不同频率 f 对应的波长。计算的速度谱与实测的速度谱相符合,说明由波谱通过式(7)和式(8)来计算速度谱是可行的。

3　意义

根据不规则立波的特性模型,通过波浪水槽中的模型试验结果,探讨了不规则波经直立墙反射后的一些特性以及墙前沙底的冲刷形态。通过不规则立波的特性模型,计算结果表明,若采用有效波高作为不规则波试验中的等值波高,则由此得出的最终冲刷深度是偏于安全的。相关试验中得到不规则立波的一些特性,具有一定的实际意义。

参考文献

[1]　谢世楞. 不规则立波的特性及其对沙底的作用. 海洋工程,1983,1(3):49-56.

海冰的作用力模型

1 背景

关于海冰对结构物的作用力,各国学者和工程技术人员提出了多种公式,其中有理论公式、经验公式、实验公式等。但能够普遍利用到工程上的公式不多,金光洛[1]根据在日本北海道大学学习期间参加佐伯教授所领导的海冰工程学研究活动,特别是以在现场和实验室得到的一些资料作为依据,论述了海冰对海工建筑物的作用力,以便进一步推动这方面的研究工作。

2 公式

2.1 海冰对直立桩(墩)结构的作用力计算

从实验结果中得出了冰层作用于直立桩(墩)结构物时冰压力的公式:

$$F = C\sqrt{B} \cdot h \cdot \sigma_c \qquad (1)$$

式中,B 为结构物宽度在冰层作用方向上的投影,cm;h 为冰层厚度,cm;σ_c 为海冰抗压强度,kg/cm²;C 为桩断面形状系数,cm$^{1/2}$,圆断面为 5.0,矩形断面为 6.8,90° 的楔形断面为 4.5。

上式的无量纲形式为:

$$F/\sigma_c \cdot B \cdot h = C\left(\frac{B}{h}\right)^{-\frac{1}{2}} \cdot \frac{1}{\sqrt{h}} \qquad (2)$$

式(2)表明无量纲冰压力不仅与形状比 B/h 有关,还与冰层厚度有关。这说明相同形状比的情况下,冰层越厚无量纲冰压力就越小。

以实验为基础的平山氏公式是从圆断面的实验得出的,其无量纲形式为:

$$F/\sigma_c \cdot D \cdot h = 3.57\left(\frac{D}{h}\right)^{-\frac{1}{2}} \cdot h^{-\frac{2}{5}} \qquad (3)$$

同样看出无量纲冰压力不仅与 D/h 有关,也与冰层厚度有关。同一形状比的情况下冰层越厚,其无量纲冰压力越小。

2.2 斜桩和锥形结构物上的冰压力计算

通过实验观察到,作用于倾角 $\theta \leqslant 62°$ 的斜桩和锥形倾斜结构物上冰层的破坏机理如图

1 所示,可用下式表示结构物对冰层反力的两个分力:

$$\begin{cases} F_H = N\sin\theta + \mu N\cos\theta \\ F_\nabla = N\cos\theta - \mu N\sin\theta \end{cases} \tag{4}$$

式中,F_H 为反力的水平分力;F_∇ 为反力的垂直分力;N 为反力;μ 为摩擦系数;θ 为倾角。

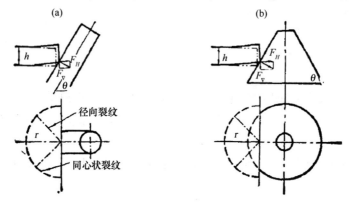

图 1   冰层半圆状受弯破坏示意图

如果破坏是完全符合理论上的弯曲破坏则可以得到:

$$F_\nabla = \frac{\pi}{6} \cdot h^2 \cdot \sigma_B = 0.524h^2 \cdot \sigma_B \tag{5}$$

式中,σ_B 为抗弯强度,kg/cm^2。

当 $62° < \theta < 90°$ 时,随着 θ 的增加轴向压力 F_H 也增大,这时必须考虑轴向压力的影响。考虑受弯、受压的情况为:

$$\left. \begin{array}{l} F_H = \sigma_B \cdot h^2 \cdot \pi\left[\dfrac{\tan\theta}{6 - 4\tan\theta\left(\dfrac{h}{r}\right)}\right] \\[20pt] F_\nabla = \sigma_B \cdot h^2 \cdot \dfrac{\pi}{6}\left[\dfrac{1}{1 - \dfrac{2}{3}\left(\dfrac{r}{h}\right)\tan\theta}\right] \end{array} \right\} \tag{6}$$

式中,h/r 介于 1/8 到 1/10 之间。

将不同 θ 角的 F_H 和由公式(1)计算出的 F 的比值对倾斜角 θ 的关系曲线表示在图 2 上[2]。这样从图中可以得到以下认识,在 $\theta < 65°$ 的范围 F_H/F 值尚小,可认为是倾斜结构物能发挥其特点的区域,在这个区域可认为冰层完全受弯破坏。当 $\theta > 80°$,破坏形式以及冰压力都接近于直立结构物,实际工程上可以当作直立结构计算。

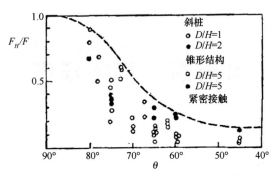

图 2　F_H/F 的比值对倾斜角 θ 的关系曲线

3　意义

在此建立了海冰的作用力模型,该模型论述了海冰对海工建筑物的作用力。根据海冰的作用力模型,预测海冰对结构物作用的各种荷载。那么,在建港工程中,应用该模型保护海工建筑物,避免海冰作用力成为海洋工程的破坏力。以在现场和实验室得到的一些资料作为依据,用于海冰的作用力模型的检验和校正。在我国北部沿海中有相当一部分海岸受到海冰的影响,该模型对解决类似问题具有重要的意义。

参考文献

[1]　金光洛 . 海冰对海工结构物作用力的实验研究现状 . 海洋工程,1983,1(3):9-20.

[2]　佐伯,尾崎,等 . 海岸构造物上作用的冰压力研究 . 第 26 回海岸工学讲演会论文集,490-493.

可潜器的平衡模型

1 背景

可潜器是一种新型的水下运载器具,能够承担一些特殊的水下任务。为了便于运载,要求它体积小、重量轻、机动灵活,能够完成水下各种复杂运动,所以在设计时应根据可潜器的使命及其特性做全面的、统一的考虑。许成福等[1]对其平衡问题和结构的设计做了分析计算。

2 公式

2.1 可潜器在水中的平衡计算

悬浮在水中物体的体积排水量必须与物体的重量相等,以球壳为例来分析,球壳重量可表示为:

$$G = 2k \cdot \pi \gamma_m R^3 \frac{p}{\sigma_T} \tag{1}$$

球壳在水中提供的浮力为:

$$W = \gamma_w \cdot \nabla = \frac{3}{4} \pi R^3 \cdot \gamma_w \tag{2}$$

球壳在水中所能提供的净浮力:

$$\Delta W = W - G = \pi R^3 \left(\frac{3}{4} \gamma_w - 2k \gamma_m \frac{p}{\sigma_T} \right) \tag{3}$$

式中,R 为球壳半径;p 为工作压力;σ_T 为材料的强度许用应力;γ_m 为材料的重度;k 为系数。

由上式可以看出,在一定的工作压力下,增大耐压壳尺寸是增大浮力的最简便的方法,其次是改变材料的 σ_T 值,亦即采用强度更高的材料,或改变材料的质地,改用轻质高强度材料(如钛合金材料)。

若 $\left(\frac{3}{4} \gamma_w - 2k \gamma_m \frac{p}{\sigma_T} \right) = 0$,则工作压力为:

$$p = \frac{3}{8} \frac{\gamma_w}{\gamma_m} \frac{\sigma_T}{k} = a \frac{\sigma_T}{\gamma_m} \tag{4}$$

式中：$a = \dfrac{3}{8}\dfrac{\gamma_w}{k}$ 为常数。对一种已定的材料，γ_m、σ_T 为定值，即可由上式求得一个临界工作压力 p_c。临界工作压力的大小与壳体的尺寸无关，只与材料的特性有关。

2.2 无肋锥—柱结合壳平衡微分方程及其解

当结合壳内角在 $\pi-30° \leqslant \theta < \pi$ 时，结合壳平衡微分方程为：

$$\frac{d^4w}{dx^4} + 4\beta^4 w = \frac{p}{D} \tag{5}$$

式中，w 为壳体沿径向坐标 z 的位移；p 为静水压力，kg/cm^2；$4\beta^4 = \dfrac{Et}{R^2D}$；$\beta = \dfrac{1.285}{\sqrt{Rt}}$；$D = \dfrac{Et^3}{12(1-\mu^2)}$ 为壳体筒形刚度，R 为圆柱形壳半径，t 为圆柱形壳板厚度，E、μ 分别为壳体材料的弹性模量和泊桑比。

方程（5）之解为：

$$w = \frac{pR^2}{Et} + \frac{Q_0}{8\beta^3 D}e^{-\beta x}(\cos\beta x + \sin\beta x) \tag{6}$$

式中，$Q_0 = \dfrac{pR}{2}\mathrm{tg}\theta$。

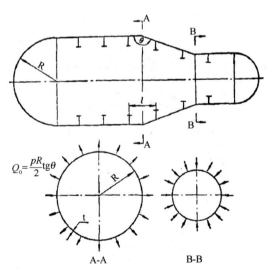

图 1　在均布外压力 p 作用下锥—柱结合壳接合处受力分析

经过运算，即可得到结合壳总应力计算公式：

$$
\begin{cases}
\sigma_1 = \dfrac{pR}{2t}\left[1 \pm 1.165\sqrt{\dfrac{R}{t}tg \cdot \psi(\beta x)}\,\right] \\[3mm]
\sigma_2 = \dfrac{pR}{t}\left\{1 + 0.321\left[\varphi(\beta x) \pm 0.545\psi(\beta x)\right]\sqrt{\dfrac{R}{t}tg\theta}\,\right\} \\[3mm]
\psi(\beta x) = e^{-\beta x}(\cos\beta x - \sin\beta x) \\[2mm]
\varphi(\beta x) = e^{-\beta x}(\cos\beta x + \sin\beta x)
\end{cases}
\tag{7}
$$

式中, θ 为结合壳结合处内角值; x 为计算点到原点(接头处)的距离,坐标原点设在结合剖面处; 式中 "±" 符号: "+" 号表示壳板外表面; "−" 号表示壳板内表面。

上式清楚地说明,由于结构曲折,使纵向总应力 σ_1 增加甚剧,而其主要成分是由 Q_0 力引起的弯曲应力。

2.3 锥—柱凸结合壳结构加强形式的研究计算

当结合壳内角 $\theta \leqslant \pi - 30°$ 时,可利用无肋锥—柱结合壳的理论结果[2],则根据结合壳凸结合部位的纵向加强计算,可得:

$$
\begin{cases}
\bar{p} = \pi p R^2 tg\theta \\[2mm]
W = 0.7854\,\dfrac{pR^2 l}{n[\sigma]}tg\theta
\end{cases}
\tag{8}
$$

式中, $\bar{p}$ 为在均布外压力作用下,结合壳凸结合处承受的总力; p 为静水压力; R 为结合壳凸结合处圆柱形壳半径; θ 为结合壳内角值; n 为纵向加强筋沿周向布置的数量; l 为纵向加强筋长度; $[\sigma]$ 为弯曲许用应力; W 为加强筋必需的剖面模数。

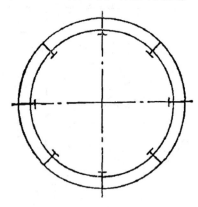

图 2 锥—柱凸结合处两环肋间纵向加强筋布置示意图

纵向加强筋数量 n 可根据可潜器(或潜水系统)耐压壳体这一部位的具体布置情况与计算确定。确定了纵向加强筋数量 n,加强筋所需的剖面模数 W 也就随之确定了。

3　意义

根据可潜器的平衡模型,从可潜器总体设计角度出发,对重量、浮力平衡以及耐压壳体不连续结构进行了较详细的计算。通过可潜器的平衡模型,计算得出的结构加强形式不但可以解除凸结合处高应力对耐压壳结构安全带来的危害,而且工艺简单,可大大简化加工制造工作、降低成本。从该模型的理论上讲,它的物理概念清晰,解决问题的针对性强。在实践中曾将这种加强方法用于类似的结构设计,效果明显。

参考文献

[1]　许成福,蒋金良,孙欣. 可潜器设计中若干问题的探讨. 海洋工程,1983,1(3):66-74.

[2]　孙欣. 邻近肋骨对锥柱结合壳应力状态的影响. 舰船科学技术,1979,(2).

浅水波浪的变形模型

1 背景

波浪由深水向浅水传播,受水下地形变化的影响将发生变形,波要素也将发生变化。港口工程和海岸工程多位于浅水区,工程的规划和设计、施工均须确定相应的浅水波浪要素,而根据历史天气图推算所得的常是深水的波要素或是波浪观测点水深处的波要素,所以需要进行浅水波浪要素的推算。龚崇准和戴功虎[1]通过浅水波浪的变形模型,对浅水波浪变形数学模型与淤泥质海岸底摩擦系数展开了探讨。

2 公式

2.1 基本方程

2.1.1 折射方程

描述折射现象的微分方程可从势波理论的三个基本方程用渐近逼近法导得。这三个基本方程为:

拉普拉斯(Laplace)连续方程:

$$\Delta\varphi = \nabla^2\varphi = 0 \tag{1}$$

自由表面边界条件:

$$\frac{\partial\varphi}{\partial z} - \frac{\omega^2}{g}\varphi = 0 \bigg|_{z=0} \tag{2}$$

水底边界条件:

$$\frac{\partial\varphi}{\partial x}\cdot\frac{\partial h}{\partial x} + \frac{\partial\varphi}{\partial y}\cdot\frac{\partial h}{\partial y} + \frac{\partial\varphi}{\partial z} = 0 \bigg|_{z=-h(x,y)} \tag{3}$$

式中,$\varphi = \varphi(x,y,z)$ 为三维波势函数;$\omega = \dfrac{2\pi}{T}$ 为波动的角频;g 为重力加速度;$h = h(x,y)$ 为水深函数。

经推演转换可得到:

确定相位函数 $S_0(x,y)$ 的维量形式的光程函数方程:

$$\left(\frac{\partial S_0}{\partial x}\right)^2 + \left(\frac{\partial S_0}{\partial y}\right)^2 = k_0^2 \tag{4}$$

或

$$p^2 + q^2 = k_0^2$$

中，$p = \dfrac{\partial S_0}{\partial x}$；$q = \dfrac{\partial S_0}{\partial y}$；$k_0$ 为维量形式的实变波数。

确定二维振幅函数 $a_0(x, y)$ 的维量形式的能量流方程：

$$\begin{cases} \nabla \cdot \left(\dfrac{n a_0^2}{k_0^2} \nabla S_0 \right) = 0 \\[3mm] n = \dfrac{1}{2} \left(1 + \dfrac{2 k_0 h}{sh 2 k_0 h} \right) \end{cases} \tag{5}$$

由上式可导出两条波向线间能量流守恒律。

将波向线的坐标 (x, y) 视为沿波两线距离 ζ 的函数：$x = x(\zeta)$，$y = y(\zeta)$。则可得到确定波向线轨迹和沿波向线相位的一阶常微分方程组：

$$\begin{cases} \dfrac{\mathrm{d}x}{\mathrm{d}\xi} = \dfrac{p}{k} \\[3mm] \dfrac{\mathrm{d}y}{\mathrm{d}\xi} = \dfrac{q}{k} \\[3mm] \dfrac{\mathrm{d}p}{\mathrm{d}\xi} = \dfrac{\partial k}{\partial x} \\[3mm] \dfrac{\mathrm{d}q}{\mathrm{d}\xi} = \dfrac{\partial k}{\partial y} \\[3mm] \dfrac{\mathrm{d}k}{\mathrm{d}\xi} = k \end{cases} \tag{6}$$

令 $\dfrac{n}{k} a^2 = \dfrac{1}{\beta}$，其中 β 称为分离函数，则可得到分离函数 β 的二阶常微分方程：

$$\dfrac{d^2 \beta}{\mathrm{d}\xi^2} + P \dfrac{\mathrm{d}\beta}{\mathrm{d}\xi} + Q\beta = 0 \tag{7}$$

其中系数 P、Q 为：

$$\begin{cases} P = \dfrac{1}{k^2} \left(p \dfrac{\partial k}{\partial x} + q \dfrac{\partial k}{\partial y} \right) \\[3mm] Q = \dfrac{2}{k^4} \left(q \dfrac{\partial k}{\partial x} - p \dfrac{\partial k}{\partial y} \right)^2 - \dfrac{1}{k^3} \left(q^2 \dfrac{\partial^2 k}{\partial x^2} - 2pq \dfrac{\partial^2 k}{\partial x \partial y} + p^2 \dfrac{\partial^2 k}{\partial y^2} \right) \end{cases} \tag{8}$$

上式说明，P、Q 仅为 p、q，已知波数 k 及其对 x 和 y 的偏导数的函数。

令

$$\dfrac{\mathrm{d}\beta}{\mathrm{d}\xi} = \gamma \tag{9}$$

则可得一阶的常微分方程：

$$\frac{d\gamma}{d\xi} = -P\gamma - Q\beta \tag{10}$$

式(6)、式(9)、式(10)组成七个一阶常微分方程组构成的折射方程。

2.1.2 底摩擦波能损耗与摩损系数 k_f 的计算

单位时间内通过垂直于波向线的单位宽度截面上在一个波周期内的平均传播的波能量 P 为：

$$P = \frac{1}{8}\rho g H^2 nc \tag{11}$$

式中，c 为波速，$c = \frac{gT}{2\pi}thkh$；$n = \frac{1}{2}\left(1 + \frac{2kh}{sh2kh}\right)$。

单位时间内通过两条间距为 b 的相邻波向线的垂直截面的平均波能量为 Pb。当为深水时，有：

$$Pb = \frac{1}{32\pi}k_f^2 \rho g^2 T H_0^2 b_0 \tag{12}$$

式中，k_f 称为摩损系数；下标 0 表示深水处的数值；$n_0 = 1/2$；$c_0 = gT/2\pi$。

在一个波周期内水底单位面积上单位时间紊流边界层摩擦应力平均所作的功即水底单位面积上的能量损耗率 D_f，表示为：

$$D_f = \frac{4}{3}\rho f\pi^2 \frac{H^3}{T^3 sh^3 kh} \tag{13}$$

式中，f 为底摩擦系数，与底质有关；H 及 a 为考虑了底摩擦波能损耗的波高。

经过转换整理，得到由底摩擦引起波高衰减的摩损系数 k_f 的一阶微分方程：

$$\frac{dk_f}{d\xi} = -Fk_f^2 \tag{14}$$

式中，$F = \frac{64}{3}\frac{\pi^3 f}{g^2 T^4} \cdot \dfrac{chkh}{sh^4 kh\left(1 + \dfrac{2kh}{sh2kh}\right)} \cdot H$，或 $F = \dfrac{128}{3}\dfrac{\pi^3 f}{g^2 T^4} \cdot \dfrac{chkh}{sh^4 kh\left(1 + \dfrac{2kh}{sh2kh}\right)} \cdot a$，其中 H 及 a 为不考虑底摩擦波能损耗的波高和振幅。

2.2 数值计算

2.2.1 边界条件(初值)的确定

从理论上说，只要给出某一任意初始曲线 c 上的振幅函数 $a_c(\eta)$、相位函数 $S_0(\eta)$ 以及摩损系数 $k_f(\eta)$ 的值，就能够确定全区域的折射解和摩损系数解。曲线 c 由 $x_c(\eta)$ 和 $y_c(\eta)$ 确定。为了求出全区域的解，必须计算出下列沿曲线 c 上的各初始值：$p_c(\eta)$，$q_c(\eta)$，$\beta_c(\eta)$ 和 $\gamma_c(\eta) = \left(\dfrac{d\beta}{d\xi}\right)_c$。

设初始处的波向线与正 X 轴的交角为 α,则有:

$$\begin{cases} \dfrac{\mathrm{d}x_c}{\mathrm{d}\xi} = \dfrac{p_c}{k(x_c,y_c)} = \cos\alpha \\[3mm] \dfrac{\mathrm{d}y_c}{\mathrm{d}\xi} = \dfrac{q_c}{k(x_c,y_c)} = \sin\alpha \end{cases}$$

即

$$\begin{cases} p_c = k(x_c,y_c) \cdot \cos\alpha \\[2mm] q_c = k(x_c,y_c) \cdot \sin\alpha \end{cases} \tag{15}$$

因设初始处为深水、初始波峰线为直线,则 $k(x_c,y_c)$ 和 α 角均为已知的常值,故在初始波峰线上各点的 p_c 和 q_c 亦为常值。

若设初始波峰线上某一起始点的坐标为 (x_0,y_0),则:

$$\begin{cases} \dfrac{\mathrm{d}x_c}{\mathrm{d}\eta} = \sin\alpha \\[3mm] \dfrac{\mathrm{d}y_c}{\mathrm{d}\eta} = -\cos\alpha \end{cases} \tag{16}$$

初始波峰线上的相位 $S_c(\eta)$ 可取为 0。分离函数 β_c 为:

$$\beta_c = \frac{1}{a_c^2} \frac{k(x_c,y_c)}{n(x_c,y_c)} \tag{17}$$

因在初始波峰线上的 a_c、$k(x_c,y_c)$ 和 $n(x_c,y_c)$ 均为已知的常值,故各点的分离函数 β 亦为常值。则其对波向线方向的导数应为 0,即:

$$\left(\frac{\mathrm{d}\beta}{\mathrm{d}\xi}\right)_c = 0 \tag{18}$$

2.2.2　求解基本方程的数学方法

用四阶龙格—库塔(Runge-Kutta)标准积分法可以求得上述一阶常微分方程组的数值解。可一步一步向前积分计算出各条波向线上计算点的坐标以及该点的相位 S、分离函数 β 和摩损系数 k_f 值。由此可求出各计算点的不计摩损和计入摩损的波高值 H 和 H_f:

$$H = 2a = 2\sqrt{\frac{k}{n\beta}} \tag{19}$$

$$H_f = k_f H \tag{20}$$

波数 k 是水深 h 的函数,因此可以由水深 h 及其对 x,y 的导数计算出波数 k 及其对 x,y 的导数值。各参数之间的关系如下:

$$\omega^2 = gk\,\mathrm{th}\,kh \tag{21}$$

$$\begin{cases} \dfrac{\partial k}{\partial x} = - Bk \dfrac{\partial h}{\partial x} \\[3mm] \dfrac{\partial k}{\partial y} = - Bk \dfrac{\partial h}{\partial y} \end{cases} \tag{22}$$

$$\begin{cases} \dfrac{\partial^2 k}{\partial x^2} = Dk \left(\dfrac{\partial h}{\partial x}\right)^2 - Bk \dfrac{\partial^2 h}{\partial x^2} \\[3mm] \dfrac{\partial^2 k}{\partial y^2} = Dk \left(\dfrac{\partial h}{\partial y}\right)^2 - Bk \dfrac{\partial^2 h}{\partial y^2} \\[3mm] \dfrac{\partial^2 k}{\partial x \partial y} = Dk \left(\dfrac{\partial h}{\partial x}\right)\left(\dfrac{\partial h}{\partial y}\right) - Bk \dfrac{\partial^2 h}{\partial x \partial y} \end{cases} \tag{23}$$

式中, $B = \dfrac{k^2 - k_c^2}{h(k^2 - k_c^2) + k_c}$; $D = 2B^2 \left[1 + \dfrac{Bk^2 k_c}{(k^2 - k_c^2)^2}\right]$; k_c 为深水波数, $k_c = \omega^2/g$。

由于在实际问题中难于建立水深函数 h 的解析式,通常可采用矩形网格上各网格点的水深值来表征求解区域的水深。计算点若位于某一网格中,则该点的水深 h 及其对于 x, y 的偏导数值可由相邻网格点的各相应值插值求得(见图1)。

各网格点上的水深偏导数可用有限中心差分公式算出:

$$\begin{cases} \left(\dfrac{\partial h}{\partial x}\right)_{i,j} = \dfrac{1}{2\Delta x}(h_{i+1,j} - h_{i-1,j}) \\[3mm] \left(\dfrac{\partial h}{\partial y}\right)_{i,j} = \dfrac{1}{2\Delta y}(h_{i,j+1} - h_{i,j-1}) \\[3mm] \left(\dfrac{\partial^2 h}{\partial x^2}\right)_{i,j} = \dfrac{1}{(\Delta x)^2}(h_{i+1,j} - 2h_{i,j} + h_{i,j-1}) \\[3mm] \left(\dfrac{\partial^2 h}{\partial y^2}\right)_{i,j} = \dfrac{1}{(\Delta y)^2}(h_{i,j+1} - 2h_{i,j} + h_{i,j-1}) \\[3mm] \left(\dfrac{\partial^2 h}{\partial x \partial y}\right)_{i,j} = \dfrac{1}{4\Delta x \cdot \Delta y}(h_{i+1,j+1} - h_{i+1,j-1} - h_{i-1,j+1} + h_{i-1,j-1}) \end{cases} \tag{24}$$

式中, Δx 为 x 轴方向上网格宽度, Δy 为 y 轴方向上网格宽度。

位于网格内计算点 p 的水深 h 及其偏导数可采用拉格朗日(Lagrange)插值函数求得:

$$f(p) = (1 - x)(1 - y)f_{i,j} + x(1 - y)f_{i+1,j} + (1 - x)yf_{i,j+1} + xyf_{i+1,j+1} \tag{25}$$

式中, $f(p)$ 代表水深 h 或其某一偏导数。 x 和 y 为局部坐标,是以 (i, j) 点为坐标原点的实际坐标值与网格尺度 Δx 和 Δy 的比值。所以 x 和 y 值是介于 0 与 1 之间。

采用拉格朗日插值就能使得各插值函数值从一个网格转到另一个网格时可以保证其连续性。

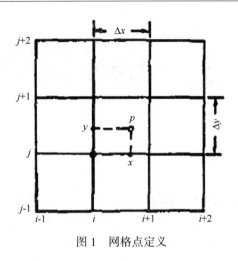

图 1　网格点定义

3　意义

根据浅水波浪的变形模型,计算浅水波浪的要素。深水处的波要素与波浪观测点是位于不同的水深处,所以需要进行浅水波浪要素的推算。考虑折射和底摩擦波能损耗的浅水波浪变形数值计算模式计算的结果:当波浪在浅水区传播距离较大时,必须考虑由底摩擦波能损耗而引起波高的衰减。而且底摩擦系数 f 是计算底摩擦波能损耗的一个重要参数。我国有漫长的淤泥质海岸线,因此,研究淤泥质海岸的底摩擦系数 f 值是有实际意义的。

参考文献

[1]　龚崇准,戴功虎. 浅水波浪变形数学模型与淤泥质海岸底摩擦系数的确定. 海洋工程,1983,1(3):21-33.

击岸波的椭圆余弦波模型

1 背景

椭圆余弦波理论最初在 1895 年由 Korteweg 和 Devries 推导而得。其后由 Keulegan 和 Patterson 加以引申。1960 年 Wiegel[1] 将其做成各种图表后开始应用于工程实践。近年来由于计算机技术的发展,其得到了广泛的应用[2,3]。陈银法[4] 根据波浪槽试验资料整理结果并与线性理论结合,对 Stokes 理论和椭圆余弦波理论的计算结果做了分析比较,探讨了椭圆余弦波理论在击岸波研究中应用的可能性。

2 公式

2.1 椭圆余弦波理论

椭圆余弦波因 Jacobian 椭圆函数而得名。波形(采用如图 1 所示坐标系统)为:

$$y_s = y_t + Hcn^2\left[2K(k)\left(\frac{x}{L} - \frac{t}{T}\right), k\right] \tag{1}$$

波长为:

$$L/d = \left(\frac{16}{3}\frac{d}{H}\right)^{1/2} kK(k) \tag{2}$$

以上两式中,H 为波高,$K(k)$ 为模数 k 的第一类完全椭圆积分。cn 为 Jacobian 椭圆余弦函数。当 k 为实数且 $0 \leqslant k \leqslant 1$ 时,cn 波以 $4K(k)$ 为周期,其值变化在 $+1 \sim -1$ 之间;而 cn 函数之周期则为 $2K(k)$,其值变化在 $0 \sim 1$ 之间。

当给定波长、波高和水深时,可根据上式应用迭代逼近法求解 k 或由已制成的 $k^2 \sim L^2 H/d^3$ 关系曲线查找。对于 $k^2 \leqslant (1-10^{-6})$ 的情况,可由现成图表查得 $K(k)$ 和 $E(k)$,$E(k)$ 为模数 k 的第二类完全椭圆积分;对于 $(1-10^{-6}) \leqslant k^2 \leqslant (1-10^{-40})$ 的情况,可采用下列展开式:

$$K(k) = \lambda + \frac{1}{4}(\lambda - 1)k'^2 + \frac{3}{16}\left(\lambda - \frac{7}{16}\right)k'^4 + \frac{25}{256}\left(\lambda - \frac{37}{30}\right)k'^6 + \cdots \tag{3}$$

$$E(k) = \lambda + \frac{1}{2}\left(\lambda - \frac{1}{2}\right)k'^2 + \frac{3}{16}\left(\lambda - \frac{13}{12}\right)k'^4 + \frac{15}{128}\left(\lambda - \frac{6}{5}\right)k'^6 + \cdots \tag{4}$$

式中,$k'^2 = 1 - k^2$,$\lambda = cn\left(\dfrac{4}{k'}\right)$。

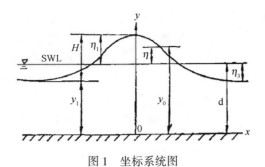

图 1　坐标系统图

波速为：

$$c/\sqrt{gd} = \left\{ 1 + \frac{H}{d}\left[-1 + \frac{1}{k^2}\left(2 - 3\frac{E(k)}{K(k)} \right) \right] \right\}^{1/2} \tag{5}$$

按照徐基丰的研究，水质点最大水平底流速由下式确定：

$$u_{max}/\sqrt{gd} = \frac{c}{\sqrt{gd}} - \frac{c^*}{\sqrt{gd}}\left[\left(1 + \frac{\eta_1}{d} \right)^{-1} + \frac{gd}{c^{*2}4k^2}\left(\frac{H}{d} \right)^2 \right] \tag{6}$$

式中：

$$\frac{c}{\sqrt{gd}} = \left(1 + \frac{\eta_1}{d} - \frac{\eta_2}{d} - \frac{\eta_3}{d} \right)^{1/2}$$

$$\frac{c^*}{\sqrt{gd}} = \left[\left(1 + \frac{\eta_1}{d} \right)\left(1 - \frac{\eta_2}{d} \right)\left(1 - \frac{\eta_3}{d} \right) \right]^{1/2}$$

$$\eta_1 = \frac{H}{k^2}\left(1 - \frac{E(k)}{K(k)} \right)$$

$$\eta_2 = H\left[1 - \frac{1}{k^2}\left(1 - \frac{E(k)}{K(k)} \right) \right]$$

$$\eta_3 = H\frac{1}{k^2}\frac{E(k)}{K(k)}$$

根据 B. Le Mehaute 的研究结果，质量传输速度为：

$$U = \frac{L}{8k^2 T}\left[(7e + 7k^2 - 6)(2 - k^2) - 8e^2 \right] \tag{7}$$

式中，$e = \dfrac{E(k)}{K(k)}$。

2.2　椭圆余弦波理论在击岸波研究中的应用之击岸波波峰相对高度的计算

椭圆余弦波波峰在静水位以上的无因次高度或波峰相对高度由下式计算：

$$\frac{\eta_1}{H} = \frac{16}{3}\left(\frac{d^3}{L^2 H} \right)K^2(k)\left[1 - \frac{E(k)}{K(k)} \right] \tag{8}$$

图 2 为按上式绘制的波峰相对高度 η_1/H 与 Ursell 参量的理论关系曲线,在图中同时标出实测资料。由图中可见,虽然实测资料分布在较窄的范围,但从其变化规律来看,与理论曲线还比较一致。通常认为 $L^2H/d^3>26$ 时,应用椭圆余弦波理论比较合适。

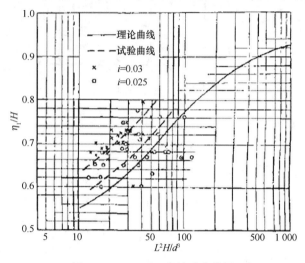

图 2　$\eta_1/H \sim L_2H/d^3$ 关系曲线图

为了确定椭圆余弦波理论在击岸波条件下的应用界限,现分别按式(8)和三阶 Stokes 理论公式计算波峰相对高度,并将计算结果绘制成曲线(图 3 所示)。

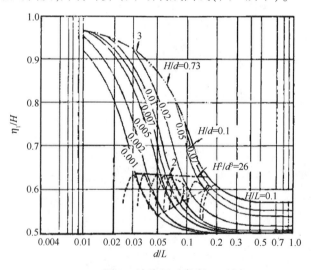

图 3　波峰相对高度

由图 3 可见,椭圆余弦波理论与三阶 Stokes 理论之间存在着非常密切的联系,具体表现为图中两组曲线的光滑联接。

74

采用的三阶 Stoltes 理论计算公式[5]如下：

$$\frac{\eta_1}{H} = \frac{1}{2}\left[K_a + \frac{\pi\delta}{4}K_a^2\frac{\cosh kd(\cosh 2kd + 2)}{\sinh^3 kd} + K_a^3(1 - K_a)\right] \tag{9}$$

式中，$\delta = \dfrac{H}{L}, k = \dfrac{2\pi}{L}, K_a = \left[1 - \dfrac{3\pi^2\delta^2(8\cosh^6 kd + 1)}{64\sinh^6 kd}\right]$。

3　意义

根据击岸波的椭圆余弦波模型,利用波浪槽试验结果与各种理论计算进行了比较,在比较的基础上,应用椭圆余弦波理论对确定击岸波波峰相对高度、波速、最大水质点水平底流速以及水底质量传输等问题进行了探讨。通过击岸波的椭圆余弦波模型,计算得出击岸波波形及其内部水质点运动与椭圆余弦波十分相似,并得到了击岸波的高度、波速、最大水质点水平底流速以及水底质量传输的计算方法,这对于工程实践具有重要意义。

参考文献

[1] Wiegel R L. A presentation of Cnoidal Wave Theory for Practical Application. J. Fluid Mech., V. 7, No2, 1960.

[2] Wang J D. Breaking Wave Characteristics on a Plane Beach. Coastal Engineering, 137-149, 1980. 4. 2.

[3] 邱大洪 . 椭圆余弦波在工程上的应用 . 大连工学院海洋工程研究所, 1981.

[4] 陈银法 . 椭圆余弦波理论在击岸波研究中的应用 . 海洋工程, 1983, 1(3):34-43.

[5] 薛鸿超,顾家龙,任汝述.海岸动力学,北京:人民交通出版社,1980.

不规则波的外载荷模型

1 背景

随着海洋勘探、开发不断向外海延伸,对半潜平台的需求量将逐年增加。根据这一趋势,在以往规则波试验基础上,林吉如等[1]进行了不规则波中的外载荷模型试验,测试内容主要有链力和平台劈张弯矩。通过实验对不规则波中半潜平台链力和弯矩的模型试验技术展开了探讨,概述了所采用的试验方法和数据处理方法,并给出了部分试验结果。

2 公式

根据几何相似律和傅汝德相似律,半潜平台模型和实体之间的换算关系及供试模型主尺度见表1,模型见图1。

表 1　实体和模型之间换算关系及试验模型数据

参数		换算关系		试验模型
		实体	模型	
船体	缩尺	$1:1$	$\lambda = 1/n$	$1/50$
	长度	L	$L_m = L \times \lambda^1$	2.00 m
	宽度	B	$B_m = B \times \lambda^1$	1.50 m
	深度	H	$H_m = H \times \lambda^1$	0.70 m
	吃水	T	$T_m = T \times \lambda^1$	0.35 m
	沉垫尺寸	$l \times b \times h$	$(l \times b \times h)\lambda^1$	$(2.00 \times 0.30 \times 0.15)$ m
	立柱直径	D	$D_m = D \times \lambda^1$	0.22 m
	重心位置	X_Q, Y_Q, Z_Q	$(X_Q, Y_Q, Z_Q)\lambda_1$	$Z_Q = 0.35$ m
	排水量	Δ	$\Delta_m = \Delta \times \lambda^3$	200 kg
	质量惯性矩	J	$J_m = J \times \lambda^5$	环动半径 0.60 m
	自摇周期	T_n	$T_n \times \lambda^{1/2}$	
	撑杆直径	d	$d_m = d \times \lambda^1$	

参数		换算关系		试验模型
		实体	模型	
锚链	链长度	L_0	$L_0 \times \lambda^1$	20 m
	抛锚水深	T'	$T' \times \lambda^1$	4 m
	链单位长度重量	γ	$\gamma \times \lambda^1$	在水中 46 g/m
	链的刚度	AE	$(AE)_m = AE \times \lambda^3$	
	链的布设		同实体	八根,30°夹角
	链的预紧力	T_0	$T_0 \times \lambda^3$	500 g

通常模型链本身刚度(AE)远大于要求值$(AE)_m$,为了满足刚度模拟要求,可在锚点处的链条端部串联一弹簧或橡皮带,根据模型链条刚度,弹簧弹性系数 K 可由下式计算:

$$\frac{1}{K} = L_c \lambda \left[\frac{1}{(AE)_m} - \frac{1}{(AE)_0} \right]$$

对于锚,则要求压块有足够重量,以便提供较大的摩擦力,不致在波涛中发生走锚。

图 1   试验模型

将试验记录中心化,以中心化后得到的零线为统计分析的零线,读出链力增加部分随时间变化的幅值和中垂、中拱弯矩记录幅值(图2)。则链力就等于链的预紧力 T_0、试验记录中心化前后零线变动值 ΔT 和链力张紧部分的统计特征值 T_W 三者的算术和:

$$T = T_0 + \Delta T + T_W$$

弯矩则以中心化后的零线为零线,分别做中垂和中拱弯矩的幅值统计(从零线至峰/谷的距离),求得特征值。

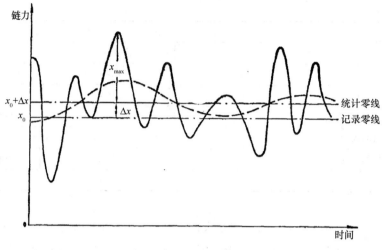

图 2　链力记录分析

3　意义

根据不规则波的外载荷模型,所阐述的测试技术和数据处理方法可以直接为产品设计服务,并已取得比较满意的结果。不规则波的外载荷模型同样可以运用于其他含有或不含有低频量的参数计算。同时,通过不规则波的外载荷模型,计算得到单点系泊贮油系统和江河锚泊浮筒的链索张力以及各种船舶和平台的弯矩。而且,该模型缩尺的选择主要考虑水池的尺度和造波能力以及考虑力与缩尺成三次方关系。这样,为了提高测试精度,只需要提高模型的尺寸。

参考文献

［1］　林吉如,陈宏,时宝琪.在不规则波中半潜平台链力和弯矩的模型试验技术.海洋工程,1983,1(3)：58-65.

制动器的稳健优化模型

1 背景

电磁制动器与传统的液压、气压制动器相比,主要区别在力源的产生方式不同。在结构上和传统的鼓式制动器有相似之处,但是在其制动过程中,衬片的温度、相对滑动速度、压力以及湿度等因素的变化都会导致其摩擦系数的变化。而摩擦系数的变化则直接导致制动效能因数的改变,从而直接影响到车辆的安全性能。李仲兴等[1]在建立合理数学模型的基础上,提取电磁制动器 7 个主要结构参数为设计参数,以信噪比的统计分析结果为设计依据,对电磁制动器进行稳健优化设计。

2 公式

由图 1 可知,对此种形式制动器,其主领蹄制动力矩的产生与一般领从蹄制动器的制动力矩的产生效果是一样的,只是支点是滑动的。因此,支点反力为水平的。这样,该蹄的制动效能因数可用下式直接计算:

$$K_{t1} = \cfrac{\xi_1}{\cfrac{\varepsilon}{e_1 \cos\beta_1 \sin\gamma} - 1}$$

式中, K_{t1} 为主领蹄制动效能因数。

$$\xi_1 = \frac{h_1}{K}; \varepsilon = \frac{a}{R}; e_1 = \frac{l_{o1}}{R}; l_{o1} = \frac{4\sin\dfrac{\theta_1}{2}}{\theta_1 + \sin\theta_1}R; \beta_1 = \frac{\pi}{2} + \gamma - \theta_{o1} - \frac{\theta_1}{2}$$

式中, h_1 为前蹄张开力 P 作用线到其浮动支承端支反力 F 作用线的距离; R 为制动鼓半径; a 为制动器中心到浮动支承端面支反力 F 作用线的距离; l_{o1} 为前蹄压力中心圆直径; θ_1 为前蹄摩擦衬片包角; β_1 为前蹄等效法向合力 N_1 与包角平分线 OV_1 之间夹角; γ 为摩擦角, $\gamma = \gamma \text{arctg} \gamma \mu$; μ 为制动鼓与摩擦衬片间的摩擦系数。

由于制动时电磁体带动拉臂只对前蹄施加推动力,因此后蹄的制动效能因素和同型液压轮缸式制动器有所区别,即不用考虑液压式制动器中轮缸对后蹄的推力产生的制动效能。经分析得到后蹄的制动效能因数为:

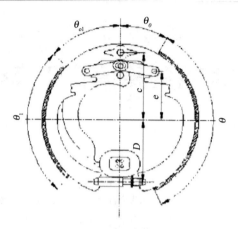

图 1   制动器的结构简图

$$K_{t2} = K_{t2p} \frac{\Psi(e + K_{t1}R)}{a}$$

式中，K_{t2} 为次领蹄制动效能因数。

$$K_{t2p} = \frac{\xi_2}{\dfrac{K_2 \cos\lambda_2}{e_2 \cos\beta_2 \sin\gamma} - 1}$$

为假设有推力 P 作用在后蹄上产生的制动效能因素，其中：

$$\xi_2 = \frac{h_{2p}}{R}; K_2 = \frac{c}{R}; \Psi = \frac{c - e + h_1}{c - e}$$

$$l_{o2} = \frac{4\sin\dfrac{\theta_2}{2}}{\theta_2 + \sin\theta_2} R; e_2 = \frac{l_{o2}}{R};$$

$$\beta_2 = arctg(\frac{\theta_2 - \sin\theta_2}{\theta_2 + \sin\theta_2} tg\alpha_2)$$

$$\alpha_2 = \frac{\pi}{2} - \frac{\theta_2}{2} - \theta_{02}$$

式中，h_{2p} 为轮缸张开力 P 作用线到支承销的距离；c 为顶端支承销中心到制动器中心的距离；e 为顶端推力 P 的作用线到制动器中心的距离；l_{o2} 为后蹄压力中心圆直径；$\lambda_2 = \gamma + \beta_2 - \alpha_2$ 为后蹄等效法向合力与其总合力之间的夹角；β_2 为后蹄等效法向合力与其同包角平分线之间夹角；θ_2 为后蹄摩擦衬片包角；θ_{02} 为后蹄摩擦衬片起始角。

由上述分析，可得到制动器效能因素 K_t：

$$K_t = K_{t1} + K_{t2p} \frac{\Psi(e + K_{t1}R)}{a}$$

3 意义

在此建立了制动器的稳健优化模型,以传统优化设计的设计结果作为初值,充分考虑参数的各种干扰以及制造公差的影响,对电磁制动器结构参数进行了稳健优化设计。应用制动器的稳健优化模型,对传统优化结果和稳健优化设计所得结果进行了比较、分析和讨论,从而可知将稳健优化设计方法应用到电磁制动器的设计中是可行的,稳健设计后的电磁制动器的性能得到了较大的改善和提高。

参考文献

[1] 李仲兴,郭鹏飞,薛念文,等.房车制动器的稳健优化设计.农业工程学报,2005,21(11):81-84.

参照腾发量的预测公式

1 背景

实时灌溉预报的基础是作物需水量 ET 的实时预报。参照腾发量 ET_0 是反映各种气象条件对作物需水量影响的综合因素。一般来讲，有 3 类方法计算 ET_0，即温度法，辐射法和综合法。这些方法在使用时都有其各自的优点和缺陷。蔡甲冰等[1]根据日常免费的天气预报信息，经过分析和解析，转换成相应的计算数据，然后利用 Penman-Monteith 方法来构建一个日参照腾发量预测系统，并分析和检验其预测精度，以实现参照腾发量 ET_0 的实时预测，从而为实时灌溉预报提供基本模型。

2 公式

Penman-Monteith 方法中 24 小时 ET_0 的计算公式为：

$$ET_0 = \frac{0.408\Delta(R_n - G) + \gamma \dfrac{900}{T + 273} u_2(e_s - e_a)}{\Delta + \gamma(1 + 0.34 u_2)}$$

式中，R_n 为作物表面净辐射，$\mathrm{MJ/(m^2 \cdot d)}$；$G$ 为土壤热通量密度，$\mathrm{MJ/(m^2 \cdot d)}$；$T$ 为 2m 高处气温，$^\circ\mathrm{C}$；u_2 为 2m 高处风速，$\mathrm{m/s}$；e_s 为饱和水汽压，kPa；e_a 为实际水汽压，kPa；$e_s - e_a$ 为饱和水汽压差，kPa；Δ 为温度—水汽压曲线的斜率，$\mathrm{kPa/^\circ C}$；γ 为湿度计常数，$\mathrm{kPa/^\circ C}$。对于以日为步长计算 ET_0，土壤热通量可以忽略不计。

根据地区地理位置参数，一年中每天的天文辐射 R_a 可以由太阳常数、太阳倾斜角等计算得到：

$$R_a = \frac{24(60)}{\pi} G_{sc} d_r [\omega_s \sin(\varphi)\sin(\delta) + \cos(\varphi)\cos(\delta)\sin(\omega_s)]$$

式中，R_a 为天文辐射，$\mathrm{MJ/(m^2 \cdot d)}$；$G_{sc}$ 为太阳常数，等于 $0.082\,0\ \mathrm{MJ/(m^2 \cdot min)}$；$d_r$ 为太阳—地球相对距离；δ 为太阳倾角，与每天在一年中的序数 J 有关；J 可以由月数 M 和天数 d 来确定，如果月份小于 3，$J = J + 2$；如果是闰年且月份大于 2，$J = J + 1$；φ 为当地纬度，采用弧度单位；ω_s 为日落时角。其中 d_r、δ、J、φ、ω_s 等参数计算公式分别按下式确定：

$$
\begin{cases}
d_r = 1 + 0.033\cos(\dfrac{2\pi}{365}J) \\[2mm]
\delta = 0.409\sin(\dfrac{2\pi}{365}J - 1.39) \\[2mm]
J = \text{int}(275M/9 - 30 + D) - 2 \\[2mm]
\varphi = \dfrac{\pi}{180}[\,当地纬度\,] \\[2mm]
\omega_s = \arccos[-\tan(\varphi)\tan(\delta)]
\end{cases}
$$

太阳短波辐射 R_s 与天文辐射间关系为:

$$
R_s = (a_s + b_s\frac{n}{N})R_a
$$

式中, n 为每日实际日照时数, h; N 为白昼最大可能日照时数, h; a_s 为阴天时($n = 0$)宇宙总辐射到达地球的系数,此时辐射为全阴辐射 R_{sc}; $a_s + b_s$ 为晴天时($n = N$)宇宙总辐射到达地球的系数,此时辐射为晴空辐射 R_{so}。

全阴辐射 R_{sc} 和晴空辐射 R_{so} 与天文辐射 R_a 的关系分别为:

$$
\begin{cases}
R_{sc} = a_s R_a \\
R_{so} = (a_s + b_s)R_a
\end{cases}
$$

根据天气预报的风力预报信息,可以确定风速的范围。具体对应数值见表1。其中不同高程处所测风速转换为 2 m 处数值,可按下式进行。

$$
u_2 = u_z\frac{4.87}{\ln(67.8z - 5.42)}
$$

式中, u_2 为地面上 2 m 处风速, m/s; u_z 为地面上 z m 处风速, m/s; z 为风速测量高程, m。

表1 风力与对应于距离地面 10 m 和 2 m 处风速

风力等级	名称	相当于平地 10 m 高处的风速(m/s)		相当于平地 2 m 高处的风速(m/s)	
		范围	中数	范围	中数
0	静风	0~0.2	0	0~0.1	0
1	轻风	0.3~1.5	1.0	0.2~1.1	0.7
2	轻风	1.6~3.3	2.0	1.2~2.5	1.5
3	微风	3.4~5.4	4.0	2.5~4.0	3.0
4	和风	5.5~7.9	7.0	4.1~5.9	5.2
5	清劲风	8.0~10.7	9.0	6.0~8.0	6.7
6	强风	10.8~13.8	12.0	8.1~10.3	9.0
7	疾风	13.9~17.1	16.0	10.4~12.8	12.0
8	大风	17.2~20.7	19.0	12.9~15.5	14.2

续表

风力等级	名称	相当于平地 10 m 高处的风速(m/s)		相当于平地 2 m 高处的风速(m/s)	
		范围	中数	范围	中数
9	烈风	20.8~24.4	23.0	15.6~18.3	17.2
10	狂风	24.5~28.4	26.0	18.3~21.2	19.4
11	暴风	28.5~32.6	31.0	21.3~24.4	23.2
12	飓风	32.7~36.9	35.0	24.5~27.6	26.2

在用 Penman-Monteith 方法计算 ET_0 时,用相对湿度来计算实际水汽压(e_a)。当湿度缺测或数据可靠性有问题时,实际水汽压可用最低气温(T_{min})近似计算:

$$e_a = e^o(T_{min}) = 0.611\exp\left(\frac{17.27T_{min}}{T_{min} + 237.3}\right)$$

3 意义

通过对普通天气预报信息进行解析,取得可用的合理数据,利用 Penman-Monteith 方法,建立了参照腾发量的预测公式,估算了北京大兴试验区近 10 年逐日参照腾发量,最后与由实测气象数据计算的结果进行了对比分析。运用天气预报信息计算预测的 ET_0 与实测数据用 Penman-Monteith 方法计算的 ET_0 相比,相关系数达到 0.961 3, t 检验值为 209.119 4,说明两者具有高度显著的线性相关性。如果日常天气预报准确度能够达到 90% 以上,用此理论预测参照腾发量将具有较大的参考价值和实际意义。

参考文献

[1] 蔡甲冰,刘钰,雷廷武,等. 根据天气预报估算参照腾发量. 农业工程学报,2005,21(11):11-15.

棵间土壤的蒸发模型

1 背景

农田土壤水分消耗包括棵间土壤蒸发和作物蒸腾两部分。农田节水调控的主要目的就是要通过科学的灌水方式和各种农业节水措施的实施,减少棵间土壤蒸发的无效耗水和避免作物叶片的奢侈蒸腾。而做好此项工作的前提是明确不同灌水方式下的棵间土壤蒸发和作物蒸腾及其两者之间的比例关系。孙景生等[1]通过采用简便、准确的测定棵间土壤蒸发的 Micro-Lysimeter 法进行分析,以便为各种节水措施的实施提供一些基本依据。

2 公式

根据沟中棵间土壤蒸发的观测结果,对棵间蒸发速率递减阶段(即土壤重量含水率介于 12%~20% 之间)的相对棵间土壤蒸发强度 E/ET_0 与表层土壤重量含水率的关系进行了回归分析,结果发现,E/ET_0 与表层土壤含水率之间的关系呈指数函数关系,结果见以下公式。

$$E/ET_0 = 0.7822e^{0.2343\theta}, R^2 = 0.9576,$$
$$当 LAI < 1.0 时$$
$$E/ET_0 = 1.3090e^{0.1784\theta}, R^2 = 0.9572,$$
$$当 LAI > 3.0 时$$

式中,E/ET_0 为相对棵间土壤蒸发强度,%;θ 为表层 20cm 土层的土壤重量含水率(占干土重),%。

相对棵间土壤蒸发强度 E/ET_0 随着叶面积指数 LAI 的增加而显著减小,两者之间的关系呈现指数函数的形式,回归关系式为:

$$E/ET_0 = 86.616e^{-0.2079LAI}, R^2 = 0.9303$$
$$当 19.5\% < \theta < 21.5\% 时$$

式中,E/ET_0 为相对棵间土壤蒸发强度,%;LAI 为叶面积指数。

Brission 等[2]提出的棵间蒸发与作物蒸发蒸腾的比例关系式为:

$$E_p/ET_p = \exp(-\delta LAI)$$

式中,δ 为冠层削光系数;E_p,ET_p 分别为潜在土壤蒸发和潜在腾发量,mm。

图1给出了夏玉米苗期灌溉后棵间土壤蒸发强度 E、ET_0 及相对棵间土壤蒸发强度 E/ET_0 的变化。

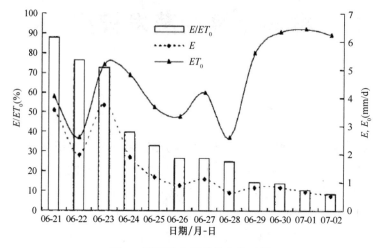

图1 灌溉后土壤蒸发变化过程

3 意义

采用两种规格的微型棵间蒸发皿分别测定沟灌夏玉米田沟、垄土面蒸发量,并对沟灌条件下夏玉米棵间土壤蒸发与作物蒸腾变化规律进行了试验研究。根据棵间土壤的蒸发模型,确定了相对棵间土壤蒸发强度与土壤含水率的关系以及棵间土壤蒸发强度与作物叶面积指数的关系。通过该模型,计算可知沟灌条件下夏玉米棵间土壤蒸发量占全生育总耗水量的33.06%~34.35%,相对棵间土壤蒸发强度与表层土壤含水率和作物叶面积指数之间均呈现良好的指数函数关系,灌溉或降雨后2~3 d内土壤蒸发强度较大,受大气蒸发力影响明显。

参考文献

[1] 孙景生,康绍忠,王景雷,等. 沟灌夏玉米棵间土壤蒸发规律的试验研究. 农业工程学报,2005, 21(11):20-24.

[2] Brission N,Seguin B,Bertuzzi P. Agrom eteorological soil water balance for crop simulation models[J].Agri and For Mete,1992,(59):267- 278.

红毛丹的动态检测模型

1 背景

计算机视觉技术已应用在热带水果外部品质检测方面,如王江枫等利用计算机视觉技术进行杧果重量及果面坏损检测,分析确定了所需图像区域的算法,试验证明此方法对果面坏损分级准确率为 80%。在对水果品质分类时,目前较多地应用人工神经网络等模式识别方法,但存在过学习、局部极小点等问题,而支持向量机能较好地解决这些问题,因而成为研究热点。章程辉等[1]对单个红毛丹样品的静态分级原理进行研究,主要研究红毛丹静态分级所采用的图像处理方法,为今后研究红毛丹的动态检测打下了基础。

2 公式

将红毛丹从背景中分离出来,并进行色彩纹理特征提取。

CIEXYZ 颜色空间中图像的像素点的色度值 (x, y) 对应于二维欧氏坐标空间点的集合。(x, y) 点的集合称为色度图。设图像像素总数为 N,定义一幅图像的色度图的迹为:

$$T(x, y) = \begin{cases} 1(x, y) & \text{出现} \\ 0(x, y) & \text{未出现} \end{cases}$$

一幅图像中可能有多个像素点拥有同样的 (x, y) 色度值,因此可做出基于色度空间的二维色度分布直方图。二维色度分布直方图定义为:

$$D(x, y) = n_k$$

式中, n_k 为 (x, y) 出现的个数。

图像的色度图的迹和二维色度分布直方图可以用 (p, q) 阶色度矩来表征。定义:

$$mt_{pq} = \sum_{x=0}^{X_{s-1}} \sum_{y=0}^{Y_{s-1}} x^p y^q T(x, y)$$

$$md_{pq} = \sum_{x=0}^{X_{s-1}} \sum_{y=0}^{Y_{s-1}} x^p y^q D(x, y)$$

式中, $p = 0, 1, 2, \cdots; q = 0, 1, 2, \cdots; X_x, Y_s$ 为 x-y 空间的离散维数, $X_s = Y_s = 100, x = [x \times 100], y = [y \times 100]$。

利用支持向量机模式进行识别,得出结果。

设计 $4×(4-1)/2 = 6$ 个两类分类器,分别用于将两个级别两两分开。支持向量机核函数为径向基函数:

$$K(x_i, x_j) = \exp(-\frac{\| x_i - x_j \|^2}{2\sigma^2})$$

式中, x_i 、x_j 为 192×14 的输入向量(192 个训练样本的图像纹理特征);σ 为核函数宽度参数。在此选择为 σ ,错分惩罚常数 $C = 100$,构造 Δ -间隔分类超平面。训练结果如表 1 所示。

表 1   测试样本训练结果

品质级别	训练样本	正确识别样本	正确识别率(%)
优等	48	45	94
一等	48	42	88
二等	48	43	89
次品	48	46	95

3   意义

利用计算机视觉研究了红毛丹外观色泽品质的分级检测技术,建立了红毛丹的动态检测模型。该模型通过 CCD 采集红毛丹可见光图像,经 OSTU 分割算法来分割图像背景后,采用面积标记算法得到去除长穗梗区域的红毛丹图像。然后,提取基于色度的红毛丹图像的彩色纹理特征,并用多分类支持向量机模式的识别方法来识别红毛丹色泽等级。该模型的计算结果:对 4 个色泽等级的红毛丹的正确分类率分别是 94%、88%、89% 和 95%,且具有较好的稳定性。与人工神经网络方法预测结果比较,该方法具有速度快、识别能力强的特点。

参考文献

[1] 章程辉,刘木华,王群 . 红毛丹色泽品质的计算机视觉分级技术研究 . 农业工程学报,2005,21(11): 108-111.

变量灌溉的预测模型

1 背景

中国是一个水资源贫乏的国家,人均水资源占有量为 2 300 m^3,只相当于世界人均水平的 1/4。水资源不足已成为地区工农业生产和经济发展的制约因素。近年来,精准农业发展很快,一些技术也已成熟。变量灌溉是精准农业体系中的一个重要方面。迄今为止,学术界研究较多的是从作物水胁迫机理或土壤含水率和作物的关系来研究作物适宜的灌溉量和合适灌溉时间。杨世凤等[1]在精准农业思想的指导下,针对变量灌溉,进行了处方图生成的研究,并用软件实现。

2 公式

农田潜在蒸散量计算采用 FAO1979 年推荐的 Penman 公式:

$$ET_{0i} = \left\{ \frac{5.08 \times 10^7 \times 10^{(8.5(t-273)/T)}}{P \times T^2} \left[0.75 Ra \left(a + b \frac{n}{N} \right) - 2 \times 10^{-9} \times T^4 \right. \right.$$
$$\left. \times (0.56 - 0.079 \times \overline{6.1 \times 10^{(8.5(t-273)/T)} \times r})(0.10 + 0.90 \frac{n}{N}) \right] + 0.26 \times 6.1$$
$$\left. \times 10^{(8.5(t-273)/T)} (1 - r)(1.0 + C \cdot U) / \left(\frac{5.08 \times 10^7 \times 10^{(8.5(t-273)/T)}}{p \times T^2} + 1.00 \right) \right\}$$

式中,ET_{0i} 为逐日土壤潜在蒸散量,mm;P 为试验地点气压,hPa;T 为日平均温度(绝对温度),K;Ra 为大气顶层太阳辐射,mm/d;n 为实际日照时数,h/d;N 为最大可能日照时数,h/d;a,b 为经验常数;r 为空气相对湿度,%;C 为风速修正系数;U 为地面以上 2 m 处风速,m/s。

由于理论计算值所产生的误差过大,在实际的工程计算中常采用修正的农田蒸散模型:

$$ET_{ai} = ET_{0i} \times k_c$$

式中,ET_{ai} 为农田实际蒸散量,mm;k_c 为作物系数。

土壤水分预报建立的依据是土壤水分平衡方程:

$$W_{T+1} = W_T + P_j + G - ET$$

式中，W_{T+1} 为时段末的土壤含水量，mm；W_T 为时段初的土壤含水量，mm；P_j 为时段内的有效降水量，mm；G 为时段内地下水补给量，mm；ET 为时段内土壤蒸散量，mm。

根据小麦不同的灌溉量引起产量变化所带来的经济效益来决定实际灌水量。不同的灌溉量所引起的产量增减可用下面的经验公式计算[2]：

$$\Delta Y = K_i \times (-0.00008H^3 + 0.0095H^2 + 0.6355H - 1.5217) \times (-3.5714W + 2.5357)$$

式中，ΔY 为小麦产量增加量，kg/(666.7 m²)；H 为灌溉量，mm；W 为土壤相对湿度，%；K_i 为小麦不同生育阶段的产量反应系数，kg/(mm·666.7 m²)。

距离反比插值模型(IDW)：IDW 方法利用"距离越远对待插值点影响越小"的思想，以距离倒数次方为权进行的插值，其公式如下：

$$f(x,y) = \left[\sum_{i=1}^{n} Z_i \times (1/d_i^m) \right] / \left[\sum_{i=1}^{n} (1/d_i^m) \right]$$

式中，d_i 为待插点到已知点的距离；$f(x,y)$ 为待插点的值；m 为 1 或 2。

研究区所划分的每个栅格的属性数据都包括土壤含水量 W_T，由以上各式即可得到灌溉决策时的土壤含水量，再由下面的公式可计算出每个栅格的计划灌溉量。

充分灌溉：

$$H_1 = H_g \times (F_c - \theta)$$

非充分灌溉：

$$H_2 = H_g \times (k \times F_c \times \theta)$$

式中，F_c 为田间持水量(体积百分比)，%；θ 为干旱胁迫下的土壤含水率(体积百分比，来自模型预测值)，%；k 为非充分灌溉条件下灌水下限(相对田间持水量的百分比，通常取值为80%)；H_g 为灌溉管理深度，mm，通常取 600 mm。喷灌一般采用非充分灌溉。

由于各个栅格计算出的计划灌溉量有可能是不同的，可以通过经济效益分析，确定一个最佳灌溉量，为此引入目标效益函数：

$$B_{ij} = C_1 \times \Delta Y - C_2 \times H_{ij} - C_3 \times S_i$$

约束条件为：

$$H_{ij} \leqslant (F_c \times 1000 - W_{T+1})$$

式中，H_{ij} 为第 i 行第 j 列栅格的灌溉量，mm/(666.7 m²)；B_{ij} 为该栅格施行灌溉量 H_{ij} 后取得的经济效益，元/(666.7 m²)；ΔY 为该栅格施行灌溉量 H_{ij} 引起的产量变化，kg/(666.7 m²)；S_i 为灌溉开关因子，表示该栅格是否施行灌溉，$S_i = 0$ 时不灌，$S_i = 1$ 时灌溉；C_1 为小麦价格，元/kg；C_2 表示水费，元/(mm·666.7 m²)；C_3 表示单位面积土地进行一次灌溉所需要投入的劳力、机器折旧等费用，元/(666.7 m²)。约束条件控制灌水量，以免发生渗漏流失。

3　意义

在此建立了变量灌溉的预测模型,该模型包括了土壤水分预报数学模型和耗水—产量模型的许多子模型。通过该模型的应用,依据农田内土壤含水率的差异性,有针对性地进行变量灌溉,既可节约用水又可提高经济效益。由此建立的变量灌溉决策支持系统依靠地理信息系统,根据不同采样点实际测量土壤含水率,利用土壤水分预报数学模型,预测田块实时的土壤含水率,通过与作物的轻旱指标、重旱指标比较可决定是否灌溉。灌溉量可以根据耗水—产量模型,通过经济效益分析来决定,进而通过决策支持系统生成冬小麦的灌溉处方图和系统聚类分析图,为变量灌溉提供指导。

参考文献

[1] 杨世凤,王建新,周建军,等. 基于变量灌溉数学模型的决策支持系统研究. 农业工程学报,2005,21(11):29-32.

[2] Annandale J G,Jovanovic N Z,Benade N,et al. Modelling the long-term effect ofirrigation with gypsiferous water on soil and water resources [J]. Agriculture,Ecosy stems and Environment,1999,(76):109-119.

电网性能的评估模型

1 背景

中国不同地区农村电网情况各异,按统一标准进行评估可能导致评估结果与实际情况有较大差别,各指标的评估标准应是一个区间范围而不应是确定值。在工程中,当一个问题原始数据不能精确地知道,而只知道其包含在给定范围内或数据本身就是一个区间而非点值时,可用区间数来求解问题解的范围或求取区间解。苏欣和唐巍[1]在结合区间数和综合模糊评估方法的基础上,提出基于区间数的农村电网性能综合模糊评估模型,并给出了具体评估步骤。

2 公式

2.1 区间数和区间运算

定义 1:对于给定的数对 $x, \bar{x} \in R, R$ 为实数域,若满足条件 $x \leqslant \bar{x}$,则闭有界数集合

$$\widetilde{X} = [x, \bar{x}] = \{x \in R \mid x \leqslant x \leqslant \bar{x}\}$$

称为有界闭区间数。其中,$x, \bar{x}$ 分别为区间数 $\widetilde{X}$ 的上、下端点。若 $x = \bar{x}$,则定义 $\widetilde{X} = [x, \bar{x}]$ 为点区间数,将实数域 R 上所有有界闭区间数的集合记为 $I(R)$。

定义 2:给定区间数 $\widetilde{X} = [x, \bar{x}], \widetilde{Y} = [y, \bar{y}] \in I(R)$,则区间数四则运算定义为:

$$\widetilde{X} + \widetilde{Y} = [x + y, \bar{x} + \bar{y}]$$

$$\widetilde{X} - \widetilde{Y} = [x - \bar{y}, \bar{x} - y]$$

$$\widetilde{X}\widetilde{Y} = [\min(xy, x\bar{y}, \bar{x}y, \bar{x}\bar{y}), \max(xy, x\bar{y}, \bar{x}y, \bar{x}\bar{y})]$$

$$\widetilde{X}/\widetilde{Y} = [x, \bar{x}][1/\bar{y}, 1/y], \text{若 } 0 \notin Y$$

区间数算术运算是封闭的,其代数性质与数运算有所区别,但仍满足加法和乘法的交换律、结合律:

$$\widetilde{X} + \widetilde{Y} = \widetilde{Y} + \widetilde{X}, \widetilde{X}\widetilde{Y} = \widetilde{Y}\widetilde{X}$$

$$(\widetilde{X} + \widetilde{Y}) \pm \widetilde{Z} = \widetilde{X} + (\widetilde{Y} \pm \widetilde{Z}), (\widetilde{XY})\widetilde{Z} = \widetilde{X}(\widetilde{YZ})$$

且有零元和幺元为:

$$\widetilde{X} + 0 = 0 + \widetilde{X} = \widetilde{X}, 1 \times \widetilde{X} = \widetilde{X} \times 1 = \widetilde{X}$$

2.2 基于区间数的模糊隶属函数模型

此处隶属函数形状采用高斯型,设各单因素的论域对应 3 个模糊子集,{好,中,差} = {E_1, E_2, E_3},隶属函数为 $\widetilde{\mu}_1 \ \widetilde{\mu}_2 \ \widetilde{\mu}_3$。属于好、中、差的高斯型隶属函数表达式分别见以下各式:

$$\widetilde{\mu}_1(x) = \begin{cases} 1 & x \leqslant \widetilde{a}_1 \\ \exp(-\dfrac{(x - \widetilde{a}_1)^2}{2\widetilde{b}_1^2}) & x > \widetilde{a}_1 \end{cases}$$

$$\widetilde{\mu}_2(x) = \exp(-\dfrac{(x - \widetilde{a}_2)^2}{2\widetilde{b}_2^2})$$

$$\widetilde{\mu}_3(x) = \begin{cases} 1 & x \geqslant \widetilde{a}_3 \\ \exp(-\dfrac{(x - \widetilde{a}_3)^2}{2\widetilde{b}_3^2}) & x < \widetilde{a}_3 \end{cases}$$

其中,$\widetilde{a}_i = [a_i, \overline{a}_i]$,$\widetilde{b}_i = [b_i, \overline{b}_i] (i = 1, 2, 3)$ 是区间数,分别表示高斯型隶属函数的中心和宽度,利用上述模型得到的隶属度 $\widetilde{\mu}_1(x)$、$\widetilde{\mu}_2(x)$、$\widetilde{\mu}_3(x)$ 也是区间数。基于区间数的高斯型隶属函数曲线如图 1 所示。

2.3 进行综合评估

基于确定值的隶属函数模型中,属于好、中、差的隶属度 μ_1, μ_2, μ_3 满足:

$$\mu_1 + \mu_2 + \mu_3 = 1$$

基于区间数的隶属函数也应该满足上述关系式,为此,提出区间数的心的概念。

定义 3:设有区间数 $\widetilde{X} = [x, \overline{x}]$,称 $\dfrac{1}{2}[x, \overline{x}]$ 为 $\widetilde{X}$ 的心,记为 $\Delta\widetilde{X}$。

则基于区间数的隶属度应满足关系式:

$$\widetilde{\mu}_1(x) + \widetilde{\mu}_2(x) + \widetilde{\mu}_3(x) = 1$$

单因素 $A_{k,j}$(第 k 个一级指标包含的第 j 个二级指标)的评估分数 $\widetilde{F}_{k,j}$ 为:

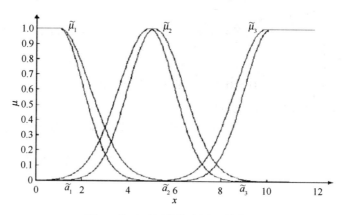

图1　基于区间数的隶属函数曲线

$$\widetilde{F}_{k,j}(x) = \frac{\widetilde{\mu}_1(x) \times F_1 + \widetilde{\mu}_2(x) \times F_2 + \widetilde{\mu}_3(x) \times F_3}{\sum_{i=1}^{3} \widetilde{\mu}_i(x)}$$

式中,区间数 $\widetilde{\mu}_1(x)$, $\widetilde{\mu}_2(x)$, $\widetilde{\mu}_3(x)$ 分别为指标数据值 x 属于好、中、差三个模糊子集的隶属函数值。

3　意义

考虑不同地区农村电网的差异,利用区间数建立了农村电网性能综合模糊评估模型,提出了区间数的标准化方法和比较两个区间数大小的方法,结合算例给出了基于区间数的农村电网性能综合模糊评估的步骤。从而可知采用该方法能够全面地考虑不同地区农村电网的特点,加以评估,具有可操作性。与基于确定值的综合模糊评估法相比,此方法能全面地考虑中国不同地区电网的特点,评估结果更为科学、合理。

参考文献

[1]　苏欣,唐巍. 基于区间数的农村电网性能综合模糊评估. 农业工程学报,2005,21(11):137−140.

地膜覆盖粮食增产的潜力公式

1　背景

　　粮食安全问题一直以来都受到国内外的普遍关注,尤其是随着中国人口数量的增加和耕地面积的逐渐减少,这一问题更加引人瞩目。提高粮食产量很大程度上依赖于作物品种的改进、生产技术的提高和新的农业栽培技术的应用和推广等。地膜覆盖在中国出现以来,给农业栽培技术带来重大变革,对中国传统农业技术也产生了深刻的影响,加速了中国传统农业向现代化农业发展的进程。王秀芬等[1]根据中国不同地区的地膜使用量、粮食产量的资料,对地膜覆盖栽培技术的粮食增产潜力进行了探讨。

2　公式

　　以2000年数据为基础,用2000年作物种植结构(小麦、玉米、水稻各自的播种面积占3种作物总的播种面积的比例)数据进行修正,近似得到各地区(县)的地膜覆盖增产率。计算公式为:

$$IYR_{grain} = IYR_{wheat} \times SAR_{wheat} + IYR_{corn} \times SAR_{corn} + IYR_{rice} \times SAR_{rice}$$

式中,IYR_{grain}为各地区(县)粮食地膜覆盖增产率;IYR_{wheat}、IYR_{corn}、IYR_{rice}分别为小麦、玉米、水稻的地膜覆盖增产率;SAR_{wheat}、SAR_{corn}、SAR_{rice}分别为小麦、玉米、水稻播种面积占3种作物总播种面积的比率。

　　公式两边同时除以SA_{total},得到如下公式:

$$SAR_b \times YPA_b + SAR_m \times YPA_m = YPA_a$$

式中,SAR_b为露地粮食作物播种面积占粮食作物总播种面积的比率;SAR_m为地膜覆盖粮食作物播种面积占粮食作物总播种面积的比率;其他同上。

$$YPA_m = (1 + IYP_{grain}) \times YPA_b$$

　　将全国按地膜覆盖率百分数分成4个等级,计算出不同等级的粮食平均产量,同时,统计出不同等级的最高产量(表1)。

表1　1999—2000 年不同地膜覆盖率下的粮食生产状况

地膜覆盖率 （%）	播种面积 （10^6 hm²）	不同地膜覆盖率播种面积占 总播面积的比例（%）	粮食平均单产 （kg/hm²）	最高单产 （kg/hm²）
0~1	6.93	9.02	4 409.70	9 805.54
1~5	39.75	51.74	5 048.64	10 526.86
5~10	18.00	23.44	5 230.20	10 265.13
10~30	10.96	14.26	5 001.78	9 944.73
>30	1.18	1.54	6 214.04	12 267.93
全国	76.82	100	4 940.08	12 267.93

3　意义

在此建立了粮食增产的潜力公式。根据中国各地区 1999—2001 年地膜使用量和作物产量,以小麦、玉米、水稻3 种主要粮食作物为研究对象,在调查单位播种面积地膜使用量的基础上,采用粮食增产的潜力公式,求得全国各县的地膜覆盖率。通过文献资料收集整理3 种作物的地膜增产率,再利用粮食增产的潜力公式,求出地膜覆盖单位播种面积的粮食增产潜力。从而可知中国的地膜覆盖率大多在1%~10%的范围内,粮食单位播种面积增产潜力大多在 1 000~1 500 kg/hm² 范围内,但是各地区的差异较大,而地膜覆盖率相对较低和增产潜力相对较大的县主要集中在中国的东部和中部地区。

参考文献

［1］　王秀芬,陈百明,毕继业．基于县域的地膜覆盖粮食增产潜力分析．农业工程学报,2005,21(11):
　　146-149.

农作区的遥感影像融合模型

1 背景

在农业遥感应用中,经常使用不同时相或不同传感器遥感影像进行影像融合,在图像解译之前需要考虑如何进行精确的影像匹配,图像匹配的准确与否直接影响到后期诸如农作物等地表特征的影像判读及后期融合精度。结合农作区遥感影像特征,可以发现已有的仅通过图像灰度最大相关系数、未经优化的匹配算法不仅存在着运算量大,而且有匹配结果不理想等不足,其原因在于忽视了控制点可能存在的聚集现象和特征的模糊性。于嵘等[1]通过实验进行了基于优化点匹配模式的农作区遥感影像融合分类。

2 公式

算法框图如图 1 所示。

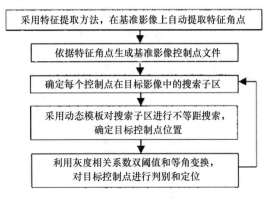

图 1 控制点自动匹配算法流程图

在上述算法中,需要确定影像灰度相关系数:

$$R = \frac{\sum\limits_{i=1}^{M} \sum\limits_{j=1}^{N} \{[f(i,j) - \bar{f}][g(i,j) - \bar{g}]\}}{\sum\limits_{i=1}^{M} \sum\limits_{j=1}^{N} \{[f(i,j) - \bar{f}]^2\}^{1/2} \cdot \sum\limits_{i=1}^{M} \sum\limits_{j=1}^{N} \{[g(i,j) - \bar{g}]^2\}^{1/2}}$$

式中,R 为基准影像模板 $f(i,j)$ 和目标影像模板 $g(i,j)$ 之间的相关系数;$\bar{f}$ 为基准影像模板

$f(i,j)$ 的均值,$\bar{f} = \dfrac{1}{MN}\sum\limits_{i=1}^{M}\sum\limits_{j=1}^{N}f(i,j)$;$\bar{g}$ 为标影像模板 $g(i,j)$ 的均值,$\bar{g} = \dfrac{1}{MN}\sum\limits_{i=1}^{M}\sum\limits_{j=1}^{N}g(i,j)$;$f(i,j)$ 为源影像中移动模板的灰度值;$g(i,j)$ 为目标影像中移动模板的灰度值;M,N 为移动模板的维数。在移动模板点匹配过程中,选择适合的步长十分重要,在这里则有:

$$N = \frac{InitN - 1}{2^{count}} + 1, n = \frac{Initn - 1}{2^{count}} + 1, step = \frac{Initn - 1}{2^{(count+k)}}$$

式中,$step$ 为步长;k 为步长相关系数。

从表 1 中可以知道,使用这种算法,位于农作区内的 27 个控制点中有 20 个点匹配精度很高,单点 RMS 误差控制在 1 个像元之内,其余 7 个点匹配误差相对较高,但也保持在 1.5 个像元之内。究其原因,在于这些点周围像元均呈现低灰度变化,使得控制点难于发现,如果考虑到点的空间关系,所有的控制点定位误差均可控制在一个像元之内。

表 1 匹配结果误差分析

序号	匹配误差(x,y)	RMS 误差	序号	匹配误差(x,y)	RMS 误差
1	1.34,0.01	1.34	15	0.78,−0.06	0.79
2	1.43,0.01	1.43	5	0.44,−0.34	0.56
3	−0.48,−0.16	0.50	17	0.70,0.02	0.70
4	−0.17,0.15	0.23	18	−0.82,0.11	0.82
5	−0.04,.018	0.19	19	−0.68,−0.10	0.69
6	−1.41,0.03	1.41	20	−0.75,−0.28	0.80
7	−1.49,−.018	1.50	21	0.71,−0.13	0.22
8	1.37,0.14	1.37	22	0.66,0.10	0.67
9	−1.26,0.14	1.27	23	−1.27,0.18	1.28
10	−0.83,−0.19	0.85	24	0.30,0.17	0.34
11	−0.86,0.14	0.88	25	0.00,−0.06	0.06
12	0.39,−0.10	0.40	6	0.87,0.00	0.87
13	0.47,0.11	0.48	27	0.54,0.17	0.56
14	0.18,−0.09	0.20			

3 意义

利用遥感影像进行农作物长势监测及估产中,对所用多源影像进行恰当的影像融合是正确解译的重要前提。在传统的基于灰度的影像匹配融合模式中,存在着高运算量和精度不高的问题。在此建立了农作区的遥感影像融合的模型,使用一种基于优化点匹配模式进行农作区遥感影像融合的方法,对不同传感器的两景西北农作区遥感影像进行了融合分析验证。通过该模型的计算结果可知,所用两景 ASTER 和 SPOT 图像匹配总体误差 RMS = 0. 896 5,融合后的影像总体分类精度提高到 89. 67%。

参考文献

[1]   于嵘,邓小炼,王长耀,等 . 基于优化点匹配模式的农作区遥感影像融合分类 . 农业工程学报,2005,
       21(11):95-98.

季节性裸露农田的遥感模型

1 背景

有关北京地区大气颗粒物专题研究表明,北京地区沙尘暴天气除主要由过境沙尘造成的以外,其余的尘污染主要来自本地,其中季节性裸露农田是大气"土壤尘"的主要来源。张超等[1]利用2004年覆盖北京地区春夏季的3个时相的30 m分辨率TM遥感影像数据,在对比分析了各种植被指数优缺点的基础上,选用了基于土壤线的垂直植被指数,快速准确地监测了北京市2003年冬至2004年春的农田季节性裸露的面积和分布情况,并提出了相应的治理建议,为政府有关部门制定治理方案提供直观可靠的科学依据。

2 公式

不同植被类型、不同覆盖度植被到土壤线的距离不同。于是,Richardson把含有植被的混合像元到土壤线的垂直距离定义为垂直植被指数(PVI),其计算公式如下式所示。

$$PVI = \overline{(S_R - R_R)^2 + (S_{NIR} - R_{NIR})^2}$$

式中,S_R,S_{NIR}分别为土壤在红波段和近红外波段的反射率;R_R,R_{NIR}分别为任一包含植被的像元的红波段和近红外波段的反射率。图1所示的为垂直植被指数的示意图,P为在R_R,R_{NIR}二维坐标系下的图像上一混合像元,L为相应的土壤线,点P到土壤线L的垂直距离即为垂直植被指数(PVI)。从图1可知,可得PVI的另外一种计算公式:

$$PVI = (R_{NIR} - b)\cos\theta - R_R\sin\theta$$

式中,b为土壤线L与R_{NIR}轴的截距;θ为L与R_R轴的夹角。

图2,图3,图4分别为根据2004年4月17日,2004年5月19日和2004年7月6日的TM影像上的20个裸露土壤采样点的红波段和近红外波段反射率数据,通过回归分析得到相应的土壤线方程,图中R_R为红波段的反射率,R_{NIR}为近红外波段的反射率。对数据处理后得到2004年4月17日,2004年5月19日和2004年7月6日3个时相TM影像,再利用上式分别计算出相应的PVI数据。

3 意义

根据北京地区裸露农田种植作物和其他地表覆盖类型的物候特征之间的差异,选用

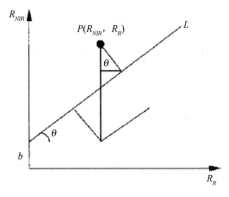

图 1　*PVI* 定义示意图

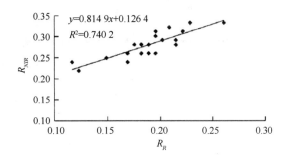

图 2　2004 年 4 月 17 日 TM 遥感影像的土壤线图

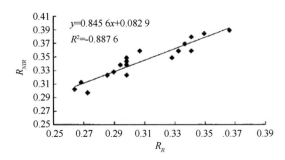

图 3　2004 年 5 月 19 日 TM 遥感影像的土壤线图

2004 年春夏季 3 个时相的 TM 遥感影像数据,利用垂直植被指数,同时结合北京地区的 DEM 数据以及北京地区的行政边界矢量数据,建立了北京地区季节性裸露农田的遥感模型。通过该模型,计算结果表明北京市 2003 年冬至 2004 年春裸露农田面积为 87 362.57 hm²,主要分布在延庆、顺义、密云、通州等区县。并依据监测结果,提出了季节性裸露农田防治建议。

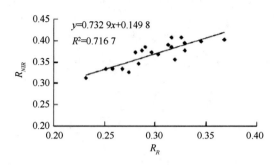

图4 2004年7月6日 TM 遥感影像的土壤线图

参考文献

[1] 张超,王纪华,赵春江,等. 利用多时相遥感影像监测季节性裸露农田. 农业工程学报,2005,21(11):90-94.

气袋对气体的吸附性模型

1 背景

目前中国温室气体的测定采用气相色谱法,由于试验条件所限,需要将在试验点采集的气样保存到气袋中,气袋对气样的吸附性将直接影响测定结果的准确性。目前中国使用的气袋基本是大连光明化工研究所生产的铝箔复合膜气袋,研究表明气袋对二氧化硫的吸附率随时间增加,因而不能用来保存二氧化硫气样。郝志鹏等[1]对铝箔复合膜气袋对温室气体气样的吸附性进行研究,旨在为该气袋用于温室气体气样收集和保存的可行性进行分析,为温室气体的气相色谱异地测定法的应用提供科学依据。

2 公式

表1、表2为4种气体的逐日测定和隔日测定值方差分析结果,表明被测试气袋对CO_2、N_2O、CH_4、SF_6等气体均无明显吸附作用。

表1 CH_4、SF_6、CO_2、N_2O 4种气体一天一测的方差分析

	CO_2	CH_4	N_2O	SF_6
气体原始浓度(μmol/mol)	709	9.8	0.139	10.1
气体测定后平均浓度(μmol/mol)	714.23	10.46	0.1328	10.09
标准方差(SD)	24.14	0.74	0.099	0.08
$CV(\%)$	3.40	7.50	7.12	0.81

表2 CH_4、SF_6、CO_2、N_2O 4种气体两天一测的方差分析

	CO_2	CH_4	N_2O	SF_6
气体原始浓度(μmol/mol)	709	9.8	0.139	10.1
气体测定后平均浓度(μmol/mol)	702.97	10.30	0.1364	10.05
标准方差(SD)	30.64	0.58	0.0083	0.106
$CV(\%)$	4.32	5.94	5.99	1.04

方差分析相关公式：

$$SD = 1/(n-1)\sqrt{\sum_{i=1}^{n}(x'x)^2}, CV = SD/x \times 100\%$$

式中，x 为气体的原始浓度；x' 为每天测定的气体平均浓度。

3　意义

为了解气袋对温室气体气样的吸附性，建立了气袋对气体的吸附性模型。采用气相色谱仪对 5L 气袋中 CH_4、SF_6、CO_2 和 N_2O 标准气体浓度进行了连续监测，通过气袋对气体的吸附性模型的计算可知，CH_4、SF_6、CO_2 和 N_2O 气体浓度的变异系数分别为 6.72%，0.95%，3.86% 和 6.56%，说明被测试气袋对 CO_2、N_2O、CH_4、SF_4 种气体均无明显吸附作用，因此此种气袋可用于以上气体的收集和储存。

参考文献

[1]　郝志鹏,董红敏,陶秀萍,等. 铝箔复合膜气袋对温室气体吸附性的试验研究. 农业工程学报,2005,21(11):130-132.

转向控制的系统模型

1 背景

动转向控制技术是农业机械实现自动导航控制的基础。美国伊利诺斯州立大学对农用拖拉机的机械操作系统进行了改造,开发出电液操控系统以实现转向动作。南京农业大学利用农用拖拉机进行轮式移动机器人导航技术的研究,建立了以步进电机为动力源的转向操纵系统,利用二值控制方法开发了操纵控制器。张智刚等[1]以插秧机为研究对象,利用基于速度的自适应 PD 控制方法建立转向控制器,通过仿真和实验研究以寻求提高轮式农业机械航向跟踪度和自动转向控制性能的方法。

2 公式

数字 PID 控制算法分为位置式和增量式两种。位置式算法每次输出与过去状态有关,计算式中要用到过去偏差的累加值,容易产生较大的积累误差。而增量式只需计算增量,当存在计算误差或精度不足时,对控制量计算的影响较小。增量式 PID 控制算法的算式如下:

$$\Delta u_i = u_i - u_{i-1} = K[e_i - e_{i-1} + \frac{T}{T_i}e_i + \frac{T_d}{T}(e_i - 2e_{i-1} + e_{i-2})]$$

式中, u_i 、 u_{i-1} 分别为第 i 、 $i-1$ 时刻的转向轮期望偏角; e_i 、 e_{i-1} 、 e_{i-2} 分别为第 i 、 $i-1$ 、 $i-2$ 时刻的转向轮期望偏角与实际偏角之差; T 为采样周期; K 为比例系数; T_d 为微分时间常数; T_i 为积分时间常数。

采用增量式 PD 控制算法,为方便计算机编程,将其简化如下:

$$u_i = K[e_i - e_{i-1} + \frac{Td}{T}(e_i - 2e_{i-1} + e_{i-2})] + u_{i-1}$$

设 δ 为前轮偏角, φ 为轮式车辆的航向角, L 为轮式车辆两轴间距。经过运动学分析之后,可以得到如下的关系式:

$$\dot{x} = v(t) \cdot \cos\varphi(t)$$

$$\dot{y} = v(t) \cdot \sin\varphi(t)$$

$$\dot{\varphi}(t) = v(t) \cdot \tan\delta(t)/L$$

　　利用简化模型以及前述自适应 PD 控制器,建立了 Matlab/Simulink 环境下的转向控制系统仿真框图,如图 1 所示。

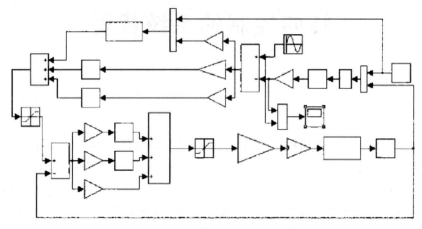

图 1　转向控制系统的仿真框图

3　意义

　　根据以日本久保田 SPU-60 型插秧机为对象进行轮式农业机械自动转向控制研究,提出了基于速度的自适应 PD 控制方法,并建立了转向控制的系统模型,利用航向偏差作为控制器输入,控制器可根据插秧机行进速度在线调整其 PD 参数,进而输出前轮期望偏角。采用转向控制的系统模型,得到了仿真结果。仿真和试验结果表明,该方法可以较好地适应农业机械作业速度的变化,提高其转向的快速响应特性和稳定性,航向跟踪效果好。该研究为进一步开展轮式农业机械自动导航控制研究提供了依据。

参考文献

[1]　张智刚,罗锡文,李俊岭 . 轮式农业机械自动转向控制系统研究 . 农业工程学报,2005,21(11):77-80.

冬小麦叶的气孔限制公式

1 背景

光合作用为作物生长提供物质和能量,是作物生长发育的基础和生产力高低的决定性因素,同时又是一个对生态因子敏感的复杂的生理过程。外界生态因子不仅直接影响光合作用,而且通过影响植株内部的生理因子间接影响光合作用。姚素梅等[1]以冬小麦为研究对象,通过设置喷灌和地面灌溉的对比试验,选择晴天观测了冬小麦净光合速率及其他光合参数的日变化,从作物整体角度系统地分析了喷灌条件下冬小麦光合作用的日变化规律,并对喷灌和地面灌溉条件下冬小麦产生光合"午休"的主要原因进行了对比探讨。

2 公式

喷灌和地面灌溉的灌水时间和灌水量见表 1,喷灌试验田灌水 3 次,总灌溉水量为 150.5 mm;地面灌溉试验田灌水 2 次,总灌溉水量为 161.0 mm。

表 1 喷灌和地面灌溉条件下的灌水时间和灌溉水量

灌溉处理	灌溉时间(年-月-日)	灌溉水量(mm)
喷灌	2004-04-08	49.0
	2004-04-24	50.0
	2004-05-11	51.5
地面灌溉	2004-04-08	89.7
	2004-05-22	71.3

利用美国 Licor 公司生产的 LI-6400 便携式光合系统分析仪,选择晴天(5 月 22 日、5 月 23 日、5 月 24 日连续 3d)进行净光合速率及其他光合因子的日变化测定。各处理均随机选取具代表性植株的 10 个单茎,于观测日的 8:00—18:00 进行,每隔 1 h 测定一次,测定指标包括旗叶的净光合速率(Pn, $LmolCO_2 \cdot m^{-2} \cdot s^{-1}$)、蒸腾速率($Tr$, $mmolH_2O \cdot m^{-2} \cdot s^{-1}$)、胞间 CO_2 浓度(Ci, $LmolCO_2 \cdot mol^{-1} Air$)、大气 CO_2 浓度(Ca, $LmolCO_2 \cdot mol^{-1} Air$)、气孔导度($Gs$, $molH_2O \cdot m^{-2} \cdot s^{-1}$)、空气温度($Tair$, ℃)、空气相对湿度($RH$, %)等,测定时每个样叶记录数据 3 次。气孔限制值(Ls)可根据以下公式计算:

$$L_s = \frac{Ca - Ci}{Ca} \times 100\%$$

5月22日、23日、24日测定的3d中,由于所测各项目均表现出相类似的变化趋势,现仅以5月23日测定结果为例进行分析。图1分别描述了5月23日喷灌和地面灌溉条件下冬小麦冠层空气温度和相对湿度的日变化过程。

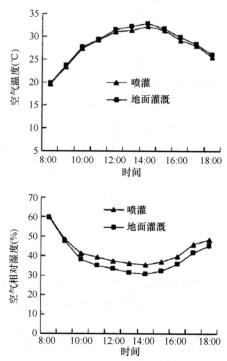

图1　喷灌和地面灌溉条件下冬小麦冠层空气温度和相对湿度的日变化

3　意义

根据喷灌和地面灌溉条件下冬小麦灌浆期光合作用参数的日变化,采用冬小麦叶的气孔限制公式,计算可知喷灌和地面灌溉条件下冬小麦的光合"午休"均是"气孔限制"与"非气孔限制"共同作用的结果,但在喷灌条件下,光合"午休"主要由气孔限制引起,而在地面灌溉条件下,光合"午休"主要由叶肉细胞光合活性下降导致的非气孔限制引起的。喷灌可以改善叶肉细胞的光合能力,使光合"午休"期间阻碍光合速率进一步提高的主要因素由非气孔限制逐渐转变为气孔限制。

参考文献

[1] 姚素梅,康跃虎,刘海军,等. 喷灌与地面灌溉条件下冬小麦光合作用的日变化研究. 农业工程学报,2005,21(11):16-19.

土壤水分的动态模型

1 背景

土壤剖面的水分动态模拟与预测是当前土壤学和农田水利学研究的热点领域之一,而土壤剖面水力学性质的确定是土壤水分动态预测的基础。土壤在发育熟化过程中剖面发生分层现象,层次之间的土壤质地、容重、有机质含量不尽相同,因而土壤剖面不同层次之间的导水特征也存在差异。土壤剖面的不均一性为水分动态的精确模拟与预测增添了难度。郑纪勇等[1]以水蚀风蚀交错区神木六道沟流域为例,研究了土壤剖面水力学性质变异规律,为该地区土壤水分动态模拟与预测提供理论依据。

2 公式

BC 模型适合质地较粗土壤,但存在进气值处不连续的问题,VG 模型改进了 BC 模型在接近饱和处不连续的问题,扩大了模型的适用范围,成为研究水分特征曲线的通用模型。VG 模型表述式为:

$$\frac{\theta - \theta_r}{\theta_s - \theta_r} = \left(\frac{1}{1 + (\alpha h)^n} \right)$$

式中,θ_r 为滞留含水率;θ_s 为饱和含水率;α 为尺度参数,与平均孔隙直径成反比,$1/\alpha$ 相似于 Brooky-Corey 模型中的进气吸力;n 为土壤水分特征曲线指标(曲线的形状系数)或孔隙大小分布指标。

土壤非饱和导水率模型:

$$K(S_e) = K_s S_e^l \left[1 - (1 - S_e^{1/m})^m \right]^2$$

式中,$m = 1 - 1/n$,l 为孔隙连接度参数,据 Mualem 的研究结果,对于大多数土壤,其值在 0.5 左右。

土壤水分扩散率模型表示为:

$$D(S_e) = \frac{(1-m) K_s S_e^{l-1/m}}{\alpha m (\theta_s - \theta_r)} \left[(1 - S_e^{1/m})^{-m} + (1 - S_e^{1/m})^m - 2 \right]$$

上述两模型中共有 θ_r、θ_s、α、m、n、l 等 6 个参数,但实为 θ_r、θ_s、α、n 4 个参数。利用水分特征曲线,应用 Retc 程序拟合即可获得上述 4 个参数。两样地土壤剖面的水分特征曲线参数见表1。

表1 土壤水分特征曲线模型参数

剖面深(cm)	样地	θ_r	θ_s	α	n	R
5	1	0.161	0.488	0.047	1.577	0.999
	2	0.092	0.046	0.044	1.60	0.999
15	1	0.101	0.453	0.041	1.0605	0.999
	2	0.116	0.496	0.020	1.906	0.999
25	1	0.117	0.461	0.027	1.806	0.999
	2	0.106	0.502	0.028	1.645	0.999
35	1	0.123	0.481	0.036	1.634	0.999
	2	0.083	0.471	0.025	1.721	0.999
50	1	0.120	0.463	0.030	1.611	0.998
	2	0.094	0.490	0.027	1.660	0.999
70	1	0.133	0.485	0.037	1.690	0.998
	2	0.103	0.513	0.051	1.553	0.998
90	1	0.131	0.488	0.024	1.797	0.999
	2	0.086	0.476	0.026	1.768	0.999
110	1	0.111	0.465	0.019	1.843	0.999
	2	0.093	0.481	0.013	2.090	0.998
130	1	0.117	0.454	0.023	1.740	0.997
	2	0.159	0.525	0.023	1.931	0.998
150	1	0.128	0.446	0.020	1.689	0.999
	2	0.111	0.508	0.032	1.591	0.997

传统统计学对空间某一变量变异程度的度量常使用变异系数 C_v，其定义为：

$$C_v = \frac{s}{\bar{x}}$$

式中，s 为标准方差；x 为变量均值。

3 意义

将 Van Genuchtens 水分特征曲线模式与 Mualem 导水模式相结合,建立了土壤水分的动态模型。采用土壤水分的动态模型,确定了两样地土壤剖面的水力学参数,并对水力学参数在剖面的变化进行了分析。根据土壤水分的动态模型,计算可知土壤剖面饱和含水率、滞留含水率、进气吸力倒数和孔隙大小分布因子沿剖面变化不大,滞留含水率、进气吸力倒数属于中等程度变异,饱和含水率和孔隙大小分布指标属于弱变异,但经方差检验均不显著,说明该地区 160 cm 土壤剖面可以处理成均质剖面。

参考文献

[1] 郑纪勇,邵明安,李世清,等. 水蚀风蚀交错带土壤剖面水力学性质变异. 农业工程学报,2005, 21(11):64-66.

覆盖材料的传热系数公式

1 背景

传热系数是评测建筑和温室覆盖材料保温节能性的重要指标,也是热环境分析和环境调控工程设计中的重要参数,其试验测定是一项很重要的工作。为了准确地进行温室覆盖材料传热性能的测评,迫切需要研制出适用的测试设备,并采用科学合理和标准化的测试技术。农业部设施农业生物环境工程重点开放实验室进行和完成了温室覆盖材料传热系数测试台的研制工作。张俊芳等[1]通过实验对温室覆盖材料传热系数测试台进行了研发。

2 公式

采用的测试仪器如表1所示,其中热电偶经过中国计量科学院研究院标定,测量误差小于±0.1℃,为防止辐射影响测定精度,热电偶均采用防辐射套管屏蔽。由于测点多,为提高测定工作效率,拟采用计算数据采集系统进行数据自动采集与处理。

表1 测量仪器

测量仪器	测量项目	数量	精度
铜—康铜热电偶	热箱与冷箱内气温,热箱壁面温度,天空辐射板温度	71个	±0.1℃
UJ61型携带式直流电位差计	同上	1台	±0.005 mV
热球式电风速仪	测定覆盖材料试件表面风速	2台	0.1 m/s
QINGZHI8725W 电参数测量仪	测定计量热箱内加热功率	1台	±0.1 W

根据下式计算试件的传热系数:

$$K = \frac{Q - \sum_{i=1}^{5} \Delta\theta_i A_i 1/R_i}{A\Delta t}$$

式中,K 为传热系数,$W/(m^2℃)$;Q 为热箱中加热功率,W;A 为试件面积,按试件外缘尺寸计算,m^2;Δt 为热箱气温 t_h 与冷箱气温 t_c 之差,即 $\Delta t = t_h - t_c$,$\Delta\theta_i$ 为热箱壁内、外表面温差,K;A_i 为热箱各壁面面积,m^2;R_i 为热箱各壁板导热热阻,$m^2℃/W$。

对几种覆盖材料进行实测的数据及处理结果如表2所示。

表 2　试验测试数据

覆盖材料	冷箱内气温 t_c (℃)	热箱内气温 t_n (℃)	风速 v (m/s)	天空辐射板 温度 t_x(℃)	热箱内外壁面 平均温差 $\Delta\theta$(℃)	热箱内加热 功率 Q(W)	传热系数 K [W/(m²℃)]
PE	−1.3	27.8	1.0	−27.8	16.0	285.0	8.70
PE	−2.5	27.0	2.1	−32.8	16.5	307.1	9.26
PE	−2.0	26.3	3.0	−29.3	15.6	307.3	9.75
玻璃(5 mm)	−1.3	27.5	1.0	−28.3	−16.8	225.2	6.60
玻璃(5 mm)	−2.3	28.3	3.0	−30.3	18.9	270.0	7.59
玻璃(5 mm)	−2.3	27.8	5.0	−26.3	19.6	298.3	8.61
玻璃(5 mm)	18.3	49.5	0.0	18.3	26.9	205.3	4.82

3　意义

根据覆盖材料的传热系数公式,研究开发了基于热箱法原理的园艺设施覆盖材料传热系数测试台,这是适应于园艺设施覆盖材料传热方式和工作环境特点的专用实验设备。采用覆盖材料的传热系数公式,确定该测试台依靠制冷、加热、风机、整流和除湿等调控装置,可全面稳定地模拟实现接近园艺设施覆盖材料实际工作的环境,包括设施内外气温、室外风速和天空辐射背景等条件,可以真实地反映各因素对覆盖材料传热的影响。测试台的测试条件可方便地调节,同时具有较高的测试精度。

参考文献

[1]　张俊芳,马承伟,覃密道,等. 温室覆盖材料传热系数测试台的研究开发. 农业工程学报,2005,21(11):141-145.

温室基本风压的变化模型

1 背景

温室是一种特殊形式的农业建筑,它属于建筑的范畴,因此首先应该考虑其本身的安全性。风荷载作为温室的主要活荷载,在温室这种轻型结构中占有重要的地位,计算取值直接影响着温室结构的安全性和经济性。一个地区的风荷载由该地区的基本风压求得,基本风压是计算风荷载的基础,同时也是中国温室的建设投资以及合理布局的重要参考依据。王笃利等[1]通过实验对温室基本风压取值方法进行了探讨。

2 公式

根据流体力学理论,风压由贝努力方程确定:

$$W = \frac{1}{2}\rho v^2$$

式中,W 为风压,kN/m^2;v 为风速,m/s;ρ 为空气密度,kg/m^3。

目前最大风速分布函数国内外都采用固定的数学函数,中国及多数国家采用极值 I 型分布曲线:

$$F(x) = P(X < x) = \exp\{-\exp[-a(x-b)]\}$$

式中,x 为最大风速值,m/s;$F(x)$ 为最大风速值不超过 x 的保证率;a 为分布的尺度参数;b 为分布的位置参数,即众数。参数 a 和 b 用以下三种方法估计:矩法、耿贝尔法和最小二乘法。对于有限的风速样本而言,《温室结构荷载规范》采用的是耿贝尔法。

由此可得到:

$$a = S_y/S_x$$
$$b = \bar{x} - \bar{y}/a$$

式中,$y = a(x-b)$;$\bar{x}$ 和 $\bar{y}$ 及 S_x 和 S_y 分别表示 x 和 y 的平均值和标准差。

一般国内外都采用指数率来描述风速随高度的变化规律,即:

$$\frac{W(z)}{W_s} = \left(\frac{\bar{v}}{\bar{v}_s}\right) = \left(\frac{z}{z_s}\right)^{0.32}$$

式中, $\bar{v}$、z 分别为任一点的平均风速和高度;$\bar{v}_s$、z_s 分别为标准高度处的平均风速和高度,大多数国家规定为 10 m;A 为地面粗糙度,地面粗糙程度越大,其值越大;反之地势越平坦,该值越小。

按此式算出的 $z(\mathrm{m})$ 高与 10 m 高的风压换算系数,即风压高度变化系数 μ,如表 1 所示。

表 1　标准地貌处高度为 $z(\mathrm{m})$ 时的风压高度变化系数

$z(\mathrm{m})$	3	4	5	6	7	10
μ	0.680	0.746	0.801	0.849	0.892	1

由于中国各气象站只提供自记 10 min 平均风速和瞬时风速资料,而《温室结构荷载规范》用的是 10 min 平均风速资料进行统计计算的,因此需要对其进行换算。表 2 给出了不同时距风速与 10 min 平均风速的换算系数 β,可按下述公式进行换算:

$$x_t = \beta x$$

式中, x_t 为平均时距为 t 的风速,m/s;x 为标准时距的平均风速,m/s。

表 2　不同时距与 10 min 时距的风速换算系数

实测风速时距	1 h	10 min	5 min	2 min	1 min
β	0.94	1	1.07	1.16	1.12
实测风速时距	0.5 min	20 s	10 s	5 s	瞬时
β	1.26	1.28	1.35	1.39	1.5

此外,中国气象学家朱瑞兆[2]经过对中国近年风速资料的统计分析提出时距换算系数可按以下经验公式(式中 t 为时距,s)进行近似计算,可供参考。

$$\beta = 1.45 - 0.07\ln t$$

综上所述,温室的基本风压 W_G 可用以下公式表达:

$$W_G = \frac{1}{2}\beta\,(V_T\beta)^2\mu$$

式中, V_T 为由标准风速求出的 T 年一遇的最大风速值;β、μ 分别表示时距和标准地貌下的风压高度变化系数;Q 为空气密度。

3　意义

根据基本风压的变化模型,确定了根据温室特点对基本风压的取值方法。利用基本风压的变化模型,对《温室结构荷载规范》中基本风压所规定的重现期、风速测量高度、风速平均时距值进行了修正：将重现期由原来的 30 年改为 5～30 年，时距由 10 min 改为瞬时至 10 min，高度由 10 m 改为 3～7 m，并根据部分地区的风速资料采用统计学中的极限概率模型——极值 I 型分布模型计算出这些地区温室基本风压的修正值。

参考文献

［1］ 王笃利，陈青云，曲梅．温室基本风压取值方法探讨．农业工程学报，2005，21(11)：171-174.

［2］ 朱瑞兆．风压计算的研究［M］．北京：科学出版社，1976.

样地法的土地评价模型

1 背景

样地法土地评价于1934年创立于德国。该方法把国家级标准样地的土壤基础数定为100分,其他地区以相对于国家级标准样地的分值作为评价单元的基础数,进行气候、地形等自然条件因素的修正,然后再根据农田水利设施等条件,进一步修正为反映土地生物生产能力高低的产量指数。侯华丽等[1]在参考并借鉴国外样地法研究成果的基础上,在河南省南阳市卧龙区进行了县域样地法耕地评价的方案设计与应用研究。

2 公式

应用相关性分析法对初选因素进行筛选,结果列于表1。从表1可见:地貌类型、成土母质、土层厚度两两相关程度最高,只需保留一个。由于土层厚度与农业生产的关系更为密切,也便于直观理解,将其他两个因素舍弃。

表1 评价因素之间的相关系数

因素	表层土壤质地	障碍层次	土层厚度	土壤有机质含量	灌溉保证率	坡度	砾石含量	成土母质	排水条件	地貌类型
表层土壤质地	1.00	-0.11	-0.31	-0.37	-0.33	0.22	0.32	0.49	-0.12	0.53
障碍层次	-0.11	1	0.54	0.25	0.27	-0.11	0.01	-0.31	-0.19	-0.35
土层厚度	-0.31	0.54	1	0.30	0.37	-0.36	-0.37	-0.81	-0.07	-0.73
土壤有机质含量	-0.37	0.25	0.3	1.00	0.54	-0.49	-0.47	-0.35	0.04	-0.43
灌溉保证率	-0.33	0.27	0.37	0.54	1.00	-0.6	0.48	-0.71	-0.17	-0.69
坡度	0.22	-0.11	-0.36	-0.49	-0.6	1.00	0.56	0.61	-0.09	0.69
砾石含量	0.32	0.01	-0.37	-0.47	-0.48	0.56	1.00	0.71	-0.15	0.60
成土母质	0.49	-0.31	-0.81	-0.35	-0.71	0.61	0.71	1.00	-0.01	0.85
排水条件	-0.12	-0.19	-0.07	0.04	-0.17	-0.09	-0.15	-0.01	1.00	-0.12
地貌类型	0.53	-0.35	-0.73	-0.43	-0.69	0.69	0.60	0.85	-0.12	1.00

采用多元回归分析法确定各评价因素的最高分值,根据当地210个样点单元的标准粮产量状况及各评价因素的变化特点,求得标准粮产量与评价因素之间的多元回归方程为:

$$Y_1 = -0.172X_1 - 0.185X_2 + 0.158X_3 - 0.194X_4 + 0.208X_5 + 0.542X_6 - 0.106X_7$$

$$Y_2 = -0.201X_1 - 0.183X_2 + 0.158X_3 - 0.158X_4 + 0.198X_5 + 0.542X_6 - 0.107X_7$$

式中，Y_1 为一年两茬常年种植作物为冬小麦与夏玉米评价单元的标准粮产量和；Y_2 为一年一茬常年种植作物是春花生评价单元的标准粮产量；X 为评价因素，评价因素下标 1,2,3,4,5,6,7 分别表示表层土壤质地、坡度、土层厚度、障碍层次、土壤有机质含量、灌溉保证率、土壤砾石含量。

以上两式评价因素最高记分量的计算式为：

$$P_i = \frac{|b_i|}{\sum |b_i|} \times 100$$

式中，P_i 为第 i 个评价因素的最高记分量；b_i 为第 i 个评价因素改进偏回归系数的绝对值；$\sum$ 为求和符号。

在模型上以曲线拐点对应的因素特征值为基础，依据斜率的变幅进行级别界限标准的确定，并按其对产量影响的幅度给各级别赋予相应分值。汇总以上分析，各因素的分级标准、分级分值及确定方法列于表 2。

表 2　评价因素的分级标准、分级分值及其确定方法

评价因素	分级数目	分级标准	因素分级与赋分方法（x 为因素特征；y_1 为冬小麦、夏玉米标准粮产量和，y_1 为春花生标准粮产量）	冬小麦、夏玉米分值	春花生分值
表层土壤质地	1	壤质	卡氏分级限产法赋分	12	13
	2	黏质		7	0
	3	砂质		0	7
坡度（°）	1	<2	与土详查分级标准一致模型法赋分，模型方程为：$y_1 = 9113.6e^{-0.098x} (n=166, r=0.73)$ $y_2 = 2490.9e^{-0.022x} (n=44, r=0.53)$	11	12
	2	2~6		11~6	12~7
	3	6~15		6~3	7~3
	4	15~5		3~0	3~0
土层厚度（cm）	1	≥100	模型法分级与赋分模型方程为：$y_1 = 3964.9e^{0.0079x} (n=166, r=0.74)$ $y_2 = 1656.1e^{0.0065x} (n=44, r=0.71)$	11	12
	2	100~60		11~7	12~7
	3	60~30		7~4	7~4
	4	<30		4~0	4~0
障碍层次（cm）	1	≥100	模型法分级与赋分模型方程为：$y_1 = 2400.6ln(x) - 2838.2 (n=166, r=0.73)$ $y_2 = 459.33ln(x) + 171.08 (n=44, r=0.52)$	11	10
	2	100~60		11~7	10~6
	3	60~30		7~4	6~3
	4	<30		4~0	3~0

续表

评价因素	分级数目	分级标准	因素分级与赋分方法 (x为因素特征;y_1为冬小麦、夏玉米标准粮产量和, y_1为春花生标准粮产量)	冬小麦、夏玉米分值	春花生分值
土壤有机质 含量(%)	1	≥2	模型法分级与赋分	11	12
	2	2~1	模型方程为:	11~8	12~7
	3	1~0.6	$y_1 = 3660.3e^{0.548x}(n=166, r=0.70)$	8~3	7~3
	4	<0.6	$y_2 = 1259.3e^{0.696x}(n=44, r=0.59)$	3~0	3~0
灌溉保证率 (%)	1	≥80	模型法分级与赋分	36	35
	2	80~60	模型方程为:	36~21	35~19
	3	60~40	$y_1 = 0.2001x^2 + 44.19x + 4762.3(n=166, r=0.84)$	21~11	19~10
	4	40~0	$y_2 = 0.2375x^2 + 7.698x + 1769.4(n=44, r=0.71)$	11~0	10~0
土壤砾石 含量(%)	1	0~10	模型法分级与赋分,模型方程为:	8	7
	2	10~30	$y_1 = 7841.3e^{0.019x}(n=166, r=0.40)$	8~3	7~3
	3	30~50	$y_2 = 2574.8e^{-0.0087x}(n=44, r=0.44)$	3~0	3~0

评价单元耕地质量分的计算公式为:

$$C_{Li} = F + \sum f_{ik}(k = 1, 2, \cdots, 7)$$

式中, C_{Li} 为第 i 个评价单元的耕地质量分;F 为评价单元所在乡(镇)县级优质标准样地的耕地质量分;f_{ik} 为第 i 个评价单元内第 k 个评价因素的质量加(减)分。

3　意义

在此建立了样地法的土地评价模型,利用210个样点单元的标准粮产量与其对应样地法耕地质量分进行线性拟合。样地法耕地质量分的高低较好地反映了耕地的生物生产力水平。所以通过样地法的土地评价模型的计算可知,样地法所划分的耕地等别较好地反映了评价区域内耕地的实际质量水平特征,所设计的样地法可为中国同类县域耕地的样地法评价所用,也可为其他县域样地法耕地评价提供方法与模式参照。

参考文献

[1]　侯华丽,郧文聚,朱德举,等.县域耕地的样地法评价.农业工程学报,2005,21(11):54-59.

树木图像的分割模型

1 背景

具有复杂背景的树木图像的分割对于精确对靶施药及智能化植保机械的设计具有重要意义。图像分割是一个公认的经典难题,近 30 年来图像分割方法有了很大的发展,现已有 50 多种方法,但还没有找到一种通用的图像分割方法,大多数方法都是针对特定条件下的图像进行分割,树木图像的分割也是如此。赵茂程等[1]研究基于小波变换的树木图像过渡区提取及分割方法,以进一步提高树木图像分割精度,从而为精确对靶施药、智能化植保机械的设计乃至精确林业的发展提供技术支持。

2 公式

首先构造一组正交小波基,使图像信号得以在该空间上展开,且系数互不相关,图像 F 可以表示如下(j 为图像 F 的分辨率):

$$F = \begin{bmatrix} c_{j,0,0} & c_{j,0,1} & \cdots & c_{j,0,2N-1} \\ c_{j,1,0} & c_{j,1,1} & \cdots & c_{j,1,2N-1} \\ \cdots & \cdots & \cdots & \cdots \\ c_{j,2N-1,0} & c_{j,2N-1,1} & \cdots & c_{j,2N-1,2N-1} \end{bmatrix}_{2N \times 2N}$$

对图像 F 做二维 Haar 小波变换(模板见图 1),得到图像 F 的子图:

$$D_1 = \begin{bmatrix} c_{j-1,0,0} & c_{j-1,0,1} & \cdots & c_{j-1,0,N-1} \\ c_{j-1,1,0} & c_{j-1,1,1} & \cdots & c_{j-1,1,N-1} \\ \cdots & \cdots & \cdots & \cdots \\ c_{j-1,N-1,0} & c_{j-1,N-1,1} & \cdots & c_{j-1,N-1,N-1} \end{bmatrix}_{N \times N}$$

$$D_{i+1} = \begin{bmatrix} d^l_{j-1,0,0} & d^l_{j-1,0,1} & \cdots & d^l_{j-1,0,N-1} \\ d^l_{j-1,1,0} & d^l_{j-1,1,1} & \cdots & d^l_{j-1,1,N-1} \\ \cdots & \cdots & \cdots & \cdots \\ d^l_{j-1,N-1,0} & d^l_{j-1,N-1,1} & \cdots & d^l_{j-1,N-1,N-1} \end{bmatrix}_{N \times N}$$

$$l = 1,2,3$$

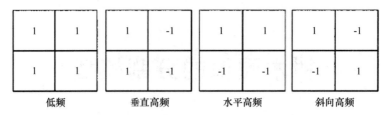

图1　Haar 小波变换的模板表示图

对小波系数矩阵按矩阵模型进行同样的聚类,用 $u_1,u_1,\cdots,u_c$ 表达所聚的类别,求出每类特征的能量:

$$u_i = \overline{\sum_{v \notin u_i} v^2}$$

式中,v 为属于第 I 类对应的小波系数矩阵 B 中的元素。

本项目以向量—矩阵的形式表示二维离散小波包变换:

$$a_j = W_j^T X$$

假设存在 L 类图像, $p_1,p_1,\cdots,p_L$,这里 p_i 表示第 i 类样本图像,定义判别测度 Z,它是 L 类中两类之间差值的平方和:

$$Z(p_1,p_2,\cdots,p_L) = \sum_{i=1}^{L-1} \sum_{j=i+1}^{L} (p_i - p_j)^2$$

假定样本图像被分为 L 类, $p_1,p_1,\cdots,p_L$,每幅图像 x_i 的大小为 $n \times n$。设 $x_1^l,x_2^l,\cdots,x_N^l$ 为属于 p_1 类的 N 个训练图像,小波包分解系数能量与图像能量之比为:

$$\Gamma_l(j,k) = \frac{\sum_{i=1}^{N} \sum_{c}^{S} \sum_{d}^{S} [a_{j,k}(c,d)]^2}{\sum_{i=1}^{N} \sum_{a}^{n} \sum_{d}^{N} [x_i^l(a,d)]^2}$$

结合上述提取得到的树木图像小波变换特征系数,定义如下的小波能量比函数:

$$r = \frac{\sum E_{Di}}{\sum E_{Ai}}$$

式中,E_{Di},E_{Ai} 分别表示图像的高频和低频能量。

在一幅复杂背景的树木图像中,背景当中也有与树木计算出的小波能量比参数接近的像素,所以在整幅图中不宜采用统一阈值,应采取区域自适应阈值,即在不同的区域范围内选取各自的阈值,对树木和背景进行分割,这里将图像分成若干小块,在每块区域上按下式计算阈值:

$$T = (\sum_{i=1}^{N} P_i)/N$$

式中,P_i 为区域内各点的小波能量比参数值;N 为区域内的像素点数。

3　意义

　　根据树木图像的分割模型,针对该类图像的特点,提出了一种基于小波变换的过渡区提取树木图像的分割方法。利用树木图像的分割模型,通过对比小波变换系数、小波变换系数聚类以及小波包系数,最终选取了同时能够分解出更多高频、低频信息的小波包变换系数提取特征。根据树木图像的分割模型,小波包变换系数定义了小波能量比参数,将小波能量比参数值归一化为图像灰度值,采用自适应阈值和神经网络两种方法提取了过渡区,实现了对具有复杂背景的树木图像的分割。树木图像的分割模型的计算表明,该方法分割精度高,对于分割复杂背景的树木图像具有特别意义。

参考文献

[1]　赵茂程,郑加强,凌小静. 一种基于小波变换的图像过渡区提取及分割方法. 农业工程学报,2005,21(11):103-107.

雾滴分布的图像模型

1 背景

在植保机械雾化性能检测以及荷电喷雾流场分析研究中,雾滴尺寸及其分布特性是最为关键的技术指标。然而在以往对雾滴尺寸分布特性研究过程中通常使用纸卡采样的方法对雾滴尺寸分布情况进行分析,此方法测量雾滴在纸卡上形成斑痕后的雾滴尺寸。邱白晶等[1]提出了利用高速摄像机结合数字图像处理的方法对植保机械空间雾滴特性进行检测分析,并根据雾滴的主要特征参数对雾滴图像进行二维重建。

2 公式

设雾滴图像大小为 $M×N$,雾滴在图像中的像素标签号为 $f_i(x,y)$,则第 i 个雾滴面积的计算公式为:

$$A_i = \sum_{x=1}^{M} \sum_{y=1}^{N} \left[f_i(x,y)/i \right]$$

式中,M、N 分别表示整幅图像的宽度和高度,单位为像素。

雾滴的当量直径是假设雾滴在图像中的投影面为圆形时的直径,雾滴的当量直径可以根据雾滴的面积求得,具体关系如下式所示:

$$D_i = 2 \times \overline{A_i/\pi}$$

采用一阶矩的方法来确定各雾滴的形心位置,假设图像中第 i 个雾滴在 Δx 处的像素个数为 A_{ix} , Δy 处的像素个数为 A_{iy} ,对于离散数字图像而言,则雾滴形心的计算公式为:

$$\begin{cases} x_i = \dfrac{1}{MN} \sum_{x=1}^{M} \sum_{y=1}^{N} xA_{ix} \\ y_i = \dfrac{1}{MN} \sum_{x=1}^{M} \sum_{y=1}^{N} yA_{iy} \end{cases}$$

式中,M、N 分别表示整幅图像的宽度和高度;x_i 、y_i 为雾滴 i 在图像的形心坐标。

收搜整帧图像中所有的像素点,如果像素点符合以下公式,则将该像素点的灰度值置为目标值(灰度值:255),否则置为背景值(灰度值:0)。

$$(i - x_k)^2 + (j - y_k)^2 - r_k^2 \leq 1$$

式中, $r_k = D_k/2$, k 为图像中各雾滴标签号。

也可以利用以下两式作为雾滴图像重建的判断依据:

$$(i - x_k)^2 + (j - y_k)^2 - r_k^2 \leqslant r_k$$

$$(i - x_k)^2 + (j - y_k)^2 \leqslant r_k^2$$

3 意义

根据雾滴分布的图像模型,针对植保机械雾化性能检测中对雾滴尺寸分布特征检测常用方法中存在的不足,提出了利用高速摄像结合数字图像处理技术对药液雾化场中空间雾滴特征参数进行检测统计的方法。并根据雾滴分布的图像模型,对检测到的雾滴特征参数信息实现雾滴分布图像的二维重建。利用雾滴分布的图像模型,实现了对喷雾场中的雾滴分布特征的快速准确检测,同时避免了对喷雾场的干扰,为进一步研究喷雾场中的雾滴分布特征以及运动情况提供了方法基础。

参考文献

[1] 邱白晶,史春建,吴春笃,等. 植保机械雾化场雾滴特征分析与二维重建. 农业工程学报,2005,21(11):7-10.

燃料乙醇的能效模型

1 背景

　　燃料乙醇是用作燃料的无水乙醇,是一种可再生的生物质能。燃料乙醇可在专用的发动机中使用,也可以按照一定的比例添加到汽油中,在普通汽油发动机中使用。它能增加汽油的含氧量,使燃烧更充分,并降低 CO_2 等污染物的排放。燃料乙醇的生产不仅有助于缓解能源短缺,保证能源安全,保护生态环境,还能拓宽农业服务领域,也为农民增收开辟了新途径。戴杜等[1]通过实验评估黑龙江玉米、广西木薯燃料乙醇从种植到最终乙醇燃烧整个生命周期过程中的能量和再生能量效率,为中国燃料乙醇项目的决策提供参考。

2 公式

　　燃料乙醇净能量计算公式为:

$$NEV = E_F - dE_I$$

式中, E_F 为燃料乙醇所含能量,1L 99.5%燃料乙醇热值为 21.185 MJ; E_I 为在燃料乙醇生命周期过程中的总能量投入。

　　玉米、木薯燃料乙醇主要特性在表 1 列出。

表 1　玉米、木薯燃料乙醇主要特性

产地	生物质原料	单产（kg/hm²）	含水率（%）	淀粉含量（%）	转化率（%）	施肥量（kg/hm²）		
						N	P₂O₅	K₂O
黑龙江	玉米	6 500	30	65	3.96	315.0	120	450
广西	木薯	13 333	13	75	3.00	187.5	450	225

　　定义燃料乙醇的净可再生能量为:

$$NREV = E_{RF} - dE_{NI}$$

式中, E_{RF} 为燃料乙醇系统的可再生能量产出。

　　玉米乙醇和木薯乙醇的主副产品能耗按照市场价值量法的分配结果见表 2。

表2 能量消耗分配结果

项目	乙醇(%)	植物油(%)	DDGS(%)	CO_2(%)	副产品总计(%)
玉米乙醇	63.29	6.65	15.03	15.03	36.71
木薯乙醇	82.30	0	1.23	16.46	17.70

3 意义

根据燃料乙醇的能效模型,对玉米和木薯乙醇的能量和可再生能量生产效率进行评估,统计了玉米和木薯乙醇生命周期能耗,并用市场价值量法按照主副产品的能耗进行了分配。采用燃料乙醇的能效模型,计算出玉米和木薯燃料乙醇的净能量和净可再生能量。并计算了单产和化肥用量变化时的净能量和净可再生能量的变化。这样,使用玉米、木薯生产燃料乙醇在能量生产和再生能量生产上都是可行的,木薯乙醇比玉米乙醇可行性更高,单产和化肥用量是提高能源利用和再生能源的关键因素,加强副产品的开发和使用有机肥代替化肥有利于提高系统的能效,提高系统的可再生性。

参考文献

[1] 戴杜,刘荣厚,浦耿强,等. 中国生物质燃料乙醇项目能量生产效率评估. 农业工程学报,2005, 21(11):121-123.

坡面流的流速公式

1 背景

土壤侵蚀是一种受众多因素影响的复杂力学过程。在降雨期间，坡面流一旦形成，当其侵蚀力大于土壤抗蚀力时，就会发生坡面径流侵蚀。坡面流的侵蚀力与坡面流流速密切相关，坡面流流速主要受地表特征、坡度、土壤特性和坡面流量等因素的影响。自 20 世纪 30 年代以来，国内外许多学者先后利用理论推导或试验研究等方法得到了许多有关坡面流流速的经验关系式。李勉等[1]通过实验进行了关于草被覆盖对坡面流流速影响的人工模拟研究。

2 公式

草地坡面流速(V)计算公式为：

$$V = 0.0425A^{1/2}I^{3/16}$$

式中，V 为坡面流速，m/s；A 为坡面单宽流量，L/(s·m)；I 为坡面坡度，‰。

坡面流速(V)的计算公式为：

$$V = kq^{0.5}I^{0.5}$$

式中，V 为坡面流速，cm/s；q 为坡面单宽流量，cm^3/(s·m)；I 为坡面坡度比值，系数 k 随坡面表面特征而异[2]。

根据试验中实测的坡面流流速计算的各断面平均流速，变化情况如表 1 和表 2 所示。

表 1 不同草被覆盖下坡沟系统各断面径流流速变化表（$Q=3.2$ L/min） 单位:cm/s

覆盖度（%）	草被空间配置	断面1	断面2	断面3	断面4	断面5	有草坡面平均	无草坡面平均	沟坡平均
裸坡	16.5	24.0	26.9	55.4	64.3	-	22.5	59.8	
30	坡上部	7.5	14.8	16.6	56.1	60.8	7.5	20.4	58.0
	坡中部	19.8	7.6	31.5	57.1	55.5			
	坡下部	16.1	23.6	7.9	56.7	61.4			

覆盖度（%）	草被空间配置	断面1	断面2	断面3	断面4	断面5	有草坡面平均	无草坡面平均	沟坡平均
50	坡上部	5.3	17	–	37.1	42.2	6.4	19.7	40.7
	坡中部	15	6.6	29	45	37.7			
	坡下部	18	7.3	–	41.9	40.5			
70	坡上部	4.5	16	–	35	41.8	5	21.6	40.3
	坡中部	12.7	6.5	33	35.7	48.5			
	坡下部	24.9	4.1	–	39.3	41.3			
90	全坡面	4.4	4.4	4.4	36.9	42.1	4.4	–	39.5

表 2　不同草被覆盖下坡沟系统各断面径流流速变化表（$Q=5.2$ L/min） 单位：cm/s

覆盖度（%）	草被空间配置	断面1	断面2	断面3	断面4	断面5	有草坡面平均	无草坡面平均	沟坡平均
裸坡		14.9	19.6	31	61.2	62.3	–	21.8	61.7
30	坡上部	8.6	13.4	212.1	54.6	69.6	8.6	18.9	61.3
	坡中部	16.2	8.4	24.7	53.6	71.2			
	坡下部	16.7	1.7	8.6	54.7	64			
50	坡上部	7.4	14.2	–	62.5	61.8	8.3	21.3	56.3
	坡中部	19.2	5.4	26.1	49.6	58.3			
	坡下部	25.7	9.0	–	49.8	56.1			
70	坡上部	8.0	28.5	–	53	67.7	7.9	19.7	54.8
	坡中部	16.9	5.1	5.3	44.3	51.4			
	坡下部	18.2	7.5	–	53.2	58.9			
90	全坡面	6.2	6.2	6.2	38.5	54.3	6.2	–	46.4

坡面流平均流速与草被覆盖度的关系如表3所示。

表 3　坡面流平均流速与草被覆盖度的关系

坡位	流量（L/min）	回归方程	相关系数 R^2	附注
坡面	3.2	$V_s = 9.920\ 3e^{-0.009\ 2x}$	0.986 2	x 为坡面草被覆盖度（%），V_s 为坡面流平均流速（cm/s），$x \geqslant 30$
坡面	5.2	$V_s = 9.950\ 4e^{-0.103\ 1x}$	0.802 1	
沟坡	3.2	$V_g = 60.639e^{-0.0054x}$	0.803 1	x 为坡面草被覆盖度（%），V_g 为坡面流平均流速（cm/s）
沟坡	5.2	$V_g = 64.457e^{-0.003x}$	0.823 3	

3 意义

通过坡面流的流速公式,研究了黄土丘陵区坡沟系统坡面不同草被覆盖对坡面流流速变化过程及特征的影响。根据坡面流的流速公式,计算可知放水流量为 3.2 L/min 时,坡面草被覆盖对坡面流流速的延缓作用较大。放水流量为 5.2 L/min 时,作用相对减弱,坡面及沟坡平均流速随坡面草被覆盖度的增加呈指数下降趋势。坡面流流速在坡面的发展有一个坡长范围,在距坡顶 3~4 m 处,坡面流流速达到最大,而在坡面、沟坡各断面流速基本上都随着放水冲刷时间的延长而呈下降趋势。

参考文献

[1] 李勉,姚文艺,陈江南,等. 草被覆盖对坡面流流速影响的人工模拟试验研究. 农业工程学报,2005,21(12):43-47.

[2] 沙际德,蒋允静. 试论初生态侵蚀性坡面薄层水流的基本动力特性[J]. 水土保持学报,1995,9(4):29-35.

夏玉米的水分胁迫模型

1 背景

冠层温度能够很好地反映作物的水分状况,通过冠层温度诊断作物是否遭受水分胁迫的技术已经相当成熟。有许多学者研究了冠层温度或冠气温差与作物水分亏缺的关系,有关利用 CWSI 诊断作物缺水状况的研究也在逐步开展。作物水分胁迫指数 CWSI 包括 Idso 提出的经验模型和 Jackson 提出的理论模型。王卫星等[1]通过田间试验观测,分析并建立了适于中国华北平原的夏玉米的 CWSI 模型,为基于冠层温度信息监测夏玉米水分状况提供基础。

2 公式

作物水分胁迫指数($CWSI$)定义为:

$$CWSI = \frac{(T_c - T_a) - (T_c - T_a)_u}{(T_c - T_a)_{ul} - (T_c - T_a)_u}$$

式中,T_c 为作物冠层温度,℃;T_a 为空气温度,℃;$(T_c - T_a)_u$ 为作物处于潜腾蒸发状态下的冠气温差,℃,即冠气温差的下限;$(T_c - T_a)_{ul}$ 为作物处于无蒸腾条件下的冠气温差,℃,即冠气温差的上限。对于 Jackson 提出的 CWSI 理论模式有:

$$(T_c - T_a)_u = \frac{r_a(R_n - G)}{\rho_{C_p}} \frac{\gamma(1 + r_{cp}/r_a)}{\Delta + \gamma(1 + r_{cp}/r_a)} - \frac{VPD}{\Delta + \gamma(1 + r_{cp}/r_a)}$$

$$(T_c - T_a)_{ul} = \frac{r_a(R_n - G)}{\rho C_p}$$

式中,R_n 为净辐射通量密度,W/m²;G 为土壤热通量密度,W/m²;ρ 为空气密度,kg/m³;C_p 为空气定压比热,J/(kg·℃);γ 为干湿表常数,Pa/℃;r_a 为空气动力学阻力,s/m;r_{cp} 为潜在蒸腾条件下的冠层阻力,s/m;Δ 为饱和水汽压随温度变化的斜率,Pa/℃;VPD 为空气的饱和水汽压差,hPa。

采用多次灌水试验田的净辐射 R_n 和土壤热通量 G 测试数据,以上两式中,空气密度 ρ 取 1.204 kg/m³,空气定压比热 C_p 取 1 010 J/(kg·℃),干湿表常数 γ 取 0.658 hPa⁻¹,空气饱和水汽压随温度变化的斜率按下式计算:

$$\Delta T = 45.03 + 3.014T + 0.05345T^2 + 0.00224T^3$$

空气动力学阻力的计算方法是：

$$r_a = \begin{cases} \left[\ln(\dfrac{z-d}{z_0})\right]^2 / k^2 u , & \text{当风速大于 2 m/s 时} \\ 4.72\left[\ln(\dfrac{z-d}{z_0})\right]^2 / (1+0.54u) , & \text{当风速小于等于 2m/s 时} \end{cases}$$

式中, z 为参考高度, m, 即风速仪的高度, 试验中取 2.05 m 和 2.55 m(7月31日以后); d 为零平面位移, m; z_0 为粗糙度, m; k 为卡尔曼常数, 为 0.41; u 为参考高度处的风速, m/s。

夏玉米属于高秆作物且密度稀疏, 对于不同的生育阶段零平面位移和粗糙度变化很大, 不是人们所普遍接受的常数值, 根据它们的取值范围, 试验中把夏玉米不同生育期的零平面位移 d、粗糙度 z_0 与作物高度 h 的比值做了如下取值, 如表1所示。

表1 零平面位移与粗糙度

参数	拔节至抽雄期	抽雄至乳熟期	乳熟至成熟期
d/h	0.60	0.50	0.55
z_0/h	0.05	0.08	0.06

冠层最小阻力采用下式计算：

$$\overline{r_{cp}} = -\frac{\rho C_p A}{(R_n - G)}\left(\frac{1}{B\gamma} + \frac{1}{1+B\overline{\Delta}}\right)$$

式中, A、B 为经验模型中的线性回归系数, 并采用平均净辐射和空气温度, 这样就得到了夏玉米不同生育阶段的冠层最小阻力 r_{cp}, 如表2所示。

表2 夏玉米不同生育阶段的最小冠层阻力

生育期	$A(℃)$	$B(℃\cdot h/Pa)$	平均(R_n-G) (W/m)	平均 Δ (hPa/℃)	平均 r_{cp} (s/m)
拔节-抽雄	6.031 2	-0.346 3	517.86	2.797	20.32
抽雄-乳熟	4.7636	-0.3246	415.48	2.084	22.17
乳熟-成熟	2.935 5	-0.185 1	410.72	2.033	15.13

3 意义

在此建立了夏玉米的水分胁迫模型, 该模型适合于中国华北平原夏玉米的作物。通过对夏玉米的冠层最小阻力、零平面位移和粗糙度进行分生育阶段取值, 得到了适合于夏玉米的水分胁迫指数模型。根据水分胁迫指数(CWSI)模型,在田间试验中会形成比较好的作物水分胁迫梯度。在监测作物缺水状况的表现以及试验期间降雨比较多的状况下,都需要对这一模型进行不同水分条件下的检验以及更准确地确定零平面位移和粗糙度与作物高度的比值。

参考文献

[1] 王卫星,宋淑然,许利霞,等 . 基于冠层温度的夏玉米水分胁迫理论模型的初步研究 . 农业工程学报,2006,22(5):194-196.

植物的净初级生产力模型

1 背景

随着人口的增加和可利用资源的减少,粮食安全问题一直备受关注。及时、准确地了解一个国家或一个地区的粮食产量和年际间变化,对于在国际市场中占有主动权以及管理者采取有效管理措施是至关重要的。目前,估测产量的方法和手段很多,如遥感估产、气象模型、作物生长模型模拟、抽样调查等。其中具有覆盖面积大、探测周期短、资料丰富、即时性强、费用低等特点的遥感技术估产尤为突出。任建强等[1]将通过遥感技术获取参数,并利用 NPP 和地面实际调查辅助数据进行中国冬小麦主产区的估产研究。

2 公式

首先计算 NPP,然后利用植物 C 素含量与干物质间转化系数(α),将 NPP 转化为植物干物质的量,再通过地面实测的冬小麦收获指数 HI(Harvest Index)校正干物质的量,便可得到冬小麦的预测产量数据 Yield,计算公式如下:

$$NPP = \varepsilon \times fPAR \times PAR$$

$$Yield = HI \times (NPP \times \alpha)$$

式中, α 为植物 C 素含量与植物干物质量间转化系数,对于一种作物而言, α 为常数。冬小麦生物体 C 素含量约为 45%,其 α 值约为 2.22;PAR 为光合有效辐射,它是指植物叶片的叶绿素吸收光能和转换光能的过程中,植物所利用的太阳可见光部分(0.4~0.76 μm)的能量;fPAR 为光合有效辐射分量,它是指作物光合作用吸收有效辐射的比例;ε 为光能转化为干物质的效率。

与利用可见光波段来计算太阳辐射的方法相比,利用紫外来计算太阳辐射的主要优势在于提高了从高反照度背景表面中辨别云的能力。该方法的算法如下:

$$PAR = I_{ap} = \begin{cases} I_{pp}[1 - (R^* - 0.05)/0.9], R^* < 0.5 \\ I_{pp}(1 - R^*), R^* \geqslant 0.5 \end{cases}$$

式中, R^* 为 TOMS 传感器在 370 nm 的紫外反射率,范围在 0~1 间; I_{ap} 为实际地表光合有效辐射; I_{pp} 为潜在光合有效辐射,它是晴朗天气条件下到达地表的光合有效辐射。

可以利用 NDVI 与 fPAR 之间的线性关系来求取 fPAR。其中 NDVI 数据运用美国的

134

EOS/MODIS 遥感数据生成,影像的分辨率为 250 m。$NDVI$ 计算公式为:

$$NDVI = \frac{R_n - R_r}{R_n + R_r}$$

式中,R_n,R_r 分别为卫星传感器的近红外波段和红光波段的反射率。

在进行冬小麦估产中,可利用 NASA-MOD15 提供的 $fPAR$ 与 $NDVI$ 的关系。其计算方式如下:

$$fPAR = \begin{cases} 0 & NDVI \leqslant 0.075 \\ \min\{1.1613 - 0.0439 \times NDVI, 0.9\} & NDVI > 0.075 \end{cases}$$

3　意义

以中国冬小麦主要种植区黄淮海平原典型县市的冬小麦为研究对象,以植物的净初级生产力模型对冬小麦的估产进行研究。并且通过投影转换和内插方法,将分辨率由经度 1.25°、纬度 1°转为 250 m。在研究中光能转化有机质效率被视为常数,其值通过前人研究结果确定。然后计算冬小麦净初级生产力。冬小麦产量首先确定关键期内净初级生产力的形成,然后将累积的净初级生产力转化为作物干物质的量,最后通过冬小麦收获指数修正,得到估计的冬小麦产量。通过净初级生产力计算的冬小麦生物量与实际生物量间相对误差为-4.30%;预测冬小麦产量与实际小麦产量间相对误差平均为-4.41%,结果令人满意。

参考文献

[1]　任建强,陈仲新,唐华俊,等.基于植物净初级生产力模型的区域冬小麦估产研究.农业工程学报,2006,22(5):111-117.

苹果图像的分割模型

1 背景

苹果分级是根据苹果大小、形状、色泽和表面缺陷等几个方面进行的。分级过程中的形状、色泽、表面缺陷检测和分类依然主要依靠人工进行。肉眼判别过程存在着判别尺度不易一致、精度不高、重复性差、视觉容易疲劳、速度缓慢等问题,给苹果的销售和出口带来很大困难。随着计算机处理速度的不断提高,计算机模拟人类视觉系统取得长足进步。在图像识别与分析系统中采用贝叶斯决策已经取得较好效果,如用于字体的判断等。包晓敏和汪亚明[1]以红富士苹果为例,提出了用计算机图像处理技术与最小错误率贝叶斯决策理论相融合的图像分割方法。

2 公式

如果仅仅按照先验概率决策就会把所有类别都归属一类,而根本未达到正常区分的目的。这是由于先验概率提供的分类信息太少。为此还必须利用所观测到的信息,由其特征抽取而得到 d 维观测向量, $x = [x_1, x_2, \cdots, x_d]^T$,且已知类条件概率, $P(x|\omega_1)$ 是 ω_1 类状态下观察特征 x 的类条件概率密度, $P(x|\omega_2)$ 是 ω_2 类状态下观察特征 x 的类条件概率密度。利用贝叶斯公式,即

$$P(\omega_1|x) = \frac{p(x|\omega_1)P(\omega_1)}{\sum_{j=1}^{2} p(x|\omega_j)[P(\omega_j)]}$$

得到的条件概率 $P(\omega_1|x)$ 称为状态的后验概率。基于最小错误率的贝叶斯决策规则为:

如果 $P(\omega_1|x) > P(\omega_2|x)$,则把 x 归类于状态 ω_1;

反之 $P(\omega_1|x) < P(\omega_2|x)$,则把 x 归类于状态 ω_2。

由此推出:

如果 $p(x|\omega_1)P(\omega_1) > p(x|\omega_2)P(\omega_2)$,则把 x 归类于状态 ω_1。

反之 $p(x|\omega_1)P(\omega_1) < p(x|\omega_2)P(\omega_2)$,则把 x 归类于状态 ω_2。

当各类别的状态服从正态分布时,其概率为 $f(x) = \frac{1}{2\pi\sigma}e^{\frac{(x-\mu)^2}{2\sigma^2}}$,其中 μ 为正态分布的数学期望值,可近似地 $\mu = \bar{x}$, $\bar{x} = \frac{1}{n}\sum_{i=1}^{n} x_i$,其中 σ^2 为正态分布的方差值:

$$\sigma^2 = \frac{1}{n-1} \sum_{i=1}^{n} (x_i - \bar{x})^2$$

故 $p(x|\omega_1) = \frac{1}{2\pi\sigma_1} e^{\frac{(x-\mu_1)^2}{2\sigma_1^2}}, p(x|\omega_2) = \frac{1}{2\pi\sigma_2} e^{\frac{(x-\mu_2)^2}{2\sigma_2^2}}$，由此推出：

如果 $\frac{1}{2\pi\sigma_1} e^{\frac{(x-\mu_1)^2}{2\sigma_1^2}} P(\omega_1) > \frac{1}{2\pi\sigma_2} e^{\frac{(x-\mu_2)^2}{2\sigma_2^2}} P(\omega_2)$，则把 x 归类于状态 ω_1；

反之 $\frac{1}{2\pi\sigma_1} e^{\frac{(x-\mu_1)^2}{2\sigma_1^2}} P(\omega_1) < \frac{1}{2\pi\sigma_2} e^{\frac{(x-\mu_2)^2}{2\sigma_2^2}} P(\omega_2)$，则把 x 归类于状态 ω_2。

基于最小错误率贝叶斯决策的图像分割，对读入的原始灰度级图像，设定目标图像为类别 ω_1，背景图像为类别 ω_2，根据图像的直方图分布，设定两种类别的灰度级类条件概率密度分布服从正态分布，类条件概率密度为：

$$f(x) = \frac{1}{2\pi\sigma} e^{\frac{(x-\mu)^2}{2\sigma^2}}$$

对图像中的每一点，若该点的灰度值 x 满足：

$$\frac{1}{2\pi\sigma_1} e^{\frac{(x-\mu_1)^2}{2\sigma_1^2}} P(\omega_1) > \frac{1}{2\pi\sigma_2} e^{\frac{(x-\mu_2)^2}{2\sigma_2^2}} P(\omega_2)$$

则 $x \in \omega_1$，为目标图像部分。

若 x 满足：

$$\frac{1}{2\pi\sigma_1} e^{\frac{(x-\mu_1)^2}{2\sigma_1^2}} P(\omega_1) < \frac{1}{2\pi\sigma_2} e^{\frac{(x-\mu_2)^2}{2\sigma_2^2}} P(\omega_2)$$

则 $x \in \omega_2$，为背景部分，从而实现目标图像的提取。

3 意义

依据最小错误率贝叶斯决策理论，提出了一种基于最小错误率贝叶斯决策的图像分割方法，建立了苹果图像的分割模型。根据该模型，从图像的直方图中估计出服从正态分布的不同类别参数，对图像中每一像素点进行不同类别判断。通过苹果图像的分割模型，对多幅图像试验，取得良好的分割结果。于是由对苹果图像的分割，从而实现了苹果分级完全自动化。由于最小错误苹果图像的分割模型，无须滤波而具有良好的抑制噪声的能力，因而在图像分割中是一种可行很强的方法。

参考文献

[1] 包晓敏,汪亚明. 基于最小错误率贝叶斯决策的苹果图像分割. 农业工程学报,2006,22(5)：122-124.

净辐射的推算模型

1 背景

净辐射是下垫面从短波到长波的辐射能收支代数和,它既包含直接太阳辐射、半球天空的散射辐射和反射辐射等短波部分,也包含大气逆辐射和地面射出辐射等长波部分。净辐射是地表有效能量的度量值,是研究地表能量转换、流域蒸散、水分循环的重要因素。任鸿瑞等[1]利用中国科学院禹城综合试验站 2000—2003 年逐日常规气象资料和逐日实测辐射资料对几种净辐射计算方法进行了评价,建立了适合于黄淮海平原的根据总辐射资料推算的净辐射经验公式。

2 公式

彭曼(Penman)首先提出了无水汽水平输送条件下的参考作物蒸散量计算公式,1956年他又对原式进行了改进,尽管公式物理意义明确,但不是纯理论公式,仍包含一些经验参数,因此,就有了各种彭曼修正式。其净辐射的计算公式如下:

$$R_n = R_{ns} - R_{nl}$$
$$R_{ns} = (1 - \alpha)(a + bn/N)R_a$$

式中,R_n 为净辐射,MJ/(m²·d);R_{ns} 为净短波辐射,MJ/(m²·d);R_{nl} 为净长波辐射,MJ/(m²·d);R_a 为天文辐射,MJ/(m²·d);n 为实际日照时数,h;N 为最大天文日照时数,h;α 为反照率,α 由实测值确定,参数 a 和 b 取洪嘉琏等在黄淮海平原所拟合的参数(表1)。

表 1　黄淮海平原 a、b 系数表

	春(3—5 月)	夏(6—8 月)	秋(9—11 月)	冬(12 至翌年 2 月)
a	0.156	0.177	0.164	0.185
b	0.575	0.509	0.546	0.545

在净长波辐射计算中,选取以下 4 个常用的经验公式进行优选。

（1）别尔良德法

$$R_{nl} = \sigma \cdot (0.9n/N + 0.1) \cdot (0.39 - 0.058\,\overline{e_d}) \cdot T_k^4$$

（2）彭曼法

$$R_{nl} = \sigma \cdot (0.9n/N + 0.1) \cdot (0.56 - 0.079\,\overline{e_d}) \cdot T_k^4$$

（3）布朗特法

$$R_{nl} = \sigma \cdot (0.9n/N + 0.1) \cdot (0.56 - 0.092\,\overline{e_d}) \cdot T_k^4$$

（4）邓根云法

$$R_{nl} = \sigma \cdot (0.7n/N + 0.3) \cdot (0.32 - 0.026\,\overline{e_d}) \cdot T_k^4$$

式中，σ 为斯蒂芬-波尔兹曼常数；e_d 为实际水汽压，kPa；T_k 为平均绝对温度，K。

用 FAO Penman-Monteith 法计算净辐射公式如下：

$$R_n = R_{ns} - R_{nl}$$

$$R_{ns} = (1 - \alpha)(a + bn/N)R_a$$

$$R_{nl} = 2.45 \times 10^{-9} \times \left(1.35\,\frac{0.25 + 0.5\dfrac{n}{N}}{(0.75 + 2 \times 10^{-5}H)R_a} - 0.35\right)$$

$$\times (0.34 - 0.14\,\overline{e_d}) \cdot (T_{kx}^4 + T_{kn}^4)$$

式中，H 为海拔高度，m；T_{ks} 为最高绝对温度，K；T_{kn} 为最低绝对温度，K；其他符号意义同上。

3　意义

在此建立了净辐射的推算模型，利用中国科学院禹城综合试验站实测数据对 Penman 修正式和 FAO Penman-Monteith 公式中净辐射计算方法在黄淮海平原的应用进行了评价。在 Penman 修正式中，别尔良德法、彭曼法、布朗特法和邓根云法是常用的净长波辐射计算方法。通过净辐射的推算模型，计算可知在 Penman 修正式净辐射公式中，采用别尔良德净长波计算方法误差最小，而且与 FAO Penman-Monteith 公式中净辐射计算精度一致，但都存在相对误差在 11 月至翌年 1 月比其他月偏大的现象。因此，黄淮海平原净辐射的推算还需要利用本地区的总辐射进行修正。

参考文献

［1］　任鸿瑞,罗毅,谢贤群. 几种常用净辐射计算方法在黄淮海平原应用的评价. 农业工程学报,2006, 22(5):140-146.

湿度发生器的湿度平衡模型

1 背景

湿度是人类生活、生产各个领域中的一项重要环境参数。由于工农业的迅速进步和国内、外湿敏元器件的研制、生产及应用的快速发展,促进了元件湿度检测和计量工作的逐渐普及,而且对测量技术要求也越来越高。因此对湿度测量装置进行检定和校准,成为必需。乔晓军等[1]以吸收国内外研究的结果与经验为基础,对饱和盐法湿度发生器进行了进一步的研究,开发出能够产生连续湿度定点的饱和盐法湿度发生器。

2 公式

等温条件下,在饱和盐法湿度发生器的工作室中,建立了饱和盐溶液上面的水汽空气混合物的平衡状态所需时间的表达式:

$$\tau = \frac{MV}{RTF\beta} \ln \left[\frac{|U_p - U_o|}{|U_p - U|} \right]$$

式中,U 为任意时刻水汽空气混合物的相对湿度;U_p、U_o 分别为平衡和初始的相对湿度;R 为通用气体常数;T 为工作室内温度;β 为经验系数;M 为水的分子量;V 为工作室的容积;F 为溶液的有效面积;τ 为平衡所需要的时间。

同一种盐水饱和溶液在连续的温度变化下,其液面上方的气体湿度值是线性连续变化的。经试验测得几种盐的饱和溶液湿度定点湿度值如表 1 所示。

表 1 几种饱和盐的定点湿度值

CaBr$_2$ · 6H$_2$O		NaI · 2H$_2$O		SrBr2 · 6H$_2$O		Mg(NO$_3$)$_2$ · 6H$_2$O		NaBr · 2H$_2$O	
温度(℃)	湿度(%)	温度(℃)	湿度(%)	温度(℃)	湿度(%)	温度(℃)	湿度(%)	温度(℃)	湿度(%)
−18	30	−10	48.6	25	60	0	60	−15	67.3
−10	28.3	10	43.1	40	52.6	10	56.7	0	68.5
0	25.5	30	37.2	50	48.6	20	53	20	58
10	22.1	50	30	60	46.2	30	51.2	40	56
20	18.4	60	26	70	42	40	47.8	50	48.2

SrCl$_2$·6H$_2$O		CsI		KCl		NaNO$_3$		BaCl$_2$·2H$_2$O	
温度（℃）	湿度（%）	温度（℃）	湿度（%）	温度（℃）	湿度（%）	温度（℃）	湿度（%）	温度（℃）	湿度（%）
10	75.8	0	76.3	0	55.5	6	78.4	0	92.3
20	72.6	5	74.1	20	86.1	10	77.2	30	90.6
30	68.9	10	71.5	40	82.4	30	73.1	50	88.9
40	66.7	15	72.5	60	80.1	50	68.3	70	87.3
50	62	20	72	80	78.3	70	63	80	86

饱和盐法湿度发生器的主要误差有：

（1）由于溶液和水汽空气混合物的温差造成的：

$$\delta_1 = U_p\left[1 - \frac{e_{WT_1}}{e_{W(T_1+T)}}\right]$$

（2）由于水汽空气混合物的温度测量不精确造成的：

$$\delta_2 = K_T \times \delta_T$$

（3）由于工作室温场不均匀造成的：

$$\delta_2 = U_p\left[1 - \frac{e_{WT_1}}{e_{W(T_1+T)}}\right]$$

（4）由于建立起来的平衡湿度值未达到造成的：

$$\delta_4 = |U_p - U_0|e^{\frac{RTF\beta}{MV}t}$$

式中，e_{WT_1} 为 T_1 温度下的饱和水汽压力；T' 为盐溶液与水汽空气混合物的温差；T'' 为工作室温场的不均匀性；K_T 为所用盐的温度系数；T 为水汽空气混合物温度的测量误差。

3 意义

根据湿度发生器的湿度平衡模型，在不同温度定点条件下和饱和盐水溶液共处于平衡状态的空气相对湿度仅仅是温度的函数，因此引入微机控制系统，实现自动温度控制。采用湿度发生器的湿度平衡模型，研究开发了能够产生连续湿度定点的湿度发生器，使湿度传感器或其他小型湿度仪表的校准更为快捷和准确。这种类型的湿度发生器具有重要的研究与实用价值。

参考文献

[1] 乔晓军,张云辉,杜小鸿,等. 连续型饱和盐法湿度发生器. 农业工程学报,2006,22(5):95-98.

紫花苜蓿的蒸散耗水模型

1　背景

林草复合是农林复合系统的主要模式之一,水分生态特征问题一直是水资源紧缺地区林草复合系统的重要研究内容,主要涉及不同组分耗水强度、土壤水分、根系吸水等水分生态因子的时空变化规律及其影响机理和复合系统与单作牧草系统的耗水差异特征等问题。桑玉强等[1]以新疆杨—紫花苜蓿复合模式为例,研究林草复合系统内牧草蒸散耗水时空变化规律,以期为该地区林草复合系统结构配置及模式优化选择提供一定的科学依据。

2　公式

紫花苜蓿蒸散量计算。Monteith 在 Penman 等人的工作基础上于 1965 年提出了水分限制条件下计算蒸散量的 Penman-Monteith 公式:

$$LE = \frac{\Delta(R_n - G) + \rho_a C_p(e_a - e_d)/r_a}{\Delta + \gamma(r_a + r_c)/r_a}$$

$$\Delta = \frac{2540\exp(\frac{17.27t}{t + 237.3})}{(t + 237.3)^2}$$

$$e_a = 0.611 \times \exp(\frac{17.27t}{237.3 + t})$$

$$e_d = RHe_a$$

$$r_a = \frac{\left(\ln(\frac{z - d}{z_0})\right)^2}{k^2 u}$$

$$r_c = r_1(0.5LAI)^{-1}$$

式中,L 为水的汽化潜热 J/g,取 2 450;E 为蒸散量,mm;Δ 为饱和水汽压与温度曲线的斜率,kPa/℃;R_n 为作物表层的净辐射,W/m²;G 为土壤热通量,W/m²;ρ_a 为空气密度,kg/m³,取 1.293;C_p 为空气定压比热,J/(kg·℃),取 1 009.26;e_a 为饱和水汽压,kPa;e_d 为实际水汽压,kPa;C 为干湿表常数,kPa/℃,取 0.066;z 为风速测量高度,m;d 为零平面位移高

142

度，m，$d = 2/3h_c$；z_0 为冠层粗糙度，m，$z_0 = 0.13h_c$；h_c 为植株高度，m；k 为卡门常数，取 0.41；u 为风速，m/s；r_1 为单叶气孔阻抗，s/m。

气孔导度模型的建立方法有多种，在此采用 Jarvis 气孔导度模型，其表达式为：

$$g_s = g_{smax}f(Q)f(T)f(VPD)f(\theta)f(C_a)$$

式中，g_{smax} 为最大气孔导度，m/s；$f(Q)$、$f(T)$、$f(VPD)$、$f(\theta)$、$f(C_a)$ 分别为太阳辐射、气温、空气饱和差、根区土壤水分、空气中 CO_2 浓度对叶片气孔导度的修正函数。

这样气孔导度主要与空气饱和差、根区土壤水分有关，上述公式变为：

$$g_s = g_{smax}f(VPD)f(\theta)$$

式中，VPD 为饱和水汽压差，在实际应用中，用 $100 - RH$ 代替，其意义可认为是叶片内外相对湿度之差。

$$f(VPD) = 1 - \frac{1}{100e^{-b(100-RH)}}$$

$$f(\theta) = \frac{\theta - \theta_w}{\theta_{cp} - \theta_w}$$

式中，g_s 为气孔导度，m/s；g_{smax} 为最大气孔导度；b 为参数；$f(\theta)$ 为水分胁迫系数；θ 为根区土壤体积含水量；θ_{cp} 为田间持水量；θ_w 为萎蔫系数。

3 意义

利用紫花苜蓿的蒸散耗水模型，计算了内蒙古毛乌素沙地新疆杨防护林内紫花苜蓿的蒸散耗水。通过紫花苜蓿的蒸散耗水模型计算得到的蒸散量与涡度相关法实测值平均相对误差为 14.73%，说明利用紫花苜蓿的蒸散耗水模型计算林草复合模式内牧草蒸散量是可行的。根据紫花苜蓿的蒸散耗水模型，不同生育期内紫花苜蓿蒸散量差别较大，返青-分枝阶段、现蕾-开花阶段蒸散量较小。通过该模型计算得知，整个生育期防护林内紫花苜蓿总蒸散量为 222.83 mm，对照地紫花苜蓿蒸散量为 269.02 mm。与对照相比，防护林内紫花苜蓿比林外蒸散量降低了 17.2%。防护林内和对照紫花苜蓿生物量干重分别为 3 287.28 kg/hm² 和 2 959.93 kg/hm²，林内比对照增产 11.1%。

参考文献

[1] 桑玉强，吴文良，张劲松，等 . 毛乌素沙地杨树防护林内紫花苜蓿蒸散耗水规律的研究 . 农业工程学报，2006，22(5)：44-49.

猕猴桃汁维生素 C 的降解模型

1 背景

水果中维生素C有还原型维生素C(AA)和氧化型维生素C(DHA),有关水果 AA 在加工过程中含量变化的研究报道很多,但对 AA 降解的机理缺乏系统研究,尤对水果 DHA 变化的研究甚少,AA 与 DHA 的降解机理仍不清楚。因此深入研究水果中 AA 与 DHA 的变化机理对控制水果加工中维生素 C 损失具有重要意义。维生素 C 降解受温度的影响很大,其降解速度与温度密切相关。高愿军等[1]对不同温度下猕猴桃汁中维生素 C 降解途径的动力学进行了研究,为有效控制猕猴桃汁加工中维生素 C 损失提供理论依据。

2 公式

根据质量作用定律,在一定温度下,化学反应速率和各反应物浓度的乘积成正比,各浓度项的系数等于化学反应方程式中各反应物的计量系数。例如,对于反应

$$aA + bB = pC + qD \tag{1}$$

(A、B、C、D 为参与该化学反应的化学物质;系数 a、b、p、q 分别表示 A、B、C、D 参与反应的计量系数),其速率方程可表示为:

$$v = kC_A^m C_B^n \tag{2}$$

式中,k 为速率常数,C 为浓度,系数 m、n 分别表示物质 A、B 的浓度指数,分别称为反应物 A 和 B 反应级数。

根据资料维生素 C 降解近似于零级或一级反应,即

$$C_{AA} = C_{AA}^0 - kt \tag{3}$$

或

$$C_{AA} = C_{AA}^0 e^{-kt} (\ln C_{AA} = \ln C_{AA}^0 - kt)$$

式中,C_{AA} 为 AA 的浓度,C_{AA}^0 为初始时刻 AA 的浓度,t 为反应时间。

假设 AA 存在以下降解方式:

$$AA \underset{k_{-1}}{\overset{k_1}{\rightleftharpoons}} DHA \overset{k_2}{\longrightarrow} DKA$$

$$\downarrow k_3 \tag{4}$$

未知产物

式中，k_1、k_{-1}、k_2 为 AA 有氧降解途径的各反应速率常数，min^{-1}；k_3 为 AA 无氧降解途径速率常数，min^{-1}。DKA 为二酮古乐糖酸。

（1）若上述降解反应均为零级反应，则有：

$$v_{AA} = k_{AA} = k_1 + k_3 - k_{-1} \tag{5}$$

$$v_{DHA} = k_{DHA} = k_{-1} + k_2 - k_1 \tag{6}$$

式中，v_{AA} 为 AA 的反应速率，$\mu\text{g}/(\text{mL} \cdot \text{h})$；$v_{DHA}$ 为 DHA 的反应速率，$\mu\text{g}/(\text{mL} \cdot \text{h})$；$k_{AA}$ 为 AA 降解途径速率常数；v_{DHA} 为 DHA 降解途径速率常数。

整理得：

$$k_{AA} + k_{DHA} = k_2 + k_3 \tag{7}$$

（2）若上述降解反应均为一级反应，则有：

$$v_{AA} = (k_1 + k_3)[AA] - k_{-1}[DHA] \tag{8}$$

$$v_{DHA} = (k_{-1} + k_2)[DHA] - k_1[AA] \tag{9}$$

整理得：

$$[AA] = -\frac{k_2}{k_3}[DHA] + \frac{1}{k_3}(v_{AA} + v_{DHA}) \tag{10}$$

式中，$[AA]$ 为 AA 的浓度，$\mu\text{g}/\text{mL}$；v_{AA} 为 AA 的反应速率，$\mu\text{g}/\text{mL}$，$v_{AA} = -\dfrac{d[AA]}{dt}$；$[DHA]$ 为 DHA 的浓度，$\mu\text{g}/\text{mL}$；v_{DHA} 为 DHA 的反应速率，$\mu\text{g}/(\text{mL}/\text{h})$。

建立坐标，可解出 k_2 与 k_3，再结合式（8）和式（9）得 k_1，k_{-1}，结果见表 1。

表 1　各途径反应速率常数

温度（℃）	k_1	k_{-1}	k_2	k_3
30	3.97×10^{-4}	1.29×10^{-5}	2.27×10^{-4}	1.49×10^{-4}
50	4.77×10^{-4}	1.34×10^{-5}	1.92×10^{-4}	1.54×10^{-4}
70	5.83×10^{-4}	2.38×10^{-5}	8.58×10^{-4}	1.61×10^{-4}

3　意义

根据猕猴桃汁维生素 C 的降解模型，以猕猴桃原汁为试材，采用控制温度、调节 pH 值以促使维生素 C 氧化降解的方法，确定了猕猴桃汁中维生素 C 的降解动力学原理，为控制猕猴桃汁加工中维生素 C 损失提供理论依据。使用猕猴桃汁维生素 C 的降解模型，其计算结果表明：猕猴桃汁中的维生素 C 降解十分复杂，存在多种降解途径，但主要是有氧降解；其还原型维生素 C 不经氧化型维生素 C 生成其他产物的不可逆途径可能存在，但不占主导地位。猕猴桃汁中维生素 C 无氧降解速度比有氧降解速度慢，温度升高，维生素 C 有氧降解速度加快,无氧降解速度变化不明显。

参考文献

[1] 高愿军,郝莉花,张鑫,等.猕猴桃汁维生素 C 降解动力学的研究.农业工程学报,2006,22(5):157-160.

根茬切断装置的运动模型

1 背景

华北一年两熟地区保护性耕作时,由于该地区玉米秸秆覆盖量大,小麦免耕播种机在有玉米秸秆覆盖和根茬未经处理地是否具备良好的通过性能,已成为该地区实施推广全程保护性耕作技术的核心问题,因此,秸秆和根茬切断装置的研究具有重要意义。为了提高免耕播种机通过性能和作业可靠性,同时降低功率消耗,探讨一种有效的切断秸秆和根茬的装置是十分必要的。马洪亮等[1]通过实验对驱动缺口圆盘玉米秸秆根茬切断装置进行了研究。

2 公式

以缺口圆盘刀上任意点 M(图 1)为研究对象,直角坐标系和 M 点的起始位置 m_0 如图 2 所示,得 M 点的运动方程式为:

$$x = v_n t + R\cos\omega t$$
$$y = -R\sin\omega t$$

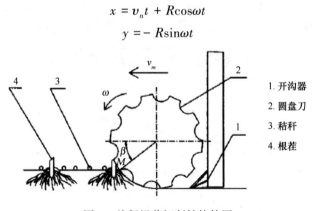

1. 开沟器
2. 圆盘刀
3. 秸秆
4. 根茬

图 1 秸秆根茬切断结构简图

线速比 $\lambda = \omega R / v_n$ 代入上式:

$$x = R(\omega t / \lambda + \cos\omega t)$$
$$y = -R\sin\omega t$$

式中,$R = R_0 \cos a$,a 为圆盘平面中心垂直线与刀轴的夹角,(°),R_0 为圆盘半径,m;ω 为圆

147

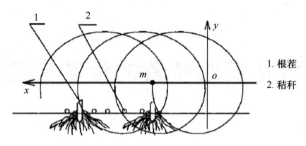

图 2　任意点对根茬的切削

盘刀的角速度,rad/s;T_m 为机器前进速度,m/s;t 为时间参数,s;K 为线速比。

任意点 M 速度的确定:

$$v_x = v_m - R\omega\sin\omega t$$
$$v_y = -R\omega\cos\omega t$$

由此得到 M 点的速度为:

$$v_合 = -\overline{v_m^2 + R^2\omega^2 - 2v_m R\sin\omega t}$$

设 $v = R\omega$,有:

$$v_合 = -\overline{v_m^2 + v^2 - 2v_m v\sin\omega t}$$

式中,v_x 为点 M 沿 x 方向的速度,m/s;v_y 为沿 M 点沿 y 方向的速度,m/s;$v_合$ 为点 M 的速度,m/s。

设 β(rad)(图 1)为 M 点开始切削秸秆和土壤根茬复合体的角度,设圆盘刀开始切断秸秆和土壤根茬复合体的切削速度为 v_1(m/s),此时 M 点转过的角度 $\omega t = \beta$ 代入上式可得:

$$v_1 = \overline{v_m^2 + v^2 - 2v_m v(R - H)/R}$$
$$x_1 = R\cos\beta$$
$$y_1 = R - H$$
$$z_1 = 0$$

第 K 个齿开始切削土壤的坐标为:

$$x_k = x_1 + v_{m,}(k2\pi/L/\omega) \quad (k = 0,1,2,3,\cdots,L/2)$$
$$y_k = R_0\cos a - H$$
$$z_k = k(2\pi/L)R_0\sin a/(\pi/2) = 4kR_0\sin a/L$$

式中,L 为驱动圆盘转动一周切削土壤的长度,m,$L = v_m 2\pi/\omega = 2\pi r/\lambda$。

3　意义

根据根茬切断装置的运动模型,在一年两熟地区免耕播种机播种小麦时,提出以驱动

148

缺口圆盘刀作为切断覆盖玉米秸秆、根茬装置,该装置的缺口圆盘平面中心垂直线与刀轴的轴线有一个较小夹角(7°)。通过根茬切断装置的运动模型,并对该装置进行运动分析和土槽试验,确定了主要的参数。应用根茬切断装置的运动模型,其计算结果可知,当刀轴转速为 350 r/min 时,消耗功率为 1.7 kW,并能够有效切断秸秆和根茬。此时,开出沟槽的地表宽度为 56.7 mm。

参考文献

[1] 马洪亮,高焕文,魏淑艳. 驱动缺口圆盘玉米秸秆根茬切断装置的研究. 农业工程学报,2006,22(5):86-89.

熟肉真空冷却过程中的水分迁移模型

1 背景

控制食品的初始含水率和水分迁移对食品的安全和质量是非常重要的。真空冷却过程中的水分蒸发会使食品内部的水分损失一部分,这可能会对产品的质量产生影响。因此有必要专门针对真空冷却过程中的水分迁移机理进行研究。金听祥等[1]通过试验对熟肉真空冷却过程的水分迁移特性进行研究,得出真空冷却过程中的水分迁移规律,还利用透射电镜研究水分迁移对熟肉肌肉组织的影响。

2 公式

水分的蒸发速率可以通过下式来表达:

$$\dot{m}_{t+\Delta t} = \frac{m_t - m_{t+\Delta t}}{\Delta t}$$

式中,$\Delta t = 0.5$,表示时间间隔,min;t 为时间,min;m_t 为 t 时刻样品的质量,g;$m_{t+\Delta t}$ 为 $t + \Delta t$ 时刻样品的质量,g;$\dot{m}_{t+\Delta t}$ 为时间间隔内的水分蒸发速率,g/min。

真空冷却过程中,样品的含水率变化可以通过下式来计算:

$$W_n = \frac{m_0 W_0 - \Delta t \cdot \sum_{t=0.5}^{n} \dot{m}_t}{m_0 - \Delta t \cdot \sum_{t=0.5}^{n} \dot{m}_t} \times 100\%$$

式中,m_0 为样品的初始质量,g;W_0 为样品的初始含水率,%;n 为冷却时间,min;W_n 为样品在 n 时刻的含水率,%;$\dot{m}_t$ 为 t 时间内的水分蒸发速率,g/min。

图 1 显示了真空冷却过程中熟肉的中心温度、表面温度和平均温度的变化过程。从图 1 中可以看出中心温度从 63℃降低到 7℃只需要 25 min。真空冷却过程结束后,熟肉最终的表面温度和平均温度分别是 3.5℃和 5.3℃。

熟肉的初始高温使其所含水分对应的饱和压力也很高,在真空冷却过程中真空室内的压力可以快速降低到熟肉温度对应的水的饱和压力,图 2 显示了真空冷却过程中真空室内的压力变化过程。

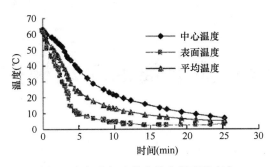

图 1   真空冷却过程中熟肉温度的变化

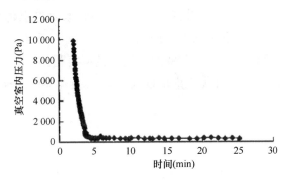

图 2   真空冷却室内的压力变化

3   意义

根据熟肉肌肉的水分迁移模型,以熟肉为试验材料,计算真空冷却过程中熟肉内部温度场、水分蒸发速率以及含水率变化。同时,通过透射电子显微镜研究水分迁移对熟肉组织内部结构的影响。通过熟肉真空冷却过程的水分迁移模型,计算可知,真空冷却过程中的水分迁移由两部分组成,一部分为由于产品内部温度不同造成不同的化学势引起食品内部的水分转移;另一部分为由于压力降低引起的水分蒸发或者沸腾后所产生的水蒸气的迁移。透射电子显微镜成像结果显示了经过真空冷却处理的熟肉中心和表面的肌肉组织形态没有发生大的变化。与真空冷却前相比,不管在熟肉中心还是表面,真空冷却后肌肉纤维之间形成了更大的孔隙。

参考文献

[1]   金听祥,李改莲,徐烈 . 熟肉真空冷却过程的水分迁移对其肌肉组织的影响 . 农业工程学报,2006, 22(5):229-232.

液—液分离的流动模型

1 背景

旋流式液—液分离作为 20 世纪 80 年代末出现的一项新技术,被广泛应用于石油、化工及环保等部门。由于旋流分离器的结构和形式日趋多样化,目前也越来越多地应用在农业生物工程的分离作业中。黄思和王国玉[1]应用 FLUENT 软件,重点研究一般广义情形下尤其是具有高浓度分散相来流水力旋流器的两相湍流模拟问题,由此了解旋流分离过程及其机理,为旋流器的结构筛选和尺寸优化提供依据,并预测旋流器的分离性能。

2 公式

假定液—液两相中任一相为 $q(q = 1,2,$ 下同$)$,另一相为 p。流动参数分别由下标 q、p 表示。

(1)连续方程

$$\frac{\partial}{\partial t}(\alpha_q \rho_q) + \nabla(\alpha_q \rho_q \vec{v}_q) = 0$$

(2)动量守恒方程

$$\frac{\partial}{\partial t}(\alpha_q \rho_q \vec{v}_q) + \nabla(\alpha_q \rho_q \vec{v}_q \vec{v}_q) = -\alpha_q \nabla p + \nabla \tau_q$$

$$+ \alpha_q \rho_q \vec{g} + \alpha_q \rho_q (\vec{F}_q + \vec{F}_{lift,q} + \vec{F}_{V_m,q}) + K_{pq}(\vec{v}_p - \vec{v}_q)$$

(3)黏性应力张量

$$\tau_q = \alpha_q \mu_q(\nabla \vec{v}_q + \nabla \vec{v}_q^{-T}) + \alpha_q\left(\lambda_q - \frac{2}{3}\mu_q\right)\nabla \vec{v}_q I$$

式中,α 为体积率;ρ 为密度;p 为静压;t 为时间;$\vec{v}$ 为流速矢量;S 为应力张量;L 为动力黏度;K 为体积黏度;$\vec{g}$ 为重力加速度;$\vec{F}$ 为外部体积力;$\vec{F}_{lift}$ 为升力;$\vec{F}_{V_m}$ 为虚拟质量力;K_{pq} 为流体相 q、p 之间的阻力系数。

对流体相 q 的动量方程进行湍流时均处理,方程出现雷诺应力项:

$$\tau_q' = -\alpha_q \rho_q \overline{v'_{q,i} v'_{q,j}}$$

略去方程中影响较小的黏性应力、体积力等,并取 $R_{q,ij} = \overline{v'_{q,i} v'_{q,j}}$,则方程简化成:

$$\frac{\partial}{\partial t}(\alpha_q \rho_q \vec{v}_q) + \nabla (\alpha_q \rho_q \vec{v}_q \vec{v}_q) = \alpha_q \nabla p + \nabla \tau'_q + \vec{F}_{Dq}$$

其中两相间的阻力可表示为:

$$\vec{F}_{Dq} = K_{Dq} \left[(\vec{v}_p - \vec{v}_q) - (\vec{v}'_p - \vec{v}'_q) \right]$$

雷诺应力由如下输运方程描述:

$$\frac{\partial}{\partial t}(\alpha \rho R_{ij}) + \frac{\partial}{\partial x_k}(\alpha \rho v_k R_{ij}) = -\alpha \rho \left(R_{ij} \frac{\partial v_j}{\partial x_k} + R_{jk} \frac{\partial v_i}{\partial x_k} \right) + \frac{\partial}{\partial x_k}\left(\alpha \mu \frac{\partial R_{ij}}{\partial x_k} \right)$$

$$- \frac{\partial}{\partial x_k}(\alpha \rho \overline{v'_i v'_j v'_k}) + \alpha \rho \left(\overline{\frac{\partial v_i}{\partial x_j} + \frac{\partial v_j}{\partial x_i}} \right) - \alpha \rho \varepsilon_{ij} + \Pi_{R,ij}$$

选取双锥型液—液旋流分离器作为计算实例,它的主要几何数据见表1。

表 1 双锥型液—液旋流分离器几何参数

D_n	D	L_1	L_3	$A *_i$	α	β	D_o	D_u
0.3 m	$2D_n$	$3D_n$	$21D_n$	$0.016\pi D_n^2$	20°	0.67°	$0.41D_n$	$0.5D_n$

计算中使用的介质物性参数及操作参数见表2。

表 2 分离介质物性及旋流器操作参数

液相	流量 Q (m^3/h)	分流比 F (%)	入口体积率 α (%)	密度 ρ (kg/m^3)	黏度 μ [kg/(m · s)]
重相(水)	2.0	10	70	998	0.001 003
轻相(油)			30	890	0.003 31

液—液两相是开始混合的均相来流在旋流器内逐渐分离、聚积、迁移的过程。相应的无量纲时间 T^* 定义为:

$$T^* = 1000Q_t/LA$$

式中,Q 为通过旋流器的总体积流量;L,A 分别为旋流器的特征长度和特征截面积。

得到旋流器内流场、各相体积率分布计算结果后,可估算出旋流器的分离性能。水力旋流器的分离效率 ε 一般定义为:

$$\varepsilon = \frac{\alpha_o Q_o}{\alpha_i Q_i} = 1 - \frac{\alpha_u Q_u}{\alpha_i Q_i}$$

式中,i、o、u 分别代表来流入口处及顶部出口、底部出口处的参数。

3 意义

使用 FLUENT 软件中的多相流欧拉分析方法结合雷诺应力湍流模型,建立了液—液分离的流动模型,实现了双锥型水力旋流器内液—液分离过程的三维数值模拟并预测其分离效率。该液—液分离的流动模型,可模拟轻质分散相的体积率超过 10%、湍流具有各向异性结构的一般广义情形。液—液分离的流动模型计算给出了旋流器内部的流动结构,展示了液—液两相由开始的均相来流如何在旋流器内逐渐分离、聚合、迁移的过程。同时,预测了旋流器的分离效率,并且与实验结果进行了对比,表明预测和实验结果较为吻合,说明计算结果是有效可信的。

参考文献

[1] 黄思,王国玉. 双锥型旋流器内液—液分离过程的流动数值模拟. 农业工程学报,2006,22(5): 15-19.

叶面积和产量的变异函数

1 背景

水稻叶片是稻株进行光合作用、制造有机物的重要器官,其光合量占全株总光合量的90%以上,叶面积指数大小影响光合速率的高低,即决定产量的高低。在精确农业研究及遥感估产中,揭示决定产量高低的叶面积指数的空间分布及其与产量空间变异之间的关系具有重要意义。徐英等[1]选 6 m×6 m 的采样尺度,探讨了水稻各生育阶段叶面积指数与产量的空间变异性及二者的空间关系。

2 公式

二阶平稳假设包含本征假设,条件较强,本征假设相对较弱,所以在此采用变异函数分析叶面积指数和产量的空间变异性。变异函数可由下式估计:

$$\gamma(h) = \frac{1}{2N(h)} \sum_{i=1}^{N(h)} \left[Z(x_i) - Z(x_i + h) \right]^2$$

式中,$\gamma(h)$ 为实验变异函数;x 为采样位置;$Z(x)$ 为采样点 x 处区域化变量 Z 的实测值;$N(h)$ 表示间隔为 h 的点对数目;h 为信息点之间的间隔(或距离),称为滞后距。

互相关函数按下式估计:

$$\rho(h) = \frac{1}{S_1 S_2 (N(h) - 1)} \sum_{i=1}^{N(h)} \left[Z_1(x_i) - \overline{Z_1} \right] \left[Z_2(x_i + h) - \overline{Z_2} \right]$$

式中,$\rho(h)$ 为实验互变异函数;x 为同上;$Z_1(x)$,$Z_2(x)$ 分别为采样点 x 处区域化变量 Z_1,Z_2 的实测值;$\overline{Z_1}$,$\overline{Z_2}$ 分别为变量 Z_1,Z_2 的均值;S_1,S_2 分别为变量 Z_1,Z_2 的标准差;$N(h)$ 和 h 意义同上。

为消除变异中较大的或平均的作用,采用标准变异函数,标准变异函数 $SS(h)$ 由下式表示:

$$SS(h) = \frac{\gamma(h)}{\gamma_{max}}$$

式中,$\gamma(h)$ 为原变异函数;γ_{max} 为最大变异函数。

变异函数的理论模型参数见表 1,表中块金方差 C_0 及结构方差 C 都以相应变量最大变异函数的相对值表示。

表 1　叶面积指数及产量理论变异函数模型参数

变量		理论模型	C_0	C	a	$C/(C_0+C)$
叶面积指数	分蘖后期	球状	0.86	12	1	
	拔节期	球状	-	-	-	-
	孕穗期	线性有基台	0	0.78	20	1
	抽穗期	球状	0.18	0.61	18	0.77
	乳熟期	球状	0.15	0.72	22	0.83
	蜡熟后期	球状	0.37	0.48	21	0.46
产量		球状	0.22	0.71	11	0.77

3　意义

运用地统计学方法,建立了叶面积和产量的变异函数,确定了水稻叶面积指数与产量的空间分布及关系。通过叶面积和产量的变异函数,计算可知叶面积指数和产量均近似正态分布。在所研究的条件下,孕穗期、抽穗期和乳熟期叶面积指数与产量在一定范围内具有显著空间相关关系。借鉴指示克立格的思想,提出了指示值分布法,该方法不仅对水稻的遥感估产和精确农业的实施具有借鉴意义,且对其他领域研究在某一变量与某几个变量的空间分布关系或某一变量随时间的动态变化与另一个变量的关系时具有一定的参考价值。

参考文献

[1]　徐英,周明耀,薛亚锋. 水稻叶面积指数和产量的空间变异性及关系研究. 农业工程学报,2006,22(5):10-14.

投影寻踪模型

1 背景

生态农业系统评价是生态农业建设的重要组成部分,国内外学者对评价指标、指标体系、指标权重以及评价方法等诸多方面进行了研究。国外的生态农业评价侧重于系统的稳定性、自我维持能力和持续性等,寻求实现系统的生态良性循环,但是缺乏完整的生态农业综合评价指标体系和综合定量评价研究。赵小勇等[1]从理论公式入手,确定了密度窗宽的最佳取值范围,更好地揭示了高维数据的结构特征,并在生态农业综合评价中进行应用,取得满意效果,为该方面研究提供了新的思路。

2 公式

设各指标值的样本集为 $\{x^*(i,j) \mid i = 1 \sim n, j = 1 \sim p\}$,其中 $x^*(i,j)$ 为第 i 个样本第 j 个指标值,n、p 分别为样本的个数(样本容量)和指标的数目。为消除各指标值的量纲和统一各指标值的变化范围,可采用下式进行极值归一化处理。

对于越大越优的指标:

$$x(i,j) = \frac{x^*(i,j) - x_{\min}(j)}{x_{\max}(j) - x_{\min}(j)}$$

对于越小越优的指标:

$$x(i,j) = \frac{x_{\max}(j) - x^*(i,j)}{x_{\max}(j) - x_{\min}(j)}$$

式中,$x_{\max}(j)$、$x_{\min}(j)$ 分别为第 j 个指标值的最大值和最小值,$x(i,j)$ 为指标特征值归一化的序列。

构造投影指标函数 $Q(a)$。PP 方法就是把 p 维数据 $\{x(i,j) \mid j = 1 \sim p\}$ 综合成以 $a = \{a(1), a(2), a(3), \cdots, a(p)\}$ 为投影方向的一维投影值 $z(i) = \sum_{j=1}^{p} a(j)x(i,j) \ (i = 1 \sim n)$。

投影指标函数可以表达成:

$$Q(a) = S_z D_z$$

式中, S_z 为投影值 $z(i)$ 的标准差, $S_z = \sqrt{\dfrac{\sum\limits_{i=1}^{n}[z(i) - E(z)]^2}{n-1}}$; D_z 为投影值 $z(i)$ 的局部密度,

$D_z = \sum\limits_{i=1}^{n}\sum\limits_{j=1}^{n}[R - r(i,j)] \cdot u[R - r(i,j)]$ 。 $E(z)$ 为序列 $\{z(i)|i=1 \sim n\}$ 的平均值, R 为密度窗宽,其取值与样本数据特性有关; $r(i,j)$ 表示样本之间的距离, $r(i,j) = |z(i) - z(j)|$; $u[R - r(i,j)]$ 为一单位阶跃函数,当 $R - r(i,j) \geqslant 0$ 时,其值为1;当 $R - r(i,j) < 0$ 时,其函数值为0。

优化投影指标函数。可以通过求解投影指标函数最大化问题来估计最佳投影方向,即:

最大化目标函数:

$$Max:Q(a) = S_z \cdot D_z$$

约束条件:

$$s.t:\sum\limits_{j=1}^{p}a^2(j) = 1$$

3 意义

为提高生态农业建设综合评价模型的分辨率,提出了一种有效的和通用的模型——投影寻踪模型(PP)。模型中密度窗宽 R 是求解局部密度的窗口半径,是由样本数据本身特性确定的局部宽度参数,主要通过试算或经验来确定,缺乏理论根据,现对模型中密度窗宽 R 进行了理论改进,推导得出了计算的经验公式,使模型更具有科学性和稳定性。并采用基于实码的加速遗传算法寻找最优的投影方向,同时用投影方向信息研究了各因子对生态农业建设综合评价的影响水平,取得了符合客观实际的分类结果,为生态农业合理建设提供了决策依据。

参考文献

[1] 赵小勇,付强,邢贞相,等. 投影寻踪模型的改进及其在生态农业建设综合评价中的应用. 农业工程学报,2006,22(5):222-225.

作物系数的蒸发蒸腾模型

1 背景

农田蒸发蒸腾是发生在土壤-植被-大气系统这一相当复杂体系内的连续过程,需要研究对农作物生长发育至关重要的水分供应和能量来源,且其决定着农田边界层的状况。农田蒸发蒸腾在水量平衡和热量平衡中占有重要地位,是 SPAC 水分运移的关键环节,与作物生理活动和产量关系极为密切。因此,农田蒸发蒸腾理论及计算测定方法的研究历来受到国内外学者的关注。陈凤等[1]根据西北农林科技大学灌溉试验站利用大型称重式蒸渗仪测定的冬小麦和夏玉米作物蒸发蒸腾量,对杨凌地区作物系数进行了研究测定。

2 公式

FAO-56 推荐采用双作物系数法计算作物蒸发蒸腾量:

$$ET_c = (K_{cb}K_s + K_e)ET_0$$

式中, ET_c 为作物蒸发蒸腾量; K_{cb} 为基础作物系数; K_e 为表层土壤蒸发系数; K_s 为土壤水分胁迫系数,由于本试验在作物生长期间内充分供水,所以 $K_s = 1$。

参考作物蒸发蒸腾量计算采用 FAO Penman-Monteith 公式计算 ET_0:

$$ET_0 = \frac{0.408\Delta(R_n - G) + \gamma \dfrac{900}{T + 273}u_2(e_s - e_a)}{\Delta + \gamma(1 + 0.34u_2)}$$

式中, ET_0 为参考作物蒸发蒸腾量,mm/d; R_n 为作物表面的净辐射量,MJ/($m^2 \cdot$ d); G 为土壤热通量,MJ/($m^2 \cdot$ d); T 为平均气温,℃; u_2 为 2 m 高处的平均风速,m/s; e_s 为饱和水气压,kPa; e_a 为实际水气压,kPa; Δ 为饱和水压与温度曲线的斜率,kPa/℃; γ 为干湿表常数。

当作物生长中期和后期最小相对湿度的平均值 $RH_{min} \neq 45\%$,2 m 高处的日平均风速 $u_2 \neq 2.0$ m/s,且 $K_{cbend} > 0.45$ 时,推荐的 K_{cbmid} 和 K_{cbend} 需要按下式进行调整:

$$K_{cB} = K_{cb(推荐)} + \left[0.04(u_2 - 2) - 0.004(RH_{min} - 45)\right]\left(\frac{h}{3}\right)^{0.3}$$

在降雨或灌溉后,表土湿润, K_e 值大;当表土干燥时, K_e 很小,甚至为零。土壤蒸发系数可用下式确定:

$$K_e = K_r(K_{cmax} - K_{cb}) \leq f_{ew}K_{cmax}$$

式中，K_{cmax} 为降雨或灌溉后作物系数的最大值；K_r 为由累积蒸发水深决定的表层土壤蒸发衰减系数；f_{ew} 为发生棵间蒸发的土壤占全部土壤的比例。

采用 FAO 推荐的基础作物系数值计算的蒸发蒸腾计算值与实测值的相对误差 R 如表 1 所示。

表 1　FAO 推荐基础作物系数计算的蒸发蒸腾量与实测值的相对误差（R）

相对误差（R）	冬小麦			夏玉米				
	1998—1999 年	1999—2000 年	2002—2003 年	1999 年	2000 年	2001 年	2002 年	2003 年
初期阶段	−29.22	−19.15	−22.46	−8.42	1.81	−17.42	−27.17	−0.67
发育阶段	−11.95	−0.53	−23.56	−12.19	−11.18	−11.18	−2.81	−4.90
中期阶段	−8.05	13.70	−13.22	−5.97	−10.77	−10.77	13.64	−10.89
后期阶段	−6.38	−22.16	−23.13	−2.71	−0.47	−0.47	−14.35	−17.55
全生育期	−14.56	−2.15	−18.66	−8.78	−11.57	−11.57	0.30	−7.43

3　意义

利用作物系数的蒸发蒸腾模型，确定了冬小麦和夏玉米生长期间逐日蒸发蒸腾。通过对作物系数的蒸发蒸腾模型的计算得知，蒸发蒸腾总值 ET_c 随着降雨和灌溉的增加而增加，在降雨和灌溉较大的年份 ET_c 也相应较大，但降雨和灌溉过大会使 ET_c 减少。采用双作物系数法确定了冬小麦和夏玉米的基础作物系数，用确定的作物系数计算蒸发蒸腾，其计算值与蒸渗仪实测值的相对误差在 10% 以内。

参考文献

[1]　陈凤,蔡焕杰,王健,等.杨凌地区冬小麦和夏玉米蒸发蒸腾和作物系数的确定.农业工程学报, 2006,22(5):191-193.

转子鼓的瞬态温度场模型

1 背景

国内对永磁式缓速器的研究很少,还局限于产品介绍的层次上,缺少理论分析。由于转子鼓温度对永磁式缓速器的性能影响较大,因此有必要深入了解其温度变化。随着计算机技术的不断发展,有限元方法已经成为解决瞬态温度场的主要手段。赵万忠等[1]针对永磁式缓速器实际工况建立了转子鼓瞬态温度场计算模型,同时考虑了对流换热和辐射换热。利用无条件稳定的 Galerkin 格式离散时间微分项,在给定初始温度分布的基础上采用新型的变时间步长法分析转子鼓瞬态温度场的变化。

2 公式

由图 1 转子鼓温度场等效计算模型可知,计算区域分成两部分:一是无内热源区 D_1;另一是在等效集肤深度范围内的内热源区 D_2。

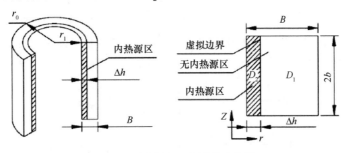

图 1 转子鼓结构及其等效计算模型

永磁式缓速器制动时,将在转子鼓内表面的一定深度内产生涡流。这个深度就是涡流等效透入深度,涡流在实心转子中的透入深度通常是很小的,且透入深度随转子鼓转速提高而降低。

$$\Delta_h = \overline{2/\omega\mu\sigma}$$

式中,Δ_h 为涡流等效透入深度,m;μ 为磁导率,且 $\mu = \mu_r\mu_0$,其中 μ_r、μ_0 分别为相对磁导率和真空磁导率;σ 为转子鼓的电导率,且 $\sigma = 1/\rho(\text{S/m})$,$\rho$ 为转子鼓电阻率(m/S);ω 为转

子鼓的转动角速度,rad/s。

求解瞬态温度场必须求解出内热源强度,永磁式缓速器的内热源是涡流消耗在转子鼓上的焦耳热:

$$dP = \frac{E^2}{dR} = \frac{(\bar{2}Bb\omega r)^2}{2\rho b / \Delta_h dr} = \frac{B^2 b \omega^2 r^2 \Delta h dr}{\rho}$$

式中,R 为转子鼓的电阻,Ω；a,b 为永磁铁周向和轴向长度,m；E 为转子鼓平均感应电动势,V；B 为磁通密度,T。

单位体积的焦耳热(内热源强度)为:

$$dq_v = \frac{dP}{V} = \frac{B^2 b \omega^2 r^2 \Delta_h dr}{\rho 32ab\Delta_h} = \frac{B^2 \omega^2 r^2 dr}{\rho 32a}$$

转子鼓内热源区的等效内热源:

$$q_V = \int_0^{16a} \frac{B^2 \omega^2 r^2 dr}{\rho 32a} = \frac{256 B^2 \omega^2 a^2}{\rho}$$

无内热源区的瞬态温度场控制方程为:

$$\frac{\partial T_1}{\partial \tau} = \frac{\lambda}{\rho C} \left(\frac{\partial^2 T_1}{\partial r^2} + \frac{1}{r} \frac{\partial T_1}{\partial r} + \frac{\partial^2 T_1}{\partial z^2} \right)$$

内热源区的瞬态温度场控制方程为:

$$\frac{\partial T_2}{\partial \tau} = \frac{\lambda}{\rho C} \left(\frac{\partial^2 T_2}{\partial r^2} + \frac{1}{r} \frac{\partial T_2}{\partial r} + \frac{\partial^2 T_2}{\partial z^2} + \frac{Q}{\lambda} \right)$$

转子鼓的内外表面及转子鼓两侧,存在对流换热和辐射换热。如图 1 所示,D_1 区的上下表面和左侧存在对流边界条件和辐射边界条件,D_2 区的上下表面和右侧存在对流边界条件和辐射边界条件。

$$-\lambda \frac{\partial T_1}{\partial z}\Big|_{z=0} = h(T_1 - T_\infty) + \varepsilon\sigma(T_1{}^4{}_{z=0} - T_{sur}^4)$$

$$-\lambda \frac{\partial T_1}{\partial z}\Big|_{z=2b} = h(T_1 - T_\infty) + \varepsilon\sigma(T_1{}^4{}_{z=2b} - T_{sur}^4)$$

$$-\lambda \frac{\partial T_2}{\partial z}\Big|_{z=0} = h(T_2 - T_\infty) + \varepsilon\sigma(T_2{}^4{}_{z=0} - T_{sur}^4)$$

$$-\lambda \frac{\partial T_2}{\partial z}\Big|_{z=2b} = h(T_2 - T_\infty) + \varepsilon\sigma(T_2{}^4{}_{z=2b} - T_{sur}^4)$$

$$-\lambda \frac{\partial T_1}{\partial r}\Big|_{z=0} = h(T_2 - T_\infty) + \varepsilon\sigma(T_2{}^4{}_{z=0} - T_{sur}^4)$$

$$-\lambda \frac{\partial T_1}{\partial r}\Big|_{z=B_0} = h(T_2 - T_\infty) + \varepsilon\sigma(T_2{}^4{}_{z=0} - T_{sur}^4)$$

接触边界条件即第四类边界条件,内热源区及无内热源区的温度、热流密度都相等。

$$T_1\left(\tau,r,z\right)_{r=r_1} = T_2\left(\tau,r,z\right)_{r=r_1}$$

$$\lambda\left.\frac{\partial T_1}{\partial r}\right|_{r=r_1} = \lambda\left.\frac{\partial T_2}{\partial r}\right|_{r=r_1}$$

初始条件为:

$$T_2\left(\tau,r,z\right)_{\tau=0} = Const$$

平面温度场的变分计算基本方程(在无内热源区 D_1 设定 Q 为零)为:

$$\frac{\partial J^D}{\partial T_l} = \iint_D \left[kr\left(\frac{\partial W_l}{\partial x}\frac{\partial T}{\partial x} + \frac{\partial W_l}{\partial r}\frac{\partial T}{\partial r}\right) + \rho C W_{lr}\frac{\partial T}{\partial t} - QW_l r\right]\mathrm{d}x\mathrm{d}r$$

$$- \int_\Gamma kW_l r\frac{\partial T}{\partial n}\mathrm{d}s = 0\,(l = 1,2,\cdots,n)$$

式中,D 为转子鼓区域;W_l 为加权函数。

采用 Galerkin 格式计算瞬态温度场的基本方程:

$$\left(2[K] + \frac{3}{\Delta t}[N]\right)\{T\}_t = \left(2\{P\}_t - \{P\}_{t-\Delta t}\right) + \left(\frac{3}{\Delta t}[N] - [K]\right)\{T\}_{t-\Delta t}$$

3 意义

利用 Galerkin 法推导温度场的有限元方程,采用无条件稳定的 Galerkin 格式离散时间微分项,迭代控制采用新型的变时间步长法,建立了转子鼓的瞬态温度场模型。采用转子鼓瞬态温度场计算模型确定了径向和轴向方向的温度与时间的分布规律,计算结果表明试验值与采用有限元计算的理论值吻合较好。采用温度场分析可以优化转子鼓设计,减小转子鼓温度和温度梯度,从而降低转子鼓的热应力与热变形,有效地提高了永磁式缓速器的制动稳定性。

参考文献

[1] 赵万忠,何仁,刘成晔.永磁式缓速器转子鼓的瞬态温度场分析.农业工程学报,206,22(5):90-94.

农业机械化的贡献率模型

1 背景

农业机械化(农机化)贡献率是反映农业机械化作用的一项重要的综合指标。测算农机化贡献率的主要目的是从数量关系上认识农业机械化对农业增产增收带来的实际作用大小,实践上有助于从总体上把握农业机械化的发展水平、发展潜力和发展趋势,从而为决策部门指导和推进农机化工作提供科学理论依据;理论上研究产业系统单因素的贡献率也具有学术意义。宗晓杰[1]提出了综合运用 C^2R 和 C^2GS^2 两个模型在考虑技术进步的情况下,测算农业机械化对农业增产的贡献率,使其更接近于实际情况,这对指导中国农机化发展具有重要的意义。

2 公式

2.1 计算农业技术进步率

在农业生产中,如果有 n 种投入要素,即 $X_1, X_2, \cdots, X_n$,当用 Y 代表农业总产值时,决策单元为 r 个,则其生产可能集 T 为一个凸多面体。

$$T = \{ (X, Y) \mid X \} \geqslant \sum_{j=1}^{r} \lambda_j X_j, Y \leqslant \sum_{j=1}^{r} \lambda_j Y_j,$$

$$\sum_{j=1}^{r} \lambda_j = 1, \lambda_j \geqslant 0 (j = 1, 2, \cdots, r)$$

在该生产可能集上建立进行 DEA 效率评价的 DEA 模型的加法模型——C^2GS^2 模型为:

$$(D) = \begin{cases} \max\theta = V_D \\ st. \sum_{j=1}^{r} \lambda_j X_j \leqslant X_0 \\ \sum_{j=1}^{r} \lambda_j X_j \geqslant \theta Y_0 \\ \sum_{j=1}^{r} \lambda_j = 1 \\ \lambda_j \geqslant 0 (j = 1, 2, \cdots, r) \end{cases}$$

根据农业技术进步定义,并根据在投入要素量不变的情况下,使产出量得到一定的增加的情况,可得计算农业技术进步公式为:

$$\rho = \frac{Y_0^{t_2} - Y_0^{t_1}}{Y_0^{t_1}} = \frac{Y_0^{t_2}}{Y_0^{t_1}} - 1$$

式中,$Y_0^{t_2}$,$Y_0^{t_1}$ 为在相同的投入要素 $X_0^{t_1}$ 的情况下得到的农业总产值。

为了求每年的农业技术进步率,应计算 t 年和 $t+1$ 年在投入量不变的情况下的农业总产值 Y。故可建立如下的线性规划模型(P_1,P_2):

$$(P_1) = \begin{cases} \max\theta^t = V_D^t \\[2mm] st. \sum_{j=1}^{r} \lambda_j X_j^t \leqslant X_{j_0}^t \\[2mm] \sum_{j=1}^{r} \lambda_j X_j^t \geqslant \theta^t X_{j_0}^t \\[2mm] \sum_{j=1}^{r} \lambda_j = 1 \\[2mm] \lambda_j \geqslant 0 (j = 1,2,\cdots,r) \end{cases}$$

$$(P_2) = \begin{cases} \max\theta^{t+!} = V_D^{t+!} \\[2mm] st. \sum_{j=1}^{r} \lambda_j X_j^{t+1} + \lambda_{n+1} X_{j_0}^t \leqslant X_{j_0}^t \\[2mm] \sum_{j=1}^{r} \lambda_j X_j^{t+1} + \lambda_{n+1} X_{j_0}^t \geqslant \theta^{t+1} X_{j_0}^t \\[2mm] \sum_{j=1}^{r} \lambda_j = 1 \\[2mm] \lambda_j \geqslant 0 (j = 1,2,\cdots,r) \end{cases}$$

进一步可得农业技术进步率公式为:

$$\rho_{j_0}^{t+!} = \frac{\theta_{j_0}^{t+!} Y_{j_0}^t - \theta_{j_0}^t Y_{j_0}^t}{\theta_{j_0}^t Y_{j_0}^t} = \frac{\theta_{j_0}^{t+!} - \theta_{j_0}^t}{\theta_{j_0}^t} = \frac{\theta_{j_0}^{t+!}}{\theta_{j_0}^t} - 1$$

上式是 $t+1$ 年的生产技术进步率的计算公式,同样对上式进行一下处理可得到从 t_1 年到 t_2 年每年的平均生产技术进步率 ρ_{j_0}:

$$\rho_{j_0}^{(t_2-t_1)} = \frac{\theta_{j_0}^{t_2} Y_{j_0}^{t_1} - \theta_{j_0}^{t_1} Y_{j_0}^{t_1}}{\theta_{j_0}^{t_1} Y_{j_0}^{t_1}} = \frac{\theta_{j_0}^{t_2} - \theta_{j_0}^{t_1}}{\theta_{j_0}^{t_1}}$$

$$= \frac{\theta_{j_0}^{t_2}}{\theta_{j_0}^{t_1}} - 1 \ (1 + \rho_{j_0})^{(t_2-t_1)} = 1 + \rho_{j_0}^{(t_2-t_1)} = \frac{\theta_{j_0}^{t_2}}{\theta_{j_0}^{t_1}}$$

可推导出:

$$\rho_{j_0} = (t_2 - t_1) \sqrt{\frac{\theta_{j_0}^{t_2}}{\theta_{j_0}^{t_1}} - 1}$$

2.2 测算农机化贡献率

建立如下的线性规划模型(P):

$$(P) \begin{cases} \max \mu Y_{j_0} = V_p \\ st. \ \omega^T X_j - \mu Y_j \geqslant 0 (j = 1, 2, \cdots, r) \\ \omega^T X_0 = 1 \\ \omega \geqslant 0, \mu \geqslant 0 \end{cases}$$

式中,$\omega^T = (\omega_1, \omega_2, \omega_3, \cdots, \omega_{n+1})$,表示各投入要素的权重;$\mu$ 为产量的权重。

若 V_p 小于1,说明生产要素存在浪费,没有达到应有的总产值,因此有必要通过 (D') 规划加以改善——基本保持投入不变,把产出提高到有效生产前沿面上。(D') 规划模型如下:

$$(D') = \begin{cases} \max \alpha = V^{D'} \\ st. \ \sum_{j=1}^{r} X_j \lambda_j - X_{j_0} \leqslant 0 \\ \sum_{j=1}^{r} Y_j \lambda_j - \alpha Y_{j_0} \geqslant 0 \\ \sum_{j=1}^{r} \lambda_j = 1 \\ \lambda_j \geqslant 0 (j = 1, 2, \cdots, r) \end{cases}$$

将 (D') 模型改善为(D)规划模型如下:

$$(D) = \begin{cases} \max \alpha = V^D \\ st. \ \sum_{j=1}^{r} X_j \lambda_j + S^- - X_{j_0} \leqslant 0 \\ \sum_{j=1}^{r} Y_j \lambda_j - S^+ - \alpha Y_{j_0} \geqslant 0 \\ \sum_{j=1}^{r} \lambda_j = 1 \\ \lambda_j \geqslant 0, S^+ \geqslant 0, S^- \geqslant 0 (j = 1, 2, \Lambda, r) \end{cases}$$

式中,S^+,S^- 为松弛向量,在问题中 $S^- = (S^{-1}, S^{-2}, \cdots, S^{-n-1})^T$,$S^+ = (S^{+1})$(因产出量只有一个,因而引入的 S^- 松弛向量只有一个元素)。解(D)规划得 $\lambda_j (j = 1, 2, \cdots, r)$,$S^{-j_0}$,$S^{+j_0}$,$\alpha$。

这里 α 的经济意义是在基本保持投入生产要素不变的情况下,尽量将农业总产值同比例增大,若不能增大,则 $\alpha=1$,此时评价单元有效;若 $\alpha>1$,则无效,根据模型 D 可计算 DMU_{j0} 对应的 (X_{j0}, Y_{j0}) 在相对有效生产前沿面上的投影 $(\widetilde{X}_{j0}, \widetilde{Y}_{j0})$ 。

这里 $\widetilde{X}_{j_0} = X_{j_0} - S^{-j_0}$, $\widetilde{Y}_{j_0} = \alpha Y_{j_0} + S^{+j_0}$ 。

用农机总动力代表农业机械化的投入,若设 X_{1j_0} 表示第 j_0 个决策单元的农机总动力的值,GR 表示农机化贡献率,则 GR 可由下式表示:

$$GR = \frac{\omega_1 X_{1j_0}}{\mu Y_{j_0}} \times 100\%$$

3 意义

综合运用 DEA 法的 C^2R 和 C^2GS^2 两个模型,提出了农机化的贡献率模型,得到测算农机化贡献率的基本方法。农机化的贡献率模型,克服了现有 DEA 算法测算农机化贡献率时没有考虑技术进步所做的贡献而导致农机化贡献率偏大的问题,使测算结果更接近真实情况。通过农机化的贡献率模型,测算农机化贡献率的主要目的是从数量关系上认识农机化对农业增产增收带来的实际作用大小,在实践上有助于从总体上把握农业机械化的发展水平、发展潜力和发展趋势。

参考文献

[1] 宗晓杰 . 用 DEA 法的两个模型测算农机化贡献率的算法研究 . 农业工程学报,2006,22(5):20-23.

玉米淀粉的水分吸附模型

1 背景

控制食品含水率是一个古老的储藏方法,而且可能是人们保持食品稳定性的首要技术。通过水分的迁移和凝固抑制微生物的生长和化学变质,使食品品质变得稳定。在食品贮藏中最普通的方法是限制微生物的繁殖,因此有些保存的方法是通过把食品的含水率降低到微生物不能够生存和繁殖,以达到保存的目的。彭桂兰等[1]通过玉米淀粉的水分吸附试验数据确定温度的影响及检查滞后现象。在此用 BP 神经网络建立一个包含温度和水活度且精度比其他模型好的新型吸附等温模型。

2 公式

模型的拟合程度用平均相对误差(E)来衡量:

$$E = \frac{1}{n} \sum_{i=1}^{n} \left| \frac{y_i - y_i}{y_i} \right| \times 100\%$$

式中,y_i 为测量值;y_i 为预测值;n 为试验数据的个数。

为使较大的输入落在神经元激励函数梯度大的区域,对输入向量的各分量取 $[0,1]$ 特征值为佳。因此训练网络之前,将输入输出样本归一化,处理如下:

$$X'_i = \frac{X_i - X_{i\min}}{X_{i\max} - X_{i\min}}$$

式中,$X_{i\max}$,$X_{i\min}$ 分别为第 i 个神经元各输入分量的最大值和最小值;X_i,X'_i 分别为第 i 个神经元预处理前、后的输入分量。

网络的权矩阵为:

$$W\{1,1\} = \begin{bmatrix} -1.2325 & 5.9162 \\ -0.035351 & 2.2839 \end{bmatrix}$$

$$W\{2,1\} = \begin{bmatrix} -0.36476 & -3.3652 \\ 0.38667 & -9.0173 \\ -2.5429 & -8.4768 \end{bmatrix}$$

$$W\{3,2\} = \begin{bmatrix} 1.36 & 8.4329 & -9.2854 \end{bmatrix}$$

168

阈值向量为:

$$b\{1\} = [-1.0909 \quad -2.8833]'$$
$$b\{2\} = [-0.9552 \quad -6.174 \quad -2.8515]'$$
$$b\{3\} = [-0.35466]'$$

解吸数据经过 10 000 次训练停止,误差平方和达到 1.52442×10^{-5}。

$$iw\{1,1\} = [0.082747 \quad -0.36667]$$
$$iw\{2,1\} = [1.7304 \quad -441.1924 \quad 1.6683]'$$
$$iw\{3,2\} = [-49.3613 \quad 0.04542 \quad 23.9608]$$
$$b\{1\} = [0.98278]'$$
$$b\{2\} = [1.7852 \quad 261.2022 \quad 8.061]'$$
$$b\{3\} = [25.2739]'$$

3 意义

根据吸附原理,利用静态调整环境湿度法,建立了玉米淀粉的水分吸附模型,确定了玉米淀粉在 30℃、45℃ 和 60℃ 3 个温度下不同水活度的吸湿和解吸等温线。采用玉米淀粉的水分吸附模型,计算结果显示玉米淀粉的等温线属于 Ⅱ 型等温线,在一定的水活度下随着温度的升高吸附能力下降。随着水活度的增加平衡含水率增加,在整个水活度范围内吸附等温线存在一个很明显的滞后作用。玉米淀粉的水分吸附模型是用 BP 神经网络建立的一个新的吸附等温数学模型,计算表明 BP 神经网络模型不仅包含水活度和温度 2 个参数,而且拟合程度优于其他的数学模型。

参考文献

[1] 彭桂兰,陈晓光,吴文福,等. 玉米淀粉水分吸附等温线的研究及模型建立. 农业工程学报,2006,22(5):176-179.

玉米秸的液化模型

1 背景

生物质是地球上数量最丰富的可再生资源,全球每年光合作用的产物高达 1 500×10⁸ ~ 2 000×10⁸ t。随着化石资源的日渐枯竭,如何充分有效地利用可再生的生物质资源,成为人们争相研究和关注的焦点。生物质液化是大规模利用木质纤维素的有效方法,通过物理、化学方法,可使生物质转化为燃料油或其他带有特定官能团的化合物,从而可作为燃料或化工原料使用。刘孝碧等[1]利用二元超临界流体对生物质进行液化,针对不同的乙醇-水配比进行液化试验,并对液化产物进行初步的分析。

2 公式

采用德国产 Vario EL 元素分析仪对样品进行分析,其中 C、H、N 由仪器测定得到,忽略掉玉米秸秆中含量相对较低的其他微量元素,O 元素含量可由总元素含量中减去 C、H、N 含量得到。测得结果见表 1。表中高热值(HHV)由杜隆公式计算得到。

$$HHV(\text{MJ/kg}) = 0.3383Z_c + 1.422(Z_H - Z_O/8)$$

表 1　玉米秸秆的元素组成分析(干基质量折算)

元素组成	含量(%)
C	46.22
H	5.95
O	47.21
N	0.625
HHV(MJ/kg)	15.706
含水量(%)	6.200

基础数据处理。

(1)转化率

$$CD = \frac{W_o - W_r}{W_o} \times 100\%$$

式中, CD 为转化率, %; W_o 为玉米秸秆干物质质量(玉米秸秆样品质量-玉米秸秆含水质量); W_r 为残留物质量, g。

（2）萃取物产率

$$EY = \frac{W_e}{W_o} \times 100$$

式中, EY 为萃取物产率, %; W_e 为萃取物质量, g。

由于乙醇-水二元混合物的 T_c 和 P_c 随其组成的变化是连续的, 故可通过多项式回归方程计算其任意组成的乙醇-水二元混合物的临界参数。由回归方程得到不同乙醇摩尔含量的临界温度和压力值 T_c 和 P_c（表2）。

表2　玉米秸秆在亚/超临界乙醇-水中的液化结果

原料	乙醇的摩尔分数	T_c(℃)	P_c(MPa)	温度(℃)	压力(MPa)	萃取率(%)	转化率(%)
	0.0	101.15	22.12	320	12.1	35.55	80.47
	0.09	346.01	18.82	320	13.2	50.99	86.59
	0.21	318.02	15.24	320	14.0	52.52	88.51
玉米秸	0.35	293.02	12.07	320	14.4	50.35	86.51
	0.50	273.76	9.67	320	15.0	37.98	83.09
	0.61	263.55	8.45	320	15.2	34.01	80.68
	0.72	255.85	7.58	320	15.4	31.24	79.74

3　意义

根据采用环境友好的溶剂(乙醇和水)在亚/超临界状态下对玉米秸秆进行液化反应, 建立了玉米秸的液化模型, 考察了乙醇摩尔含量对玉米秸秆在超/亚临界乙醇-水中萃取过程的影响, 确定了液化产物。通过玉米秸的液化模型, 计算可知随着乙醇摩尔分数的增加, 玉米秸液化的转化率和萃取率呈现先增加后减少的趋势, 在乙醇摩尔分数为 0.09~0.35 范围内, 存在一个最优值。随着乙醇含量的增加, 油溶物含量增大, 有机水溶物含量减小。

参考文献

[1] 刘孝碧, 曲敬序, 李栋, 等. 玉米秸在亚/超临界乙醇-水中液化的初步研究. 农业工程学报, 2006, 22(5): 130-134.

作物的腾发量模型

1 背景

腾发量包括作物蒸腾量、冠层截留蒸发量和土壤蒸发量,腾发量的计算在水循环规律研究、水资源评价、作物需水量估算、灌区灌溉规划管理等方面具有重要的意义。倪广恒等[1]以全国水资源规划三级分区为基本单元,选取 200 多个气象站为代表站点,应用 FAO-Penman- Monteith 公式,计算得出各站历年逐日参照作物腾发量。利用 GIS 的空间分析功能,采用反距离空间插值方法做出全国参考腾发量的分布图。并选取 4 个代表气象站,对其参考作物腾发量的历年变化及其与气象因素的关系进行了初步分析。

2 公式

按照 FAO-Penman-Monteith 公式,逐日 ET_0 的计算公式如下:

$$ET_0 = \frac{0.408\Delta(R_n - G) + \gamma \dfrac{900}{T + 273}U_2(e_s - e_a)}{\Delta + \gamma(1 + 0.34U_2)}$$

式中,R_n 为净辐射,$MJ/(m^2 \cdot d)$;G 为土壤热通量,$MJ/(m^2 \cdot d)$;T 为日平均气温,℃;U_2 为 2 m 高度处风速,m/s;e_s 为饱和水汽压,kPa;e_a 为实际水汽压,kPa;Δ 为饱和水汽压-温度曲线斜率,$kPa/℃$;γ 为湿度计常数,$kPa/℃$。

为探求参考作物腾发量的年际变化以及气候对其造成的影响,分别选取纬度大致相同的而分别属于湿润区、半湿润区、半干旱区、干旱区的 4 个气象站作为代表,分析其参考作物腾发量随气象要素的变化规律,气象站基本情况见表 1。

表 1　各典型气象站基本情况和多年平均降雨量、参考腾发量

气象站	所属区域	经度(E)	纬度(N)	高程(m)	多年平均年降雨量(mm)	多年平均年 ET_0(mm)
集安	湿润区	126°09′	41°06′	178	921.8	816.4
锦州	半湿润区	121°07′	41°08′	66	569.1	1 107.5
张家口	半干旱区	114°53′	40°47′	724	411.8	1 120.3
安西	干旱区	95°46′	40°32′	1 171	58.5	1 384.5

对不同典型站多年逐日参考作物腾发量进行年月统计,绘出多年平均参考作物腾发量的年内各月分布图(图1)和多年参考作物腾发量变化过程(图2)。

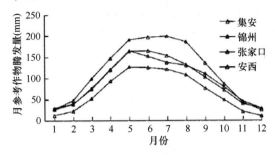

图1 多年平均参考作物腾发量的年内变化

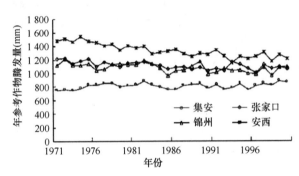

图2 各站参考作物腾发量的年际变化

3 意义

利用 GIS 的空间分析功能,采用反距离空间插值方法,建立了作物的腾发量模型,计算得到全国参考腾发量的分布图,统计分析了不同分区不同时段 ET_0 的变化情况。从而可知西北河西走廊地区和南方岭南地区的参考作物腾发量较大,最大值超过 1 500 mm。而东北黑龙江一带和四川盆地附近,参考作物腾发量较小,在 600~700 mm 之间。此外,夏季 ET_0 的分布特征决定了全年 ET_0 的分布特征。受风速减小和气温增加的共同影响,干旱地区、半干旱地区和半湿润地区的参考作物腾发量呈现减少趋势,湿润地区则相对稳定。

参考文献

[1] 倪广恒,李新红,丛振涛,等. 中国参考作物腾发量时空变化特性分析. 农业工程学报,2006,22(5):1-4.

复垦土地的结构优化模型

1 背景

矿区是经济发展的原料基地,估计到 21 世纪中期,中国矿石的开采量至少要提高到现有水平的 3 倍才能满足经济发展的需求。开采和利用矿产资源必然破坏人类的生存系统。长期以来,我国矿区因不合理的开发,水土流失加剧,居民居住环境恶化,严重影响了矿区可持续发展。胡振琪和赵淑芹[1]通过实验对中国东部丘陵矿区复垦土地利用结构进行了优化研究。

2 公式

任何已知人口的生态足迹是生产这些人口所消费的所有资源和吸纳这些人口所产生的所有废弃物所需要的生物生产土地的总面积和水资源量,公式为:

$$e_f = \sum R_j \times A_i = \sum R_j(P_i + I_i - E_i)/(Y_i \times N)$$

式中, e_f 为人均生态足迹,hm^2/人; R_j 为均衡因子; i 为消费项目类型; A_i 为人均生态足迹分量; P_i 为第 i 种消费项目的年生产量; I_i 为第 i 种消费项目年进口量; E_i 为第 i 种消费项目年出口量; N 为人口数; Y_i 为生物生产性土地生产第 i 种消费项目的年产量平均值,kg/hm^2。

生态承载力是实际的生物生产性土地的总面积和水资源量的供给量,公式为:

$$ec = \sum A_j \times R_j \times Y_j$$

式中, ec 为人均生态承载力,hm^2/人; A_j 为人均生物生产性面积; Y_j 为产量因子; R_j 为均衡因子。

景观多样性指数利用 Shannon-Weaver 的多样性公式:

$$H = -\sum (P_i \times \ln P_i)$$

式中,H 为景观多样性指数; P_i 为第 i 种土地类型在总土地面积中的比例。

根据研究区的土地利用现状、优势条件以及今后矿、村联合的发展趋势,选择以下六个决策变量为复垦后土地利用结构数据,即规划用地数据: x_1 表示水浇地用地面积; x_2 表示蔬菜用地面积; x_3 表示牧草地用地面积; x_4 表示经济林(桑园与果园)用地面积; x_5 表示生态林用地面积; x_6 表示畜禽饲养地。通过调整这六种用地面积,使经济效益达到最大。

复垦土地的经济目标、生态目标和社会目标表达式为：

$$\begin{cases} MaxZ_1 = 1200x_1 + 34000x_2 + 18000x_3 + 24000x_4 + 3000x_5 + 300000x_6 \\ MaxZ_2 = 0.91(x_1 + x_5) + 1.92(x_2 + x_3) + 0.19x_4 + 1.66x_6 \\ MaxZ_3 = x_1/10 + x_2/2 + x_3/10 + x_4/15 + x_5/20 + x_6/1 \end{cases}$$

目标约束方程为：

$$\begin{cases} 1200x_1 + 45000x_2 + 18000x_3 + 24000x_4 + 3000x_5 + 300000x_6 + d_1^- + d_1^+ = 1502 \times 3000 \\ 0.91(x_1 + x_5) + 1.92(x_2 + x_3) + 0.19x_4 + 1.66x_6 + d_2^- + d_2^+ = 0.497 \\ x_1/0.67 + x_2/0.13 + x_3/0.67 + x_4/1 + x_5/1.33 + x_6/1 + d_3^- + d_3^+ = 676 \\ 52500x_1 + 75000x_2 + 37500x_3 + 34500x_4 + 30000x_5 + 150000x_6 \leqslant 75080000 \\ x_1 + x_2 + x_3 + x_4 + x_5 + x_6 = 2374 \\ 1.1x_1 \leqslant 0.75859 \times 1502 \\ 2.7x_1 \leqslant 0.01781 \times 1502 \\ 2.7(x_2 + x_3) \leqslant 0.16035 \times 1502 \\ 0.5x_4 \leqslant 0.97469 \times 1502 \\ 1.1x_5 \leqslant 0.00070 \times 1502 \\ 0.6091 - \sum (x_i/158.27)\ln(x_i/158.27) \leqslant 0.788 \end{cases}$$

3　意义

利用复垦土地的结构优化模型,确定了复垦前后不同土地利用类型的生态足迹、景观多样性、产值等指标,运用多目标规划法对我国东部丘陵矿区复垦土地利用结构进行了优化。根据复垦土地的结构优化模型,计算可知利用生态足迹法、景观多样性指数和多目标规划得出的复垦土地结构与复垦前比,不仅经济效益明显提高,生态赤字明显降低,生态环境明显改善,而且景观多样性指数增加,能促进生态、经济和社会目标的实现,也必将缓和长期以来形成的矿山与周边农民的矛盾,并能调动矿山和村集体复垦积极性,推动矿区和周边农村和谐发展。

参考文献

[1] 胡振琪,赵淑芹.中国东部丘陵矿区复垦土地利用结构优化研究.农业工程学报,2006,22(5): 78-81.

蜕皮激素的提取模型

1 背景

柞蚕是一种经济价值很高的绢丝昆虫,属节肢动物门、昆虫纲、鳞翅目、天蚕蛾科,柞蚕要经过卵、幼虫、蛹、成虫(蛾)4个变态期,是一种完全变态的昆虫。柞蚕中含有保幼激素、蜕皮激素和脑激素。β-蜕皮激素(β-MH)为甾族激素,能促进蛋白质代谢,刺激真皮细胞分裂,产生新细胞,提高人体抗衰功能,还能促进胰岛细胞更新再生能力。阮美娟和石艳宾[1]为充分合理利用柞蚕资源,对柞蚕(幼虫)中β-蜕皮激素提取工艺进行了初步研究。

2 公式

根据预试验结果,确定β-蜕皮激素提取中优化的4个主要因素为:温度(℃)、乙醇浓度(%)、料液比和浸提时间(h)。利用 RSM 软件,制定了四因素三水平响应面分析试验(表1)。

表1 因素和水平

试验因子	水平		
	−1	0	1
X_1 温度(℃)	70	80	90
X_2 乙醇浓度(%)	30	40	50
X_3 料液比	1:15	1:20	1:25
X_4 时间(h)	上2	2.5	3

试验以随机顺序进行,重复3次,试验获得的β-蜕皮激素的得率用SASRESRSG(Response Reg ression)程序进行分析,并由此得出回归方程、响应面分析图和方差分析表。经回归拟合后,各试验因子对响应面的影响可用下列函数表示:

$$Y = a_0 + a_1X_1 + a_2X_2 + a_3X_3 + a_4X_4 + a_{11}X_1^2 + a_{12}X_1X_2 + a_{13}X_1X_3$$
$$+ a_{14}X_1X_4 + a_{22}X_2^2 + a_{23}X_2X_3 + a_{24}X_2X_4 + a_{33}X_3^2 + a_{34}X_3X_4 + a_{44}X_4^2$$

运用SASRSREG程序对27个试验点的响应值进行回归分析,分别得到表2、表3的回归系数及回归方程的方差分析表。

表 2　回归方程的方差分析表

方差来源	自由度	平方和	均方差	F 值	R^2
回归	14	0.000 221 3	0.000 158	18.392 61	0.954 4
参差	12	0.000 103	$8.595\times^{-16}$		
总离差	26	0.002 316			

表 3　回归方程各项的方差分析表

方差来源	自由度	均方差	F 值	显著性
一次项	4	40.001 452	169.062	＊＊＊
二次项	4	0.001 107	128.783	＊＊
交互项	6	0.000 074	8.290	＊
误差	12	8.595E−6		

3　意义

　　应用响应面分析法研究温度、乙醇浓度、料液比和时间对柞蚕中 β-蜕皮激素提取的影响，建立了蜕皮激素的提取模型。以 β-蜕皮激素的得率为衡量指标，蜕皮激素的提取模型确定了提取的最佳工艺参数为：提取温度 80℃、40%乙醇溶液、料液比 1∶20、提取时间 2.5 h。按照蜕皮激素的提取模型，此最佳工艺条件提取 β-蜕皮激素，用 HPD600 型大孔树脂分离、纯化，冷冻干燥得 β-蜕皮激素的提取物，经紫外分光光度法测定，β-蜕皮激素的得率为 0.0842%。

参考文献

[1]　阮美娟, 石艳宾. 柞蚕(幼虫)中 β-蜕皮激素提取工艺的优化. 农业工程学报, 2006, 22(5)：173-175.

参考作物的腾发量模型

1 背景

计算作物需水量是农业灌溉设计和节水规划中必不可少的内容,而计算作物需水量的关键是参考作物腾发量的计算。新疆维吾尔自治区全部面积约占全国陆地面积的六分之一,具有典型的大陆性干旱气候特征,气候特征在时空上差异显著。史晓楠等[1]利用新疆4个典型气象站提供的1971—2000年30年间的月平均气象资料及地理位置资料,计算了参考作物腾发量,并以 Penman-Monteith 的计算结果作为标准,利用线性回归和方差分析方法分析了其他腾发量计算方法在新疆的适宜性,为新疆农业节水规划提供理论依据和参考。

2 公式

由于太阳辐射数据在有些地区不容易得到,因此 Hargreaves 和 Samani 根据加利福尼亚州8年间的牛毛草蒸渗仪数据推导出了基于温差来反映辐射项的参考作物腾发量计算公式。该方法在缺少辐射资料的地区得到广泛的应用,并被证明是一个有效的估算方法。该方法只需要气温和地理位置等数据,具体计算公式为:

$$ET_0 = 0.0023 (T_{max} - T_{min})^{0.5}(T_{mean} + 17.8)R_a$$

式中, ET_0 为参考作物腾发量,mm/d; T_{max} 、 T_{min} 、 T_{mean} 分别为最高、最低和平均气温; R_a 为大气顶太阳辐射,MJ/($m^2 \cdot d$),可根据时间与地理位置数据计算。

FAO-24Radiation 方法源于 Makkink 公式,主要根据太阳辐射资料来估算参考作物腾发量,该方法要求获得气温、相对湿度、日照时数和风速等气象资料。其计算公式为:

$$ET_0 = a + b\left(\frac{\Delta}{\Delta + \gamma}R_s\right)$$

式中, Δ 为饱和水汽压温度曲线上的斜率,kPa/℃; R_s 为太阳辐射量,MJ/($m^2 \cdot d$); γ 为湿度计常数,kPa/℃; a 、 b 为经验系数,其中 a 取 -0.3, b 的计算公式如下:

$$b = 1.006 - 0.013RH_{mean} + 0.054U_d - 0.0002RH_{mean}U_d$$
$$- 0.0000315RH_{mean}^2 - 0.011U_3^2$$

式中, RH_{mean} 为平均相对湿度,%; U_d 为白昼平均风速,m/s。

1948 Penman 法是依据能量平衡和紊流扩散原理导出的计算参考作物腾发量的方法。

该方法具有坚实的理论基础,比以上的经验公式更科学合理,目前仍为湿润下垫面蒸散计算的主要方法。该方法需要气温、相对湿度、日照时数、风速等资料来计算参考作物腾发量,具体计算公式为:

$$ET_0 = \left[\frac{\Delta}{\Delta + \gamma}(R_n - G) + 6.43 \frac{\gamma}{\Delta + \gamma}(1 + 0.537u_2)(e_s - e_a) \right] / \lambda$$

式中,R_n 为净辐射,$MJ/(m^2 \cdot d)$;G 为土壤热通量,$MJ/(m^2 \cdot d)$;e_a,e_s 分别为气温为 T 时的水汽压和饱和水汽压,kPa;u_2 为高度 2 m 处的风速,m/s;λ 为水的汽化潜热,MJ/kg。

FAO-24 Penman 法是 1948 Penman 方程的一个修正式,它包含了一个更敏感的风函数,需要资料与 1948 Penman 法相同,具体计算公式如下:

$$ET_0 = \left[\frac{\Delta}{\Delta + \gamma}(R_n - G) + 6.43 \frac{\gamma}{\Delta + \gamma}(1 + 0.537\mu_2)(e_s - e_a) \right] / \lambda$$

1998 年联合国粮农组织推荐将其作为计算参考作物腾发量的唯一标准方法。该方法和 1948 Penman 法需要相同的数据资料,具体计算公式为:

$$ET_0 = \frac{0.408\Delta(R_n - G) + \gamma \dfrac{900}{T + 273}\mu_2(e_s - e_a)}{\Delta + \gamma(1 + 0.34\mu^2)}$$

Priestley-Taylor 方法是假设周围环境湿润的前提下忽略了空气动力学项而得出的简化方程。该方法仅要求气温和日照时数等资料,因此得到广泛应用。具体计算公式为:

$$ET_0 = 1.26 \frac{\Delta}{\Delta + \gamma} \frac{R_n - G}{\lambda}$$

利用下式对数据进行线性拟合:

$$ET_{0x} = mET_{0P}$$

$$S^2 = \frac{1}{n} \sum_{i=1}^{n} (ET_{1i} - ET_{2i})^2$$

在实际生产中水面蒸发量比较容易获得,而水面蒸发量(E_0)和参考作物腾发量(ET_0)之间有着密切的联系,通常认为呈线性关系,具体可表示为:

$$ET_0 = \alpha E_0$$

式中,α 为经验系数。

3 意义

在此利用计算参考作物腾发量的多种计算公式,应用新疆 4 个典型气候区的气象资料计算了 ET_0,并以 PenmanMonteith 方法作为标准,对其他方法进行评价。参考作物的腾发量模型的计算结果表明在新疆各气候区 1948 Penman 法估算的 ET_0 值较 FAO-24 Penman 与 FAO-24 Radiation 方法更接近于 P-M 法的计算结果。在缺少资料的地区,Hargreaves 方法或湿润区用 Priestley-Taylor 方法均可以得到与 P-M 法估值相当的结果。利用参考作物的腾发量模型,确定了 P-M 法计算的 ET_0 值和水面蒸发量之间的关系,为利用水面蒸发资料估算新疆地区 ET_0 值提供了参考。

参考文献

[1] 史晓楠,王全九,王新,等. 参考作物腾发量计算方法在新疆地区的适用性研究. 农业工程学报, 2006,22(6):19-23.

大米蛋白的水解模型

1 背景

大米蛋白是一种优质植物蛋白,可以与鱼、虾及牛肉相媲美。更为重要的是,大米蛋白具有低过敏性,可以用于婴幼儿配方食品。但大米蛋白中的蛋白质主要是谷蛋白,只能溶于碱性溶液中,因此限制了它的应用。陈季旺等[1]通过对酶法制备大米肽的工艺及特性进行研究,拟确定大米肽酶法制备的较佳工艺条件。并对在此条件下制备的大米肽特性进行分析,为大米肽的进一步开发奠定基础。

2 公式

在中性及碱性条件下采用 pH-stat 法,水解度的计算公式为:

$$DH(\%) = B \times N_b \times 1/\alpha \times 1/M_P \times 1/H_{tot} \times 100\%$$

式中,B 为碱液体积,mL;N_b 为碱液的当量浓度,mol/L;α 为 α-氨基的解离度(根据具体情况而定);M_P 为底物中蛋白质的含量,g;H_{tot} 为底物蛋白质中的肽键总数,mmol/g。

将 2 g 大米蛋白或大米肽加入 100 mL 水中,用 1.0 mol/L 盐酸和 1.0 mol/L 氢氧化钠溶液调节 pH 值至 2~10,室温下 1 000 r/min 搅拌 1 h,3 000 r/min 离心 20 min,测上清液中可溶性氮或肽含量,公式如下:

$$溶度解(\%) = \frac{上清蛋白质或肽的质量}{蛋白质或肽样品的质量} \times 100\%$$

从图 1 中可以看出,随着大米蛋白浓度的增加,水解度增加明显。但大米蛋白浓度大于 10% 时,水解度却呈下降趋势。

从图 2 中可以看出,pH 值明显影响碱性蛋白酶水解大米蛋白。在 pH 值为 7.0 时,水解程度最低,而当 pH 值为 9.0 时,碱性蛋白酶的水解作用最强,且碱性蛋白酶从一开始就有很高的水解度。

3 意义

利用蛋白酶水解大米蛋白制备得到大米肽,根据大米蛋白的水解模型,确定碱性蛋白

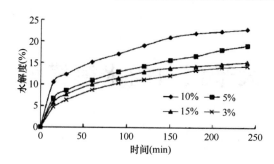

图1　碱性蛋白酶在不同底物浓度下的水解进程曲线

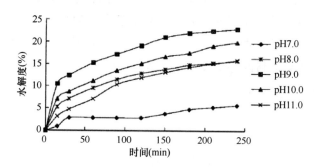

图2　碱性蛋白酶在不同 pH 值下的水解进程曲线

酶、中性蛋白酶、复合蛋白酶和风味酶水解大米蛋白的进程曲线。应用大米蛋白的水解模型,计算结果显示碱性蛋白酶的水解效果最好,其较佳作用条件为:底物浓度10%、pH 值9.0、温度45℃、酶与底物比48AU/kg 、时间150 min。在此条件下,大米肽的得率为46.8%,纯度为71.3%。大米肽具有溶解性较好和黏度较低的特性,可以在食品中广泛应用。

参考文献

[1]　陈季旺,孙庆杰,夏文水,等. 大米肽的酶法制备工艺及其特性的研究. 农业工程学报,2006,22(6):178-181.

均质土壤的水分运动模型

1 背景

蓄水坑灌法是一种适用于中国北方山丘区果林灌溉的新型节水灌溉方法,具有节水、保水、抗旱、充分利用当地降雨径流和减少水土流失等优点,应用前景广阔。根据蓄水坑灌的设计思想,为了防止蓄水坑壁坍塌和深层渗漏,并促进土壤水分在水平方向的运动,蓄水坑设计为圆柱形坑,坑壁采用透水材料固壁,坑底采用工程措施加工成不透水形式。马娟娟等[1]针对蓄水坑变水头入渗的特点,对蓄水单坑均质土壤水分运动进行数值模拟,旨在为进一步研究符合田间实际、蓄水坑灌的土壤水分运动规律奠定基础。

2 公式

假定:①土壤均质且各向同性;②入渗水流为连续介质且不可压缩,在土壤水分运动过程中,土壤骨架不变形。在上述假定条件下,蓄水坑灌条件下的均质土壤入渗和水分运动可简化为轴对称问题,其入渗剖面如图1所示。图1中,AB 为物理模型的上边界,AD 为坑壁,DO_1 为不透水的坑底,O_1G 为模型的左边界,BC 为右边界,GC 为下边界。因而在柱坐标系下,其土壤水分运动控制方程为:

$$\frac{\partial \theta}{\partial t} = \frac{1}{r}\frac{\partial}{\partial r}\left[rD(\theta)\frac{\partial \theta}{\partial r}\right] + \frac{\partial}{\partial z}\left[D(\theta)\frac{\partial \theta}{\partial z}\right] - \frac{\partial k(\theta)}{\partial z}$$

式中,r,z 为平面坐标,规定 z 向下为正,cm;θ 为土壤体积含水率,cm^3/cm^3;t 为入渗时间,min;$k(\theta)$ 为非饱和土壤的导水率,cm/min;$D(\theta)$ 为非饱和土壤扩散度,cm^2/min。

初始条件:设计算区域的土壤具有相同的土壤初始含水率,即

$$\theta(r,z) = \theta_0, t = 0 \left\{ \begin{matrix} r \geq r_0, 0 \leq z < H \\ r \geq 0, z \geq H \end{matrix} \right\}$$

式中,θ_0 为初始土壤含水率,cm^3/cm^3;r_0 为蓄水坑半径,cm。

由于计算区域较大,故可认为 BC、CG 边界在计算时段内土壤水分运动无法到达,则 BC、CG 边界为:

$$\theta = \theta_0, t > 0$$

O_1G 边界为对称边界,AB 边界为临空面,若不考虑蒸发的影响,都可看作零通量面,

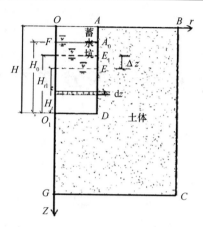

图1 均质土单坑入渗剖面图

故, O_1G 边界有:

$$q = - D(\theta) \frac{\partial \theta}{\partial r} = 0, t > 0$$

即

$$\frac{\partial \theta}{\partial r} = 0, t > 0$$

AB 边界有:

$$q = - D(\theta) \frac{\partial \theta}{\partial z} + k(\theta) = 0, t > 0$$

对于 O_1G 边界,为了促进水分在土体内的水平运动,采用工程措施将其设为不透水边界,因而其边界条件为零通量面,即

$$q = - D(\theta) \frac{\partial \theta}{\partial z} + k(\theta) = 0, t > 0$$

对于 E_1D 边界,为土壤水分的入渗边界,在坑中水体入渗阶段,可认为含水率接近饱和,即

$$\theta = \theta_s, 0 < t < t_{E_1}$$

式中, θ_s 为饱和含水率, cm^3/cm^3; t_{E_1} 为蓄水坑内水位位于 E_1 点的时刻,min。

在坑水位下的某一深度 z 处取一入渗计算微元,其入渗面积为 $\pi D \mathrm{d}z$,其入渗作用水头为 $z - (H - H_{t_1})$,其入渗率可表达为 Kostiakov 模型:

$$i_z = i_{1z} t^{\alpha_z}$$

式中, i_z 为计算微元的入渗率,cm/min; i_{1z} 、 α_z 分别为计算微元在入渗水头 $z - (H - H_{t_1})$ 作用下的入渗系数和入渗指数,其值由不同水头作用下的水平土柱入渗试验结果获得; t 为入渗时间,min。所以在 $t_1 \sim t$ 时段内计算微元的累积入渗量为:

$$I_z = \pi D \mathrm{d}z \int_{t_1}^{t} i_{1z} t^{\alpha_z} \mathrm{d}t$$

故在 $t_1 \sim t$ 时段内的坑水位以下的侧壁累积入渗总量为：

$$I_{H_{t_1}} = \int_{H-H_{t_1}}^{H} \pi D \mathrm{d}z \int_{t_1}^{t} i_{1z} t^{\alpha_z} \mathrm{d}t$$

由水量平衡原理可知，累积入渗总量 $I_{H_{t_1}}$ 与蓄水坑断面面积 $(\frac{\pi D^2}{4})$ 之比即为 $t_1 \sim t$ 时段内由于入渗而引起的水位下降值 Δz，即

$$\Delta z = \frac{4}{D} \int_{H-H_{t_1}}^{H} \int_{t_1}^{t} i_{1z} t^{\alpha_z} \mathrm{d}t \mathrm{d}z$$

由上式可知，在已知 t_1 时刻蓄水坑水位 E_1 点后，通过上式计算即可求得 t 时刻的蓄水坑水位 E 点。当计算开始时，由初始状态可知：

$$t_1 = 0, H_{t_1} = H_0$$

然后，由 n 时刻的计算结果决定下一时间段的时间步长 Δt_{n+1}：

$$\Delta t_{n+1} = \begin{cases} \alpha \Delta t_n & \delta > 0.3 \\ \Delta t_n & 0.08 < \delta < 0.3 \\ \beta \Delta t_n & \delta < 0.08 \end{cases}$$

式中，$\delta = (\theta_n - \theta_{n-1})/\theta_{n-1}$，为 n 时刻的 θ 值对上一时刻 θ 值的相对变化率；α 为缩小因子，取 0.75；β 为增大因子，取 1.5，当 Δt 增加到 2 min 时，β 不再增加。

采用交替方向隐式差分法（ADI）将基本方程式和定解条件离散，其所构成的差分方程组为非线性方程组，可写成如下矩阵形式：

$$[P] [\theta_j]^{m+1} = [H]^{m+1}$$
$$[P'] [\theta_i]^{m+2} = [H]^{m+2}$$

式中，$[P]$、$[P']$ 分别为 z 方向和 r 方向隐格式时的系数矩阵；$[\theta_j]^{m+1}$、$[\theta_i]^{m+2}$ 分别为 z 方向和 r 方向隐格式时的所求土壤含水率矩阵；$[H]^{m+1}$、$[H]^{m+2}$ 分别为 z 方向和 r 方向隐格式时的常数项矩阵。

3　意义

根据土壤水动力学的基本理论，分析了蓄水坑变水头入渗的复杂边界条件，并推导了其坑水位变化与坑壁变水头入渗关系的数学表达式，进而建立了蓄水坑灌单坑变水头入渗及土壤水分运动的数学模型。采用 ADI 交替方向隐式差分格式将土壤水分运动方程离散，用 Gauess-Seidel 迭代算法求解非线性差分方程，实现了单坑变水头条件下的土壤水分运动

的数值模拟。实验表明,数值计算结果与实测值有着较好的一致性。

参考文献

[1]　马娟娟,孙西欢,李占斌.单坑变水头入渗条件下均质土壤水分运动的数值模拟.农业工程学报,2006,22(6):205-207.

车削平面的运动模型

1 背景

在汽车、农用车上有时要用到在回转体上加工出的小平面的零件。一般平面加工是用刨削或铣削,但对于回转体上的平面,由于精度要求高,加工面积小,用两种加工方式就有精度低和效率低的问题。赵韩等[1]提出利用车削方法来加工平面,可以解决精度和效率问题。传统的车床,由于只有工件做旋转运动,刀具做进给运动,其刀刃在工件上的轨迹只能是一个圆,或者说只能是螺旋角非常小的螺旋线,所以只能加工回转面。利用定轴轮系的旋轮线机理,给刀具增加一个旋转运动,通过控制工件与刀盘的旋转的传动比来达到车削平面的目的。

2 公式

如图 1 所示,两个齿轮 a 和 g 形成了一对定轴齿轮,以 g 轮中心轴线 O_1 为坐标原点建立固定坐标系 $X_1O_1Y_1$,以 a 轮中心线 O 为坐标原点建立动坐标系 XOY,它固结在轮 a 上。设两轮中心距为 r_H,轮 g 上任一点 M 到其轴心 O_1 的距离为 r'_M,它到轮 a 的轴心 O 的距离为 r_M,其在坐标系 $X_1O_1Y_1$ 中向量为 $\bar{r}_M = \bar{r}_H + \bar{r}'_M$。$\alpha$、$\beta$ 分别为 O_1M 与 X_1 轴的初位角、X_1 与 X 轴的初位角,φ_g、φ_a 分别为轮 g 和轮 a 的转角,所有角度都自 X_1 轴正向量起,并取 $\varphi_g^\theta = 0$,$\varphi_a^\theta = 0$。

则 M 点在坐标系 $X_1O_1Y_1$ 中的轨迹展开成三角函数为:

$$\begin{cases} X_{M_1} = r'_M\cos(\varphi_g + \alpha) \\ Y_{M_1} = r'_M\sin(\varphi_g + \alpha) \end{cases}$$

由坐标变换原理可知,将 M 点在坐标系 $X_1O_1Y_1$ 中的轨迹转换到坐标系 XOY 中的变换矩阵为:

$$M_{10} = \begin{pmatrix} \cos(\pm\varphi_a + \beta) & \sin(\pm\varphi_a + \beta) & r_H\cos(\pm\varphi_a + \beta) \\ -\sin(\pm\varphi_a + \beta) & \cos(\pm\varphi_a + \beta) & -r_H\sin(\pm\varphi_a + \beta) \\ 0 & 0 & 1 \end{pmatrix}$$

由以上两式可求得 M 点在坐标系 XOY 中的轨迹为:

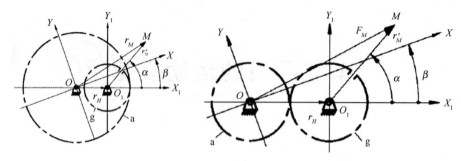

图 1　一对定轴齿轮组成的定轴轮系

$$\begin{cases} X_M = r'_M\cos(\varphi_g + \alpha_1\varphi_a - \beta) + r_H\cos(\pm\varphi_a + \beta) \\ Y_M = r'_M\sin(\varphi_g + \alpha_1\varphi_a - \beta) - r_H\sin(\pm\varphi_a + \beta) \end{cases}$$

设参数 $m = \dfrac{r_H}{r'_M}$ ，$k = \left|\dfrac{\varphi_g}{\varphi_a}\right|$（即 $k = \dfrac{Z_a}{Z_g}$），则上式可化为：

$$\begin{cases} X_M = r'_M\{\cos[(k|1)\varphi_a + \alpha - \beta] + m\cos(\pm\varphi_a + \beta)\} \\ Y_M = r'_M\{\sin[(k|1)\varphi_a + \alpha - \beta] - m\sin(\pm\varphi_a + \beta)\} \end{cases}$$

尺度参数为：

$$m = \frac{r_H}{r'_M} = \frac{r_H/r_g}{r'_M/r_g} = \frac{(r_g + r_a)/r_g}{n} = \frac{1 + k}{n}$$

式中，$n = \dfrac{r_M}{r_g}$。

旋轮线的形状和性质只与啮合方式、传动比和尺度参数有关，根据定轴轮系的传动性质，由坐标变换公式可得复杂轮系的旋轮线：

$$\begin{cases} X_M = r'_M\{\cos[k_{ga} - (^-1)j\varphi_a + \alpha - \beta] + m\cos[(^-1)j\varphi_a + \beta]\} \\ Y_M = r'_M\{\sin[k_{ga} - (^-1)j\varphi_a + \alpha - \beta] - m\sin[(^-1)j\varphi_a + \beta]\} \end{cases}$$

式中，j 为定轴轮系中外啮合齿轮的对数；k_{ga} 为从轮 g 到轮 a 的各对齿轮从动轮齿数的乘积与各对主动轮齿数的乘积之比；$\varphi_a = \omega t$；ω 为 g 轮的角速度。

图 2 为车削平面原理图，此为切削初始时刻。

由图 2 可知：

$$\begin{cases} \alpha = \pi - \angle MOD^\circ \\ \beta = -\angle OO_1P^\circ \\ \omega_g = \displaystyle\int_0^t \omega_1 \mathrm{d}t \\ \varphi_a = \omega_1 t \end{cases}$$

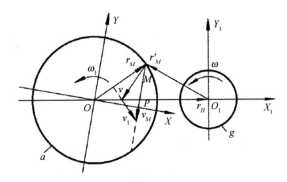

图 2　车削平面原理

简化可得：

$$
\begin{cases}
X_M = r'_M\left\{ -\cos\left[\angle MOD°_1 - \omega t - \left(\angle OD_1P° - \int_0^t \omega_1 dt\right)\right] + m\cos\left(\angle OD_1P° - \int_0^t \omega_1 dt\right) \right\} \\[3mm]
Y_M = r'_M\left\{ \sin\left[\angle MOD°_1 - \omega t - \left(\angle OD_1P° - \int_0^t \omega_1 dt\right)\right] + m\sin\left(\angle OD_1P° - \int_0^t \omega_1 dt\right) \right\}
\end{cases}
$$

因为平面关于 X 轴对称，ω 不变，则车削过程也关于 X 轴对称，即 r'_M 与 X 轴重合于 X_1 轴，则：

$$X_M = r'_M(m - 1)$$

由以上两式可得：

$$
\sin\frac{\angle MOD°_1 - \omega t - \left(\angle OO_1P° - \int_0^t \omega_1 dt\right)}{2} = \overline{m}\sin\frac{\angle OO_1P° - \int_0^t \omega_1 dt}{2}
$$

整理可得：

$$
\sin\frac{\angle MOD°_1 - \omega t}{2}\cos\frac{\angle OO_1P° - \int_0^t \omega_1 dt}{2} = \left(\overline{m} + \cos\frac{\angle MOO°_1 - \omega t}{2}\sin\frac{\angle OO_1P° - \int_0^t \omega_1 dt}{2}\right)
$$

即

$$
\left(\overline{m} + \cos\frac{\angle MOO°_1 - \omega t}{2}\tan\frac{\angle OO_1P° - \int_0^t \omega_1 dt}{2}\right) = \frac{\angle MOD°_1 - \omega t}{2}
$$

M 点的速度如图 2 所示，v_M 为 M 点刀具相对于工件的速度。因为点 M 在工件上的轨迹是一条直线，则 v_M 在 X 轴上的分量必须为 0，即

$$\frac{dX_M}{dt} = 0$$

由以上各式可得:

$$\sin\left[\angle MOD°_1 - \omega t - \left(\angle OO_1P° - \int_0^t \omega_1 dt\right)\right](\omega_1 - \omega) -$$

$$m\sin\left[\angle OO_1P° - \int_0^t \omega_1 dt(-\omega t)\right] = 0$$

由上式可得:

$$\cos\frac{\angle MOO°_1 - \omega t - \left(\angle OO_1P - \int_0^t \omega_1 dt\right)}{2} = \frac{k(t)m}{1-k(t)}\cos\frac{\angle MOO_1P° - \int_0^t \omega_1 dt}{2}$$

再经整理可得:

$$\sin\frac{\angle MOO°_1 - \omega t}{2}\sin\frac{\angle OO_1P° - \int_0^t \omega_1 dt}{2}$$

即

$$\left[\frac{k(t)m}{1-k(t)} - \cos\frac{\angle MOO°_1 - \omega t}{2}\right]\cos\frac{\angle OO_1P°}{2} = \sin\frac{\angle MOO°_1 - \omega t}{2}$$

通过上式可得

$$k(t) = \frac{1 + \overline{m}\cos\dfrac{\angle MOO°_1 - \omega t}{2}}{1 + 2\overline{m}\cos\dfrac{\angle MOO°_1 - \omega t}{2} + m}$$

$$0 \leqslant t \leqslant \frac{2\angle MOO°_1}{\omega}$$

因为 r'_M 与 X_1 轴重合于 X 轴,故当 $\angle OO_1P° - \int_0^t \omega_1 dt$ 为 0 时,所以由上式可得:

$$k(t) = \frac{1}{1 + \overline{m}}$$

3 意义

在此建立了车削平面的运动模型,利用车削方法来加工平面。根据坐标变换的方法推导出了简单定轴轮系的旋轮线方程,并利用计算机画出了一些典型图形,研究了旋轮线的

190

性质、形状与传动比、尺度参数和初始角的关系。再根据定轴轮系的传动性质,建立了一般定轴轮系的旋轮线方程。然后根据上述知识,利用点的速度合成定理推导出车削平面传动比的方程。最后,利用一个实例对车削平面传动比的方程进行了仿真,所得结果验证了该方程。

参考文献

[1] 赵韩,徐林森,吴焱明,等.定轴轮系的旋轮线及其应用.农业工程学报,2006,22(6):24-27.

植物生化组分的反演模型

1 背景

作物二向性反射是自然界中物体对电磁波反射的基本特性,国外很早就开始了不同地物二向性反射的近地面观测,如 Kimes 等人于 20 世纪 80 年代初开展了多种农作物、草地及森林冠层的 BRDF 观测。张雪红等[1]基于冬小麦光谱数据,定量考察了由于作物二向性反射造成的红边参数随太阳入射和观测几何变化而变化的状况,并建议应选取合理观测角度下的红边参数来反演植物生化组分含量,以提高参数反演的精度。

2 公式

从实验获取的数据中共选用了 6 组冬小麦冠层二向性反射波谱数据(见表 1),根据叶面积指数(*LAI*)的大小,把冬小麦分为 3 组,分别为:S1 和 S2(*LAI* 均为 1.73),S3 和 S4(*LAI* 均为 2.73),S5 和 S6(*LAI* 分别为 4.77 和 4.41)。

表 1 观测数据基本信息

波谱名称	观测日期 (年-月-日)	观测时间	*LAI*	太阳天顶角 (°)	太阳方位角 (°)	观测方位角 (°)	株高 (cm)	行距 (cm)
S1	2001-04-12	11:31	1.73	33.6	160.2	160.2&340.2	13.5	15
S2	2001-4-12	12:47	1.73	33.0	194.9	14.9&194.9	3.5	15
S3	2001-04-21	11:00	2.73	36.2	147.6	147.6&327.6	22	15
S4	2001-04-21	12:00	2.73	32.3	173.3	173.3&353.3	22	15
S5	2001-05-10	11:59	4.77	32.3	172.8	172.8&352.8	72	20
S6	2001-05-09	12:51	4.41	33.2	196.7	16.7&196.7	72	15

由于光谱仪采集的是离散型数据,因此光谱数据的微分可用如下公式近似计算(即一阶导数光谱):

$$R'(\lambda_i) = \frac{R\lambda_{i+1} - R\lambda_{i-1}}{\lambda_{i+1} - \lambda_{i-1}}$$

式中,R' 为反射率光谱的一阶导数光谱;R 为反射率;λ 为波长;i 为光谱通道。

红边幅值各向异性指数定义为在某一观测平面中,红边幅值最大值与最小值之比。它体现了红边幅值在某一给定的观测平面中的变化幅度。其表达式如下:

$$红边幅值各向异性指数 = \frac{D_{max}}{D_{min}}$$

式中,D_{max} 为观测平面中红边幅值的最大值;D_{min} 为同一观测平面中红边幅值的最小值。

红边幅值各向异性因子定义为某一观测平面中各个观测角度红边幅值与垂直观测角度的红边幅值之比。其表达式如下:

$$红边幅值各向异性因子 = \frac{D_{\lambda red}(\theta_i, \varphi_i, \theta_v, \varphi_v)}{D_{0\lambda red}(\theta_i, \varphi_i)}$$

式中,$D_{\lambda red}$ 表示观测天顶角为 θ_v 时的红边幅值;$D_{0\lambda red}$ 为垂直观测角度时的红边幅值;θ 为观测天顶角;φ 为方位角;i 为太阳光入射方向;v 为观测方向。

极小值一般出现在垂直观测方向,无论在前向还是后向,随着观测天顶角的增大而呈增加趋势。但是随着 LAI 的增大,红边幅值各向异性因子变弱。另外,从表2可以看出:冬小麦的红边幅值各向异性指数均随着冠层 LAI 的增大而呈减小的趋势,表明红边幅值变化幅度随着冠层 LAI 的增大而减小。

表2 冬小麦红边幅值各向异性指数

波谱	LAI	红边幅值各向异性指数
S1	1.24	1.74
S2	1.24	1.98
S3	2.73	1.74
S4	2.73	1.76
S5	4.77	1.31
S6	4.41	1.34

3 意义

根据植物生化组分的反演模型,基于冬小麦冠层高光谱二向性反射波谱数据及其配套的非波谱参数,确定了可见光至近红外波段二向性反射特性和红边参数随观测角度的变化特点。通过植物生化组分的反演模型的计算可知,冬小麦在太阳主平面呈现出强烈的各向异性反射特性。而且在不同叶面积指数下,由于作物冠层的结构特征和其他组分参数发生较大变化,其二向性反射特性在强度和趋势上也有一定的变化。利用植物生化组分的反演模型,提出了红边幅值各向异性指数和红边幅值各向异性因子,可以定量地描述红边幅值随观测角度的变化。

参考文献

[1]　张雪红,赵峰,刘绍民,等 . 冬小麦红边参数各向异性特征分析 . 农业工程学报,2006,22(6):7-11.

土壤盐分的空间模型

1 背景

浙江省海涂资源丰富,开发和围垦这些海涂资源可以很好地缓解该省人口和耕地之间的矛盾,但由于特殊的母质和成因以及耕作条件和种植利用的不同,围垦区土壤特性尤其是盐分发生了较大的变异,从而引起农业种植结构、作物类型以及产量的变异。李艳等[1]通过前期的辅助数据,在保持描述土壤盐分的空间变异能力的同时,对优化采样策略、减少后期盐分采样频率或密度进行了研究。

2 公式

为了定量比较普通克立格法,协同克立格法及回归克立格法 3 种方法在不同样点数目下的预测精度,使用了 80 个 $EC_{b(2005)}$ 样本来检查这 3 种方法的预测结果。均方根误差($RMSE$)、预测值与实测值的相关系数(r)用来表征预测的精度。均方根误差越小、相关系数越大则预测的精度越高。

$$RMSE = \sqrt{\frac{1}{n} \sum_{i=1}^{n} \left[Z(x_i) - Z^*(x_i) \right]^2}$$

式中,$Z(x_i)$,$Z^*(x_i)$ 分别是实测值和预测值;n 为检验样本数目,这里 $n=80$。

用评价方法(协同克立格法和回归克立格法)的均方根误差对参考方法(普通克立格法)的均方根误差减少的百分数(RRMSE)来表示预测精度的提高程度:

$$RRMSE = 100\%(RMSE_R - RMSE_E)/RMSE_R$$

用 R_r 来表示评价方法对参考方法相关系数的提高程度:

$$R_r = 100\%(r_E - r_R)/r_E$$

式中,$RMSE_E$,r_E 分别是评价方法的预测均方根误差及预测值与实测值间的相关系数;$RMSE_R$,r_R 分别是参考方法的预测均方根误差及预测值与实测值间的相关系数。

对 3 个时期田间实测的样本的平均值、标准差、变异系数、分布类型等进行常规统计分析,结果见表 1。

表 1　3 个不同采样时期上 160 个土壤 EC_b 的统计特征值

变量	分布类型	均值（mS/m）	中值（mS/m）	标准差	变异系数（%）	极差	偏度	峰度
$EC_{b(2005)}$	正态	123.8	115.5	72.2	58	14~326	0.510	−0.406
$EC_{b(2004)}$	正态	150.1	145	83.8	56	23~365	0.302	−0.883
$EC_{b(2003)}$	正态	136.5	105.8	98.6	72	14.8~380.5	0.746	−0.536

对 3 个时期土壤 EC_b 进行 Pearson 相关系数分析(见表 2)发现，$EC_{b(2005)}$ 与 $EC_{b(2004)}$ 及 $EC_{b(2003)}$ 的相关性在 99% 的置信区间上都达到了极显著水平。

三者之间的回归模型可以利用下式来表示:

$$EC_{b(2005)} = 0.432 \times EC_{b(2004)} + 0.338 \times EC_{b(2003)} + 11.96$$
$$r = 0.657$$

表 2　3 个采样时期土壤 EC_b 的相关系数矩阵

	$EC_{b(2005)}$	$EC_{b(2004)}$	$EC_{b(2003)}$
$EC_{b(2005)}$	1		
$EC_{b(2004)}$	0.594**	1	
$EC_{b(2003)}$	0.639**	0.778**	1

3　意义

以普通克立格法作为参考,建立了土壤盐分的空间模型,这是利用了辅助数据的两种预测方法,即协同克立格法和回归克立格法。利用土壤盐分的空间模型,对海涂区土壤盐分进行空间内插计算,并在目标变量的采样数目不断减少的情况下,采用 80 个检验样本,对比了这 3 种方法的预测精度。通过土壤盐分的空间模型,计算可知不论目标变量的样品数目如何减少,利用了辅助变量的协同克立格法和回归克立格法的预测精度较普通克立格法都有了较大提高,而且回归克立格法的预测精度总体上要好于协同克立格法。

参考文献

[1]　李艳,史舟,程街亮,等. 辅助时序数据用于土壤盐分空间预测及采样研究. 农业工程学报,2006, 22(6):49-55.

复垦土盐分污染的微波频谱模型

1 背景

因矿区的开采,使大面积土地遭到沉陷、剥蚀、压占等多种形式的破坏,目前,对矿区土地的复垦工程正在积极开展。复垦工程在铲、运、卸、铺、平整的过程中,土壤的结构亦遭到严重损害,其压实程度、团粒结构、空隙结构均发生变化,造成复垦后的土壤在水分、盐分运移与原生土壤均不相同,易发生盐碱化,且填充材料不同,如粉煤灰、风化煤、煤矸石等原料重金属含量高,存在二次污染的可能。胡振琪等[1]主要从水－盐系列模型出发,研究地探雷达(GPR)使用微波信号对复垦土壤探测的信号特征。

2 公式

当应用电磁波进行土壤检测时,因土壤为有耗介质,电磁波在土壤中传播时就会有能量的损耗和衰减,其衰减公式如下:

$$\alpha \approx \frac{\sigma}{2}\overline{\sqrt{\mu/\varepsilon}}$$

式中,α 为衰减系数,Np/m,α 的物理意义是单位距离上振幅的衰减;μ 为磁导率,H/m;σ 为电导率,S/m。

一般的土壤都属于非磁性材料,于是,$\mu = 1$,上式简化为:

$$\alpha \approx \frac{\sigma}{2\overline{\varepsilon}}$$

上式表明衰减系数与频率无关,而与 σ 成正比,与 $\overline{\varepsilon}$ 成反比,一般介质的电导率越大,电磁波的衰减程度越强。

经计算,衰减常数如表1所示。

表 1 不同盐分土壤信号的衰减常数

水分系列	无污染土	低度盐污染土	中度盐污染土	高度盐污染土
水分含量1	1.295	1.541	1.793	2.140
水分含量2	1.245	1.471	1.774	2.011

水分系列	无污染土	低度盐污染土	中度盐污染土	高度盐污染土
水分含量 3	1.201	1.412	1.762	2.003
水分含量 4	1.166	10404	1.732	1.908
水分含量 5	1.156	1.391	1.718	1.904
水分含量 6	1.134	1.367	1.606	1.788

对于 GPR 数据,频谱分析总是针对经过离散采样后某项记录的一段来进行的,这段离散的雷达记录是有限长序列 $x_m T(m = N_1, N_2, \cdots, N_m)$,若令 $t < N_1 T$ 及 $t > N_m T$ 的记录均为零,则对雷达记录进行频谱分析的公式为:

$$X(\nabla f) = \sum_{k=N_1}^{k=N_m} x_{kT}^{-2\pi f\nabla kT\Delta t}$$

式中, x_{kT} 为进行频谱分析的雷达记录; T 为雷达记录的采样间隔; ∇ 为记录离散频率的频率间隔, $\nabla = \dfrac{1}{(N_m - N_1 + 1)T}$; $X(\nabla f)$ 为雷达记录的频谱。

3　意义

通过复垦土盐分污染的微波频谱模型,对复垦土壤进行在不同水分条件下,不同盐分污染程度的探地雷达探测,旨在揭示盐分污染下,微波信号的变化规律。应用该模型,计算可知中心频率为 400 MHz 的天线在不同程度的盐分污染下,主频发生偏移,出现在 250 MHz。随着盐分污染的加重,出现双峰现象,次主频出现在 530 MHz,且随着盐分污染的加重次主频的相对振幅逐渐加强,不同的水分含量系列下,出现相同的现象。由于探地雷达可以快速、大面积地进行无损探测,因此,能够及时提供复垦土壤盐分变化的信息,可以对复垦土地的质量实时监测、及时治理。

参考文献

[1]　胡振琪,陈星彤,卢霞,等. 复垦土壤盐分污染的微波频谱分析. 农业工程学报,2006,22(6):56-60.

甘蔗茎秆的破坏模型

1 背景

采用机械化生产是降低甘蔗生产成本的关键所在,甘蔗收获机械技术是制约甘蔗生产全程机械化的一个瓶颈,也是一个关键的问题。甘蔗收获机割茬不齐、破头率高、切割损失大,严重影响甘蔗收获机的性能和推广应用。切割是甘蔗收获机械化过程中需要完成的主要功能,直接关系到收获过程中的甘蔗损失和宿根的质量,影响甘蔗来年的发芽及生长情况。刘庆庭等[1]测定了甘蔗茎秆在扭转荷载下的切变模量、剪切强度以及在拉、压荷载下的强度,并观察了甘蔗茎秆在相应荷载下的破坏形式,进行了相应分析。

2 公式

图1为试验中甘蔗茎秆在扭转荷载下典型的转角—扭矩图。转角—扭矩图表明,在扭转载荷下,有一线性段,存在明显的流动限和最大剪切应力。由材料力学公式可得:

$$\tau_{max} = \frac{T_{x,max}}{Z}$$

式中,τ_{max} 为最大剪切应力,N/m^2;$T_{x,max}$ 为加载过程中的最大扭矩,Nm;Z 为极截面模量,m^3。

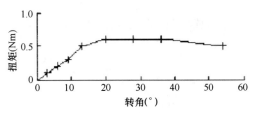

图1 扭转荷载下甘蔗茎秆扭矩—转角图

考察转角—扭矩图中发生流动前的线性段,由材料力学公式可以计算出中间节茎秆的剪切模量:

$$G = \frac{Tl}{J\theta}$$

式中,G 为剪切模量,N/m^2;T 为扭矩,Nm;l 为扭转试件的有效长度,m;θ 为在长度 l 上的以弧度表示的扭转角,rad;J 为横截面面积的极二次矩,m^4。

对蔗皮和芯心做相应拉伸试验:一般把表皮以内至边缘的小型维管束环合称蔗皮,而将去掉蔗皮后的甘蔗茎秆称为蔗芯。取甘蔗基部蔗皮、蔗芯按表 1 的要求制作试样。

表 1　蔗皮、蔗芯试样尺寸

	蔗皮试样		蔗芯试样	
	轴向拉伸	径向拉伸	轴向拉伸	径向拉伸
长(mm)	100	40	100	40
宽(mm)	10	15	10	15
厚(mm)	1.2	1.2	2	2

3　意义

根据甘蔗茎秆的破坏模型,以"桂林—1 号"甘蔗的茎秆为试验材料,采用自制的夹具,在扭转试验机上进行扭转试验,在材料力学万能试验机上进行拉伸、压缩试验。通过对甘蔗茎秆破坏模型的计算可知,在扭转荷载下,甘蔗茎秆的破坏形式为产生轴向裂纹;在压缩荷载下的破坏形式为屈曲,并产生轴向裂纹;在拉伸荷载作用下,蔗皮、蔗芯的破坏形式为断裂。基部蔗皮轴向、径向拉伸强度平均值分别为 47.02 MPa 和 2.57 MPa,蔗芯轴向、径向拉伸强度平均值分别为 6.71 MPa 和 1.34 MPa。

参考文献

[1]　刘庆庭,区颖刚,卿上乐,等. 甘蔗茎秆在扭转、压缩、拉伸荷载下的破坏试验. 农业工程学报,2006,22(6):201-204.

土壤盐分的空间变异模型

1 背景

近年来,随着精准农业的兴起,土壤盐分空间变异性研究成为土壤科学研究的前沿热点之一,对土壤盐分空间变异的充分了解是土壤盐渍化防控和盐渍土资源利用的基础。20世纪90年代以来,有关不同尺度水平土壤盐分空间变异性的研究国内已有很多比较详细的报道。姚荣江等[1]运用地统计方法对黄河三角洲地区典型地块土壤盐分含量的空间变异性进行了深入分析和研究,旨在了解该区土壤盐分的空间变异特征,揭示其土壤盐分的空间变异规律,并为黄河三角洲地区盐渍化土壤分区、改良和利用提供一定的理论参考和科学依据。

2 公式

对于未测定离子组成的土样,其土壤全盐含量可由浸提液电导率 $EC_{1:5}$ 经换算得到。该区土壤全盐含量与浸提液电导率之间的换算关系为:

$$S_t = 2.9995EC_{1:5} - 0.2269$$

$$r = 0.994, p < 0.0001, n = 246$$

式中, S_t 为土壤全盐含量,g/kg; $EC_{1:5}$ 为 1:5 土水比土壤浸提液电导率,mS/cm。

对 0~40 cm、40~80 cm、80~120 cm、120~160 cm、160~200 cm 各土层盐分含量进行经典统计分析,统计特征值列于表 1。

表 1　各土层土壤盐分的统计特征值

土层深度 （cm）	样本数	分布类型	最小值 （g/kg）	最大值 （g/kg）	平均值 （g/kg）	标准差	变异系数
0~40	86	LN	0.291	28.26	8.89	7.98	0.898
40~80	86	LN	0.376	21.50	7.11	5.44	0.765
80~120	85	LN	1.237	23.07	7.82	5.19	0.663
120~160	80	N	0.93	19.57	7.82	4.26	0.545
160~200	72	N	0.46	16.88	7.32	3.58	0.489

各层土壤含盐量的半方差模型及拟合参数见表2。各层土壤含盐量的理论模型均比较符合高斯模型。

表2 各层土壤盐分空间变异特征值(高斯模型)

土层深度(cm)	块金值 C_0	偏基台值 C	基台值 C_0+C	块金值/基台值 $C_0/(C_0+C)$	变程 (m)	决定系数 R^2
0~40	0.964	0.705	1.669	0.578	3247.60	0.729
40~80	0.583	0.327	1.210	0.472	3289.19	0.812
80~120	0.416	0.464	0.880	0.473	3171.39	0.864
120~160	11.8	14.6	26.4	0.447	3018.96	0.853
160~200	8.62	11.29	19.91	0.433	3266.65	0.823

3 意义

以黄河三角洲地区典型地块为研究区,运用经典统计学和地统计学相结合的方法,建立了土壤盐分的空间变异模型,研究了不同深度土层盐分含量的空间变异特征,绘制了各土层盐分的随机性和结构性的半方差图以及空间分布图。根据土壤盐分的空间变异模型,通过计算可知,受内在因子和外在因子的共同作用,各土层含盐量均具有中等的变异强度和空间自相关性,自相关距差异不大。该研究为黄河三角洲地区盐渍化土壤的分区、改良、管理和合理利用提供了理论基础和参考依据。

参考文献

[1] 姚荣江,杨劲松,刘广明,等. 黄河三角洲地区典型地块土壤盐分空间变异特征研究. 农业工程学报,2006,22(6):61-66.

土地的生产力模型

1 背景

20世纪80年代以来,在黄土高原南部34°—37°N的东西带状地区,规模化地栽植了经济林木——苹果,使原来以粮食、畜牧为主的农业生产格局发生了重大变化,形成了苹果、粮食、畜牧为主的新的生产模式。这一模式既改善了当地的生态环境,增加了景观多样性,又增加了农民收入,促进了区域经济的快速发展。刘海斌和吴发启[1]利用GIS技术、土地生产力指数模型和投入产出方法,对土地的潜在生产能力和现实生产能力进行了对比分析。

2 公式

土地生产潜力采用生产力指数模型计算。生产力指数模型,即PI(Productivity Index)模型,最初由Neill于1979年提出,后经Kiniry及Pierce等修正和完善。该模型主要是针对影响作物生长特别是根系生长的主要限制因素大小而建立的,它将根系分布范围内各土层的根系生长限制因子赋值并相乘,然后将各层次的值按根系分布权重求积求和,得出生产力指数(PI)值,模型的一般表达式为:

$$PI = \sum_{i=1}^{n} (A_i \times B_i \times C_i \times \cdots \times WF_i)$$

式中,PI为生产力指数;A、B、C为根系生长限制因子;WF为权重因子;i, n分别为土层序号及土层数。

在村落这样较小的尺度范围内,光、热、水、气等自然条件基本相同,因而影响土地生产力的主要因素为土壤的物理、化学性质及地形、土壤种类,因而选取有机质、全氮、全磷、坡度、土壤类型作为影响土地生产力的限制因素(假定气候、作物品种及管理措施不变),则该模型可表达为:

$$PI = \sum_{i=1}^{n} (A_i \times B_i \times C_i \times D_i \times E_i \times WF_i)$$

式中,PI为生产力指数,无量纲;A为有机质适宜度;B为全氮适宜度;C为全磷适宜度;D为坡度适宜度;E为土壤适宜度;WF为权重因子;i, n分别为土层序号及土层数。

根据黄土高原地形地貌的实际特点和计算比较的需要,将联合国粮食与农业组织

203

(FAO)1971 年提出的土地资源生产力自然评价综合指数(PI)模型的部分参数做了一些修改,得到如下改正后的公式:

$$D = \mu(G) = \begin{cases} 1 & (G \leqslant 7°) \\ 1 - 1.74\sin(G - 7°) & (7° < G < 35°) \\ 0.001 & (G \geqslant 35°) \end{cases}$$

式中,D 为地面坡度适宜度值;G 为实测地面坡度。

3 意义

通过对土地生产力模型计算得到:生产力指数(PI)值高的地块其现实生产力也高;反之,生产力指数(PI)值低的地块其现实生产力也低,二者的相关系数为 0.6563。同时,二者均呈现出塬面较高,坡面较低的规律。在塬面上高值地块靠近农村居民点,地面平缓,土地肥力高;坡面上阴坡地块的一般要高于阳坡地块。总体上,根据土地的生产力模型,研究区的土地利用基本符合自然经济规律,但也存在一定的问题需要改进。

参考文献

[1] 刘海斌,吴发启. 黄土塬区复合型生态农业土地生产力评价. 农业工程学报,2006,22(6):77-81.

鸡肉蛋白的热处理模型

1　背景

　　发展鸡肉深加工是鸡肉加工业的必然趋势,采用酶解技术将鸡肉蛋白改造成食品工业的营养基料、调味基料和功能基料是提高其附加值的有效途径之一。影响蛋白质酶解的因素很多,目前国内外对鸡肉蛋白酶解的研究主要集中在水解工艺条件的摸索方面。赵谋明等[1]以鸡肉蛋白为研究对象,分析其热性质,研究热处理对其结构性质(主要考察巯基和二硫键含量)以及酶解性质的影响,为建立酶解技术在鸡肉深加工中应用的合理工艺提供理论依据。

2　公式

　　标准肽样品与洗脱体积拟合直线方程为:
$$y - 0.0578x + 4.6289 (R^2 = 0.99)$$
式中,y 为标准肽分子量的对数;x 为洗脱体积。

　　鸡肉蛋白经不同温度热处理 20 min 后,分析其 SH、S–S 以及总 SH 含量(游离 SH 和 S–S 还原折算的 SH 量之和),结果见图 1。

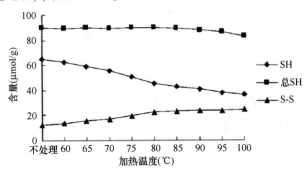

图 1　热处理温度对鸡肉蛋白 SH、S–S 及总 SH 含量影响

　　不同温度热处理后酶解产物中各肽段占总肽量的比值见表 1、表 2。

表1 热处理温度对鸡肉蛋白 Alcalase 酶解产物中不同分子量的肽含量影响

热处理温度	分子量范围（Da）					
（℃）	>10 000	10 000~4 500	4 500~3 500	3 500~2 640	2 640~2 000	<2 000
25（不处理）	0.15	41.91	26.93	11.42	7.71	11.88
60	0.09	45.45	36.83	7.25	4.42	5.96
70	0	51.68	39.63	1.51	2.54	4.64
80	0	57.15	35.96	2.93	2.11	1.85
90	0	57.38	36.40	2.87	2.09	1.36
100	057.44	37.00	2.92	2.02	0.62	

表2 热处理温度对鸡肉蛋白 Papain 酶解产物中不同分子量的肽含量影响

热处理温度	分子量范围（Da）					
（℃）	>10 000	10 000~4 500	4 500~3 500	3 500~2 640	2 640~2 000	<2 000
25（不处理）	0	52.27	24.78	69.28	6.27	7.40
70	0	60.69	25.28	6058	4.75	2.70
80	0	60.80	27.17	5.83	3.76	2.44
90	0	61.99	27.95	4.95	3.46	1.65
100	0	64.65	29.56	2.87	2.32	0.60

3 意义

根据鸡肉蛋白的热处理模型,采用差示扫描量热法分析鸡肉蛋白的热性质,确定了热处理温度对鸡肉蛋白巯基（SH）、二硫键（S-S）含量以及碱性蛋白酶（Alcalase）、木瓜蛋白酶（Papain）酶解过程中氨基酸、肽释放的影响。通过鸡肉蛋白的热处理模型的计算结果可知,热处理温度增加,鸡肉蛋白中 SH 含量逐渐降低,而 S-S 含量逐渐增加,游离 SH 与 S-S 还原折算的 SH 量之和在80℃前无明显变化,80℃后下降;酶解前热处理不利于鸡肉蛋白酶解过程中游离氨基酸、小分子量肽的释放和可溶性氮的回收,但有利于大分子量肽的生成,因此可根据酶解产物的应用目的选择热处理参数。

参考文献

[1] 赵谋明,周雪松,林伟锋,等 . 鸡肉蛋白热处理与酶解特性的关系研究 . 农业工程学报,2006,22（6）：169-172.

大豆图像的滤波模型

1 背景

随着计算机技术的飞速发展,机器视觉检测在谷物外观检测技术方面得到了广泛应用。在基于机器视觉的大豆外观检测系统中,大豆图片采集有时受采集系统的影响,不可避免地被噪声污染,若不对其进行处理就会影响后续的特征提取及分形处理,因此对大豆图像滤波是大豆外观检测系统中不可缺少的关键环节,并且滤波效果的好坏直接影响后续的检测效果。柴玉华等[1]提出一种基于多尺度形态学的大豆图像滤波方法来提高大豆图像的质量。

2 公式

形态学开闭重建运算是建立在测地膨胀和腐蚀基础上的,对于图像 $g(x,y)$ 和参考图像 $r(x,y)$,其形态学开闭重建运算分别定义为:

$$g\overline{oB} = D^{(rec)}(goB,g)$$

$$\overline{gB} = D^{(rec)}(gB,g)$$

在形态学滤波器中,高帽变换抽取图像中那些尺寸小于结构元素的亮目标,定义如下:

$$g_{top}(x,y) = g(x,y) - (goB)(x,y)$$

式中,$(goB)(x,y)$ 为灰度级图像 $g(x,y)$ 的开重建;B 为圆盘状结构元素。若采用多尺度结构元素,则得到多尺度高帽变换:

$$g_{top}^{i}(x,y) = g(x,y) - (goB)(x,y)$$

式中,$i = 1,2,\cdots,n$ 是整数,表示结构元素的尺度。

用尺度为 i 的结构元素 iB 进行高帽变换得到的图像包含所有尺寸小于 i 的亮特征及噪声。通过下式,可以重建原图像:

$$g(x,y) = (goiB)(x,y) + g_{top}^{i}(x,y) = (goiB)(x,y) + [g(x,y) - (goiB)(x,y)]$$

用多尺度滤波器的概念修改上式,得:

$$g(x,y) = (gonB)(x,y) + \{[go(n-1)B](x,y) - (gonB)(x,y)\} +$$
$$\{[go(n-2)B](x,y) - [go(n-1)B](x,y)\} + LL + [g(x,y) - (goB)(x,y)]$$

令 $F^o_{iB}(x,y) = \left[go(\underset{i=1,2,\cdots,n}{(i-1)}B) \right](x,y) - (goiB)(x,y)$，则

$$g(x,y) = (gonB)(x,y) + \sum_{i=1}^{n} F^o_{iB}(x,y)$$

类似地，用尺度为 i 的结构元素 iB 进行低帽变换得到的图像包含所有尺度小于 i 的亮特征及噪声。采用与上面相同的方法，可以得到：

$$g(x,y) = (gnb)(x,y) - \sum_{i=1}^{n} F^c_{iB}(x,y)$$

$$F^c_{iB}(x,y) = (\underset{i=1,2,\cdots,n}{giB})(x,y) - \left[g(i-1)B \right](x,y)$$

将以上两式相加并除以 2 得：

$$g(x,y) = \frac{1}{2}\{ (gonB)(x,y) + (gnB)(x,y) \} + \frac{1}{2}\sum_{i=1}^{n} F^o_{iB}(x,y) - \frac{1}{2}\sum_{i=1}^{n} F^c_{iB}(x,y)$$

式中，F^o_{iB} 和 F^c_{iB} 分别为由含噪图像在尺度 i 的亮特征图像和暗特征图像。

根据多尺度分析可知道特征图像中噪声占主要地位，且噪声在低尺度对图像的影响要高于在高尺度的影响，所以，如果对特征图像用小于 1 的权值重建图像，则可以削弱重建图像中噪声的影响，从而达到平滑噪声的目的。基于这一点，将上式修改为：

$$g(x,y) = \frac{1}{2}\left[(gonB)(x,y) + (gnB)(x,y) \right] + \frac{1}{2}\sum_{i=1}^{n} F^o_{iB}(x,y) - \frac{1}{2}\sum_{i=1}^{n} k^c_i F^c_{iB}(x,y)$$

式中，$0 \leqslant k^o_i \leqslant 1$ 且 $0 \leqslant k^c_i \leqslant 1$。

此处有一种简单的 k^o_i 和 k^c_i 估计算法，如下所示：

$$k^o_i, k^c_i = \frac{\eta^o_i}{\sum_{i=1}^{n} \eta^o_i}$$

式中，$\eta^o_i = (S_{iB}) / \sum_x \sum_y F^o_{iB}(x,y)$，$\eta^c_i = (S_{iB}) / \sum_x \sum_y F^c_{iB}(x,y)$，$S_{iB}$ 表示结构元素的尺寸，$i=1,2,\cdots,n$，当分母为 0 时，k^o_i 和 k^c_i 的权值为 0。

设 $I(x,y)$ 和 $I_n(x,y)$ 分别表示同一场景的无噪图像和含噪图像，信噪比可以定义为信号能量与噪声能量的比值，如下式所示：

$$SNR = \frac{\sum_x \sum_y I^2(x,y)}{\sum_x \sum_y \left[I(x,y) - I_n(x,y) \right]^2}$$

噪声平滑算法的基本目的是修改被噪声干扰的像素灰度值，使其尽可能地与理想的无噪声图像中对应像素灰度值一致。基于这一点，定义正确处理率为：

$$CPR = \frac{1}{N}\sum_x \sum_y \left[I_B(x,y) + I_c(x,y) \right]$$

式中，N 是图像的像素数，$I_B(x,y)$ 和 $I_c(x,y)$ 分别定义为：

$$I_B(x,y) = \begin{cases} 1 & if \quad g(x,y) = f(x,y) \\ & and \quad g^{\%}(x,y) = f(x,y) \\ 0 & otherwise \end{cases}$$

$$I_c(x,y) = \begin{cases} 1 & if \quad g(x,y) \neq f(x,y) \\ & and \quad g^{\%}(x,y) = f(x,y) \\ 0 & otherwise \end{cases}$$

式中, $g(x,y)$, $f(x,y)$ 和 $g^{\%}(x,y)$ 分别为含噪图像,理想图像和平滑图像。

3　意义

根据大豆图像的滤波模型,使用多尺度结构元素分别对原图像进行开闭重建运算,构造形态学开闭塔。然后,利用大豆图像的滤波模型计算相邻尺度形态学开闭重建图像间的差,构造亮特征和暗特征的差异塔。最后,通过不同尺度的亮特征和暗特征来重建图像。通过一组被不同噪声污染的大豆图像,来验证大豆图像的滤波模型中滤波算法,并采用一些标准的评估方法,将该模型方法与其他提到的滤波方法在不同噪声污染情况下进行比较,试验结果表明该模型使用方法的滤波效果优于其他方法。

参考文献

[1] 柴玉华,高立群,王蓉,等．基于多尺度形态学大豆图像滤波方法．农业工程学报,2006,22(6)：119-122.

节地排土场的空间模型

1 背景

建设资源节约型经济和节约型社会是现阶段和今后一个时期经济建设和社会全面发展的战略选择。土地是不可再生的稀缺资源,是经济建设、社会发展的基础空间,因此节地是建设节约型经济和社会的重要组成部分。卫博等[1]在合理假设和采取工程措施保证排土场稳定的前提下,对露天矿排土场不同形状下的占地面积、复垦面积和岩土容量进行了讨论,建立了满足一定条件下成立的函数关系,并结合平朔安家岭露天矿上窑排土场进行了实际验证,为合理设计排土场提供了相关依据。

2 公式

排土场岩土容量等于各个排土台阶岩土容量之和,所以可得:

$$V = V_1 + V_2 + V_3 + \cdots + V_{m-1} + V_m = \frac{1}{3}\pi h\left\{\left(2R - \frac{h}{\tan\theta} - a\right)^2\right.$$

$$+ \left(2R - \frac{3h}{\tan\theta} - 3a\right)^2 + \cdots + \left[2R - \frac{2(m-1)h}{\tan\theta} - 2(m-1)a\right]^2\right\}$$

$$- \frac{1}{3}\pi h\left\{R\left(R - \frac{h}{\tan\theta} - a\right) + \left(R - \frac{h}{\tan\theta} - a\right)\left(R - \frac{2h}{\tan\theta} - 2a\right) \cdots\right.$$

$$+ \left[R - \frac{(m-2)h}{\tan\theta} - (m-2)a\right]\left[R - \frac{(m-1)h}{\tan\theta} - (m-1)a\right]$$

$$+ \left[R - \frac{(m-1)h}{\tan\theta} - (m-1)a\right]\left[R - \frac{mh}{\tan\theta} - (m-1)a\right]\right\}$$

$$+ \frac{1}{3}\pi h(m-1)a^2 + \frac{1}{3}\pi h a\left\{R + 2\left[R - \frac{(m-1)h}{\tan\theta} - (m-1)a\right]\right\}$$

排土场可复垦的边坡面积等于排土场各层可复垦的边坡面积之和:

$$S_{侧} = S_{侧1} + S_{侧2} + S_{侧3} + \cdots + S_{侧(m-1)} + S_{侧m}$$

$$= \pi\frac{h}{\sin\theta}\left[R + 2(m-1)\left(R - \frac{mh}{2\tan\theta} - \frac{ma}{2}\right) + \left(R - \frac{mh}{\tan\theta}\right)\right]$$

排土场可复垦的平台面积等于排土场各层可复垦的平台面积之和：

$$S_{\Psi} = S_{\Psi 1} + S_{\Psi 2} + S_{\Psi 3} + \cdots + S_{\Psi(m-1)} + S_{\Psi m}$$

$$= \pi a \left[2(m-1) \left(R - \frac{mh}{2\tan\theta} - \frac{ma}{2} \right) + (m-1)a \right] + \pi \left(R - \frac{mh}{\tan\theta} - (m-1)a \right)^2$$

上窑排土场分为东、西两个部分，占地面积分别为 2.02 km² 和 2.50 km²，坐落于软基底土之上，其安全受到边坡和地基承载力的制约。基于稳定性考虑，确定上窑外排土场的主要参数如表1所示。

表1　上窑外排土场主要参数

序号	参数名称		数值	
			东区	西区
1	标准台阶高度(m)		20	20
2	台阶坡面角(°)		35	35
4	排弃标高(m)　　初始		1 355	1 335
	最终		1 435	1 435
5	占地面积(km)		2.02	2.50
6	岩土容量(×10⁴ m³)		9 400	12 910

3　意义

在此建立了排土场的空间模型，通过几何分析的方法，确定了设计排土场形状与占地面积、岩土容量和复垦面积之间的关系。并用平朔安家岭露天矿上窑排土场为例进行排土场的空间模型的验证。通过排土场的空间模型的计算，可知在设计排土场时，合理的边坡长度和平台宽度关系，可以在保证排土场稳定的前提下达到节地的目的。依据实际，该模型计算的结果与实际情况存在一定误差，如何消除这些误差是在以后的探讨中需要进一步解决的问题。

参考文献

[1]　卫博,付梅臣,白中科,等. 基于节地的露天矿排土场设计. 农业工程学报,2006,22(6):230-232.

基于邻域因子的土地利用的空间格局模型

1 背景

目前利用景观生态学对土地利用的研究多集中在常见景观指标的计算和分析上,这些景观指标通常包括多样性指数、优势度、均匀度、分离度、破碎度、分维数等。需要指出的是这些指标一般用来度量各种景观斑块自身的空间统计特性及其在整个景观中的分布情况,不能揭示土地利用类型之间的空间分布特征。段增强等[1]以北京市海淀区为例,利用邻域分析方法,通过构建邻域分析因子对不同土地利用类型的空间分布特性进行了分析,该方法重在分析不同土地利用类型在空间上的聚集和排斥特性。

2 公式

邻域影响因子(Neighborhood enrichment)的定义为:

$$F_{i,k,d} = \frac{n_{k,d,i}/n_{d,i}}{N_k/N}$$

式中, $F_{i,k,d}$ 为邻域影响因子(Neighborhood enrichment), 其中 i 代表栅格位置; k 为土地类型; d 为邻域半径; $n_{k,d,i}$ 为 i 栅格 d 半径范围内 k 土地类型的栅格个数; $n_{d,i}$ 为 i 栅格 d 半径范围内栅格总数量; N_k 为整个研究区域内 k 地类栅格总个数; N 为研究区域内总栅格数。

地类交互因子是反映不同地类在特定邻域距离上出现几率的空间统计量,计算公式如下:

$$\overline{F}_{l,k,d} = \frac{1}{N_l} \sum_{i \in L} F_{i,k,d}$$

式中, $\overline{F}_{l,k,d}$ 为地类交互因子,其中的 l、k 表示地类; d 为邻域半径; N_l 为土地类型 l 的总栅格数量; $\sum_{i \in L} F_{i,k,d}$ 为落入 l 地类范围内的 k 地类在邻域 d 的丰度之和。

地类交互因子的显著性可使用邻域交互因子标准差计算公式,该标准差可以反映邻域交互因子在空间分布上的差异性。

$$S_{l,k,d} = \overline{\frac{1}{(N_l - 1)} \sum_{i \in L} F_{i,,k,d}(F_{i,,k,d} - \overline{F}_{l,k,d})}$$

当一个区域土地利用空间格局发生变化时,土地类型之间的邻域关系也会发生变化,这种变化可以通过邻域交互变化因子表现：

$$CF_{l,k,d} = \overline{F}_{l,k,d}^{t1} / \overline{F}_{l,k,d}^{t2}$$

式中，$CF_{l,k,d}$ 为土地利用类型 l 与土地利用类型 k 在邻域 d 的邻域交互变化因子；$\overline{F}_{l,k,d}^{t1}$，$\overline{F}_{l,k,d}^{t2}$ 分别为时点 $t1$、$t2$，土地利用类型 l 与土地利用类型 k 在邻域 d 的邻域交互变化因子。

当邻域交互变化因子大于 1，表明土地利用 l 和 k 在邻域 d 上的聚集效应加强，反之表明聚集效应减弱。

3 意义

在此建立了基于邻域因子的土地利用空间格局模型，这是一种基于邻域因子的土地利用空间格局的分析方法，用于定量分析土地利用类型在不同距离邻域内的空间聚集、排斥作用及其变化趋势。并以北京市海淀区为例进行了土地利用空间格局分析，根据土地利用的空间格局模型，其计算结果表明，该方法可以准确描述不同土地利用类型的空间分布规律及其变化趋势。该方法可以作为常规景观指数的有益补充，还可以为土地利用变化模拟模型提供重要信息。

参考文献

[1] 段增强,张凤荣,苗利梅. 基于邻域因子的土地利用空间格局分析. 农业工程学报,2006,22(6): 71-76.

坡面径流的流速测量模型

1 背景

在水土流失研究和监测中,径流流速是径流计算、土壤侵蚀预报中不可缺少的水动力参数。开展径流流速的研究对于深入研究径流的动力机制,进一步揭示土壤侵蚀机理至关重要。土壤侵蚀所形成的坡面径流实际上是水沙液固两相流,是多相流的一种。两相流体的流动状况十分复杂,属于难测流体。李小昱等[1]在随机过程的相关分析理论基础上,用传感器技术和虚拟仪器技术来实现径流流速快速、连续、实时的非接触测量。

2 公式

假设入射光通量为 I_1,经过流体调制反射光通量为 I_2,那么:

$$I_2 = I_1(1 - K_1 - \frac{K_2}{r_1})$$

式中,K_1 为液体吸收系数;K_2 为反射系数;r 为与反射尺寸有关参数。

当 L 足够小时,流体流动满足"凝固"模型。可通过试验,获取上下游两传感器最佳间距。因此流体的流动速度,可按下式计算:

$$v = \frac{L}{\tau_0}$$

如果将上下游传感器、测量管路及被测流体所组成的系统视为一个信号系统,且将上游传感器产生的随机信号 $x(t)$ 作为系统的输入;下游传感器产生的随机信号 $y(t)$ 作为系统的输出,将该系统的输出信号 $y(t)$ 和系统的输入信号 $x(t)$ 进行互相关运算,得到互相关函数 $R_{xy}(\tau)$ 的表达式为:

$$R_{xy}(\tau) = \frac{1}{T}\int_0^T x(t)y(t+\tau)\,\mathrm{d}t$$

应用公式得到的是流体沿径流中心轴向的平均流速,一般大于实际流体平均流速。若要得到实际的流体平均流速大小,须找出修正系数 k:

$$\bar{v} = k\frac{L}{\tau_0}$$

相关测量系统的算法采用直接幅值相关计算,将公式离散化可以得到:

$$R_{xy}(k\Delta) = \frac{1}{N} \sum_{i=0}^{N-1} x(i\Delta) y[(i+k)\Delta]$$

其中,$k=0,1,2,\cdots,m$,且 $m<N$,Δ 是采样间隔,其值为采样时间除以采样点数。

对 0~250 kg/m³ 4 个泥沙含量水平共 24 组相关流速测量值进行线性回归分析,引入修正系数 k,可得:

$$v_s = 0.9749\bar{v} + 0.0103$$

式中,v_s 为标定流速,m/s;v 为相关流速算术平均值,m/s。

3　意义

基于相关流速测量理论,建立了坡面径流的流速测量模型。采用 LabVIEW 虚拟仪器开发平台,研制了一套径流流速在线测量系统,包括红外光电传感器、信号调理电路、PCI-6040E 数据采集卡以及使用 Lab VIEW 开发的相关测量软件等。根据坡面径流的流速测量模型,采用室内模拟水槽试验,可知该测量系统适用的泥沙含量范围为 0~250 kg/m³,以染料示踪法测得流速作为标准值进行标定试验,系统最大相对误差为 4.14%,可见基于相关流速理论所建立的虚拟仪器系统测量坡面径流流速是可行的。

参考文献

[1]　李小昱,王为,沈逸,等. 基于虚拟仪器技术的光电式坡面径流流速测量系统. 农业工程学报,2006,
　　　22(6):87-90.

苹果果形的分级模型

1 背景

中国苹果的种植面积、总产量居世界首位,但与先进生产国相比出口量少、价格低,重要的原因在于忽视了采后处理。目前评价苹果普遍采用的方法有:重量、颜色和大小分级等,这些方法已部分实现了自动分级。但是形状检测仍然采用人工观察,这一肉眼判别过程存在着缺乏客观性、精度欠佳、视觉容易疲劳、速度缓慢等问题,从而给水果的销售和出口带来困难。蔡健荣和许月明[1]提出一种基于主动形状模型的苹果果形分级方法。

2 公式

集中训练的每个样本 x_i 都可以表示为一个 $2n$ 维向量,记为:

$$x_i = (x_{i1}, y_{i1}, x_{i2}, y_{i2}, \Lambda, x_{in}, y_{in})^T, i = 1, 2, \cdots, N$$

式中,(x_{ij}, y_{ij}) 表示第 i 个训练样本上第 j 个特征点的坐标;n 为代表苹果形状模型的点数;N 为训练图像的个数。

经过校准后的样本就表示了苹果形状在 $2n$ 维空间的分布情况。由于在 $2n$ 维空间计算非常复杂,必须进行简化处理,这里采用了主成分分析法(PCA)。对 N 个训练样本做 PCA 分析后,任意的苹果形状可表示为:

$$x = \bar{x} + Pb$$

式中,$\bar{x}$ 为样本均值;$P = (p_1, p_2, \cdots, p_t)$ 表示 PCA 得到的前 t 维特征向量组成的矩阵;$b = (b_1, b_2, \cdots, b_t)^T$ 为任意苹果在特征空间的投影。

$$b = p'(x - \bar{x})$$

通过调整参数 b 可以产生新的苹果形状,但 b 的变化不能太大,否则模型会与苹果训练样本产生较大的偏差,因而需要对 b 加以限制,对 b 的限制如下式所示,λ 为特征值。

$$-3\bar{\lambda} \leq b_i \leq 3\bar{\lambda}$$

对训练集图片上的每一个特征点,提取其法线方向上的 n_p 个像素的灰度信息,构成一个 n_p 维的向量,对训练样本中第 j 个特征点的 N 个 n_p 维向量做 PCA 分析,与形状模型建立方法类似,采用 PCA 分析建立每个特征点的灰度模型,得到:

$$g = \bar{g} + p_g b_g$$

式中，$\bar{g}$ 为第 j 个特征点附近的平均灰度特征；p_g 为 PCA 分析得到的最大的 t_g 个特征向量组成的矩阵；b_g 为投影向量。

表 1 列出了具体的检测数据。

表 1　部分模型匹配实物的结果

		样本号				
		1	2	3	4	5
样本模型吻合率（%）	一级果	96.33	97.40	90.15	89.98	85.21
	二级果 R	91.26	90.68	88.91	96.10	89.54
	三级果 L	89.93	91.34	95.93	86.39	89.54
结果比较	判别等级	一级	一级	二级果 L	二级果 R	三级果 R
	实际等级	一级	一级	二级	二级	三级

3　意义

根据苹果果形的分级模型,确定苹果轮廓特征点数为 36 时为最佳特征点数,然后对不同形状的苹果进行计算机自动标定、校准,运用主成分分析法获取不同形状的苹果模型,并将模型与实际苹果进行灰度匹配,提取像素数目比等特征参数,实现苹果分级。应用苹果果形的分级模型,计算结果表明,该方法对苹果果形的判别准确度高达 95%,且直观性强、鲁棒性好,具有较好的灵活性。

参考文献

[1]　蔡健荣,许月明. 基于主动形状模型的苹果果形分级研究. 农业工程学报,2006,22(6):123-126.

华北参考作物的蒸散量模型

1 背景

作物需水量是农田水分循环系统的重要成分,一般通过参考作物蒸散量(ET_0)乘以作物系数的方法得到,故 ET_0 是影响作物需水量估算准确程度的最关键因素。尽管已经提出大量计算 ET_0 公式,但多针对特定气候,具有较强的地域性。应用时忽视这种地域差异就会夸大实际用水或对其估计不足,造成决策失误。特别在中国,ET_0 公式均从国外引进,对这些方法进行准确性评价尤为重要。刘晓英等[1]根据华北地区气象资料,对温度法的应用效果进行初步评价,以期对 ET_0 方法的正确选择提供必要参考。

2 公式

Hargreaves 方法计算参考作物蒸散量是在美国西北部较干旱的气候条件下建立的,它仅需要月最高、最低气温,基本公式为:

$$ET_{0H} = 0.0023 \cdot \frac{R_a}{\lambda} \cdot \overline{T_x - T_n} \cdot (T + 17.8)$$

式中,ET_{0H} 为 Hargreaves 法计算的参考作物蒸散量,mm/d;R_a 为大气顶层辐射,MJ/(m² · d),可由温度估算得到;λ 为水汽化潜热,$\lambda = 2.45$ MJ/kg;T_x、T_n 分别为最高和最低气温,℃;T 为平均气温,℃。

Thornthwaite 法最初基于美国中东部地区的试验数据而提出,它仅需要月平均气温,视 ET_0 为温度的幂函数。提出时假设干湿空气没有平流,且潜热与显热之比为常数。考虑到华北地区冬季月份平均气温经常低于0℃,此处采用改进后的公式:

$$ET_{0H} = \begin{cases} 0 & T_i < 0℃ \\ 16 \cdot C \cdot \left(\frac{100T_i}{I}\right)^a & 0 \leq T_i < 26.5℃ \\ C \cdot (-415.85 + 32.24T_i - 0.43T_i^2) & T_i > 25.5℃ \end{cases}$$

其中,

$$I = \sum_{i=1}^{12} \left(\frac{T_i}{5}\right)^{1.514}$$

218

$$a = 0.49 + 0.0179I - 0.0000771I^2 + 0.000000675I^3$$

式中,ET_0 为 Thornthwaite 法计算的参考作物蒸散量,mm/M;T_i 为月平均气温,℃;I 为温度效率指数;a 为热量指数的函数;C 为与日长和纬度有关的调整系数。华北地区的逐月修正系数见表 1。

表 1　华北地区 Thornthwaite 逐月修正系数

月份	北京	天津	石家庄	太原	济南	郑州
1	0.84	0.85	0.85	0.85	0.86	0.87
2	0.83	0.83	0.84	0.84	0.84	0.85
3	1.03	1.03	1.03	1.03	1.03	1.03
4	1.11	1.11	1.10	1.10	1.10	1.09
5	1.24	1.23	1.23	1.23	1022	1.21
6	1.25	1.24	1.23	1.23	1.22	1.21
7	1.27	1.26	1.25	1.25	1.24	1.23
8	1.18	1.18	1.17	1.17	1.17	1.16
9	1.04	1.04	1.04	1.04	1.03	1.03
10	0.96	0.96	0.96	0096	0.97	0.97
11	0.83	0.84	0.84	0.84	0.85	0.86
12	0.81	0.82	0.83	0.83	0.84	0.85

McCloud 公式基于日平均气温,视 ET_0 为温度的指数函数,最初用于估算草坪草的潜在 ET,基本公式为:

$$ET_{OM} = K \cdot W^{(T-32)}$$

式中,ET_{OM} 为 McCloud 法计算的参考作物蒸散量,in/d;$K = 0.01$;$W = 1.07$;T 为日平均气温,℉。将上式各变量单位换算为国际制:

$$ET_{OM} = K \cdot W^{1.8T}$$

Penman-Monteith(PM)目前被认为是计算 ET_0 精度最高的一种方法,并且随着 FAO 对该方法的进一步规范和推广以及 FAO56 的出版,PM 已成为应用最广的方法,基本公式为:

$$ET_{0PM} = \frac{0.408\Delta(R_n - G) + \dfrac{900\gamma U_2(e_a - e_d)}{T + 273}}{\Delta\gamma(1 + 0.34U_2)}$$

式中,ET_{0PM} 为 FAO56-PM 计算的参考作物蒸散量,mm/d;e_a、e_d 分别为饱和与实际水汽压,kPa;Δ 为饱和水汽压-气温关系斜率,kPa/℃;γ 为干湿计常数,kPa/℃;U_2 为 2 m 高处风速,m/s;T 为平均气温,℃,其他符号同前。

以上 3 种温度评价法与 FAO56-PM 的吻合程度。一种是平均偏差,表明一个序列比另一个序列偏高或偏低的程度：

$$MD = \frac{1}{n} \sum_{i=1}^{n} (ET_{0PMi} - ET_{02i})$$

第二种是相关系数，反映两个序列之间的相关程度和变化方向的一致性程度：

$$R = \frac{\sum_{i=1}^{n} (ET_{0PMi} - \overline{ET_{0PMi}})(ET_{02i} - \overline{ET_{02i}})}{\sqrt{\sum_{i=1}^{n} (ET_{0PMi} - \overline{ET_{0PMi}})^2 \cdot \sum_{i=1}^{n} (ET_{02i} - \overline{ET_{02i}})^2}}$$

式中，MD 为平均偏差，mm；ET_{0PMi} 为 FAO56-PM 的计算结果，mm；ET_{02i} 为温度法的计算结果，mm；R 为相关系数；i 为序列中第 i 个值；n 为样本总数。

第三种方法是显著性指标 t 统计量，计算方法参见文献[2]。

3 意义

在此建立了华北参考作物的蒸散量模型，根据华北地区 6 个气象站的长系列资料，利用 FAO56-PM 公式对 3 种基于温度的 ET_0 计算方法进行评价。应用华北参考作物的蒸散量模型，依据平均偏差、相关系数和 t 统计量 3 种指标分别对年和月序列的吻合程度做出评价。通过华北参考作物的蒸散量模型，可知 Hargreaves 与 FAO56-PM 吻合最好，其次为 McCloud，吻合最差的为 Thornthwaite。从峰值到达时间看，Hargreaves 与 FAO56-PM 的峰值相一致，二者峰值均在 6 月份。Thornthwaite 和 McCloud 的峰值则明显滞后，二者在 7 月达到最大，与最高温度出现的月份相一致。在仅有气温的条件下，建议在华北地区优先选用 Hargreaves 方法计算 ET_0。

参考文献

[1] 刘晓英,李玉中,王庆锁. 几种基于温度的参考作物蒸散量计算方法的评价. 农业工程学报,2006,22(6):12-18.

[2] 李春喜,王志和,王文林.生物统计学(第 2 版)[M].北京:科学出版社,2001.

农用地的分等模型

1 背景

农用地分等一直是一个比较复杂的问题,无论在理论上还是实践上都存在着许多不同的观点和方法。农用地质量的高低是诸多因素综合影响的结果,且因素之间在其地理过程中存在着不同程度的关联性。因此积极进行农用地分等理论和方法的研究,客观地确定农用地的质量,具有重要的现实意义。严会超等[1]针对现行农用地分等方法存在的一些不足,尝试将模糊数学、自组织特征映射神经网络与地理信息系统结合起来,提出一种模糊 SOFM-GIS 空间聚类模型,并利用此模型进行农用地分等研究。

2 公式

模糊 SOFM-GIS 聚类模型的算法。

在处理分类问题之前要确定分类数,确定之后就可以把数据输入网络。模糊 SOFM 聚类模型的算法如下:

(1)输入各分类单元的指标值:a_{ij},$i=1,2,\cdots,n$,$j=1,2,\cdots,m$。

(2)用数据预处理器对各单元指标值进行预处理,得到各单元指标预处理值 b_{ij},$i=1,2,\cdots,n$,$j=1,2,\cdots,m$。

设有 n 个单元$(x_1,x_2,\cdots,x_n)$,m 个分类指标$(y_1,y_2,\cdots,y_n)$,第 i 个单元第 j 个指标的值为 a_{ij}。对各因素分别建立其论域上的隶属函数。将各单元的指标值 $a_{ij}(i=1,2,\cdots,n,j=1,2,\cdots,m)$供给各隶属函数公式中,算出相应的隶属度 b_{ij},表示第 i 个单元第 j 个指标的隶属度。b_{ij}组成一个 $n×m$ 阶模糊关系矩阵 R。

(3)对各单元数据 b_{ij}进行正态分布检验,常用的方法是计算数据分布的歪斜系数(SC):

$$SC = \left(\sum \left(\frac{x_i - \bar{x}}{SD} \right) 3 \right) / n$$

式中,$\bar{x}$ 为平均值;SD 为标准方差;n 为数据的个数。如果 SC 在-0.5 到 0.5 之间,可以认为数据分布接近正态,否则,对 b_{ij}进行非线性变换,使变换后的 b_{ij}分布接近正态分布。常用的非线性函数有 X^p,$X^{i/n}$,e^x,$\mathrm{Ln}(x)$ 等。

(4)给输入层与输出层之间的权值分别赋以$[0,1]$间的随机数，$V_{ik}(0)=Rnd$，$k=1,2,$ $\cdots,s,j=1,2,\cdots,m$。

(5)设输出层中单元k的权向量为$V_k(k=1,2,\cdots,s)$，对每一个输入模式$X_p(p=1,2,$ $\cdots,n)$进行如下操作：

步骤1：求V_k中与X^p距离最小者，并记为V_g：

$$\|X^p-V_g\|=\min_k\|X^p-V_k\| \tag{1}$$

这里的距离为$Euclid$距离，其意义是：

$$\|x-y\|=\sqrt{\sum_{j=1}^m(x_j-y_i)^2} \tag{2}$$

步骤2：对以V_g为中心的周围的神经元的权向量按如下方式进行调整：

$$V_k(t+1)=\begin{cases} v_k(t)+a(t)(x-v_k(t)) & \text{若 } K\in N_g(t) \\ v_k(t) & \text{若 } K\notin N_g(t) \end{cases}$$

式中，$N_g(t)$为以V_g为中心的周围神经元组成的邻域。在学习中，$a(t)$的初始值可选大些，然后逐步收缩。学习系数$a(t)$在初始时取值为接近于1.0的常数，然后逐步变小，例如：可取为$0.9(1-t/1000)$。

(6)重复(5)的步骤2，取$t=1,2,\cdots,n\max$，$500<n\max<1000$。

利用模糊SOFM聚类模型对于具有多指标多特征的系统进行自动分类特性以及利用GIS强大的空间分析和表达能力，将模糊SOFM聚类模型与GIS系统进行集成建立模糊SOFM-GIS空间聚类模型。该模型由3个子系统构成(图1)。

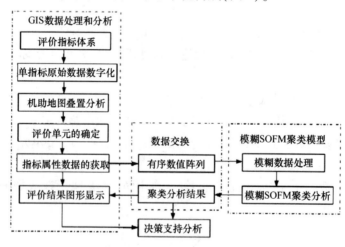

图1　模糊SOFM-GIS空间聚类模型

3 意义

针对目前农用地分等方法中的存在的不足之处,提出将模糊理论、自组织特征映射(Self-Or ganizing Feature Map,SOFM)网络与 GIS 相结合,构造出一种新的农用地分等模型——模糊 SOFM-GIS 空间聚类模型,这就是农用地的分等模型。并利用此模型对广东省高要区农用地进行农用地分等评价,结果表明采用模糊 SOFM -GIS 空间聚类模型进行农用地分等评价具有稳定、可靠等特点。

参考文献

[1] 严会超,杨海东,肖莉,等. 模糊 SOFM-GIS 空间聚类模型在农用地分等中的应用. 农业工程学报,2006,22(6):82-86.

改变雾流方向角的药液沉积模型

1 背景

农药是农作物稳产、高产的重要保证。FAO 在评价 20 世纪 50 年代以后粮食增产时，认为化学物质的投入贡献率占到 40%。为发挥农药药效必须保证良好的农药喷施质量，首先表现为令人满意的防治效果，这是使用农药的根本目的。但同时也要防止或最大限度地减少农药对环境和有益生物的危害。不正确的使用方法致使农药使用超量，不但浪费大量的农药，增加种植成本，而且流失到环境中的农药也对土地和水体造成污染。宋坚利等[1]通过相关实验研究了雾流方向角对药液在水平靶标和垂直靶标上的沉积影响。

2 公式

根据作业速度，所有喷头的流量 q 的计算式为：

$$q = \frac{Q \times V \times B}{600}$$

式中，q 为所有喷头的流量，L/min；Q 为用药液量，L/hm^2；V 为机车前进速度（在此研究中，行进速度为 1.18 m/s 和 0.59 m/s），km/h；B 为工作宽度，m。

以 $\alpha = 0°$ 时靶标上的药液沉积量为基准，与其他喷雾角喷雾时靶标上的药液沉积量相比，其比值计算方法如下：

$$D_p = \frac{x_\alpha - x_0}{x_0} \times 100\%$$

式中，D_p 为沉积增加百分比；x_α 表示雾流方向角为 α 时靶标上的沉积量；x_0 表示雾流方向角为 0° 时靶标上的沉积量。

图 1 所示为不同雾流方向角与水平靶标上的药液沉积量增加百分比 D_p 之间的关系。

3 意义

根据雾流的药液沉积模型，研究喷杆式喷雾机的雾流方向角对靶标上药液沉积量的影响。设置 ±40°、±30°、±20°、±10°、0° 等 9 个雾流方向角，分别以 1.18 m/s、0.59 m/s 的前进

224

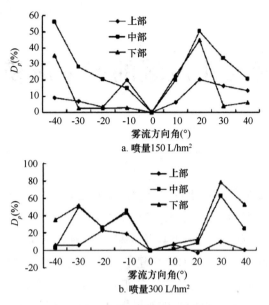

图 1　水平靶标不同雾流方向角与沉积增加百分比 D_p 关系

速度,按照 150 L/hm² 和 300 L/hm² 的喷量针对水平靶标和垂直靶标进行喷雾试验。应用雾流方向角的药液沉积模型,计算可知,改变雾流方向角会增加药液在水平靶标上的沉积量,药液在中部和下部靶标沉积量的增加程度比上部显著,喷量 150 L/hm² 和 300 L/hm² 的最佳喷雾雾流方向角分别为 20° 和 30°。对于垂直靶标,喷量 150 L/hm² 时,改变雾流方向角只会增加上部和下部靶标的药液沉积量;而喷量 300L/hm² 时,改变雾流方向角会使上、中、下三部分靶标的沉积量都增加,且增加程度一致。

参考文献

[1]　宋坚利,何雄奎,杨雪玲. 喷杆式喷雾机雾流方向角对药液沉积影响的试验研究. 农业工程学报, 2006,22(6):96-99.

紫色土小流域的产汇流模型

1 背景

紫色土是四川水土流失严重的土壤。其侵蚀面积之广和侵蚀强度之大,仅次于中国北方的黄土。强度侵蚀区[侵蚀模数不小于 7 750 t/(km² · a)]主要分布在四川盆地中部丘陵区的绥宁、蓬安、南充、南部、中江等市县及龙泉山区的部分地带。袁再健等[1]在蓄满产流模型的基础上,运用 VB 语言与 ArcGIS 构建了适合紫色土地区典型小流域的次降雨分布式产汇流模型,为进一步建立小流域产汇沙分布式模型奠定了基础,为定量分析紫色土地区小流域水土流失程度以及水土保持治理效果提供了科学方法与依据。

2 公式

一般情况下研究流域一次降雨历时比较长,降雨损失以蒸发、植物截留和入渗为主,填洼损失量很少,可以近似忽略。由此,在蓄满产流模型的基础上建立小流域次降雨产流模型如下。

蓄满前

$$P - E - Z = W_2 - W_1$$

蓄满后

$$P - E - Z - R = W_m - W_1$$

式中,P 为次降雨时段降雨量;E 为蒸发量;Z 为植物截留量;W_1,W_2 分别为时段始末的土壤蓄水量;R 为次降雨时段产流总量;W_m 为田间持水量。

令流域上某一点的蓄水容量为 W'_m,则流域蓄水容量曲线定义为蓄水容量等于或小于 W'_m 值所对应的流域面积,如图 1 中 F_R 为部分流域面积,F 为全流域面积,W'_{mm} 为 W'_m 的最大值,W_m 为流域平均蓄水容量(mm)。

图 1 表示的是下列水量平衡关系:

$$P - E - Z - R = W_2 - W_1$$

上式即是次降雨的产流方程。蓄水容量曲线的线型采用 B 次抛物线比较合适,即

$$\frac{F_R}{F} = 1 - \left(1 - \frac{W'_m}{W'_{mm}}\right)^B$$

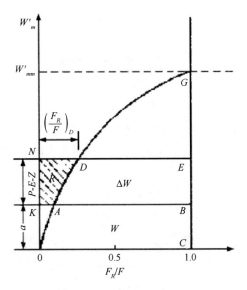

图 1　流域蓄水容量曲线图

据此可求得流域平均蓄水容量 W_m 为：

$$W_m = \int\limits_0^1 W'_m \mathrm{d}(F_R/F) = \frac{W'_{mm}}{1+B}$$

流域蓄水量 W，由图 1 可得：

$$W = \int\limits_0^a \left(1 - \frac{W'_m}{W'_{mm}}\right)^B \mathrm{d}W'_m = \frac{W'_{mm}}{1+B}\left[1 - \left(1 - \frac{a}{1-W'_{mm}}\right)^{1+B}\right]$$

与流域蓄水量 W 相对应的纵坐标 a 为：

$$a = W'_{mm}\left[1 - \left(1 - \frac{W}{W_m}\right)^{1+B}\right]$$

产流时，当 $a + P - E - Z < W'_{mm}$ 时：

$$R = (P - E - Z) - \Delta W = (P - E - Z) - \int\limits_a^{a+P-E-Z} \left(1 - \frac{W'_m}{W'_{mm}}\right)^B \mathrm{d}W'_m$$

$$= P - E - Z - (W_m - W) + W_m\left(1 - \frac{a+P-E-Z}{W'_{mm}}\right)^{1+B}$$

当 $a + P - Z - E \geqslant W'_{mm}$ 时：

$$R = P - E - Z - (W_m - W)$$

进一步应划分水源，推求地面径流与地下径流。把 R 分为地面径流 RS 与地下径流 RG 两部分，则：

$$P - E - Z > FC$$
$$RG = FC$$
$$RS = P - E - Z - FC$$
$$P - E - Z \leq FC$$
$$RS = 0, RG = R$$

式中,FC 为时段稳定下渗量(这里不考虑不稳定入渗那部分)。

Hartley[2] 在 1987 年提出了一个简单计算植物截留损失的降雨量 $Z(\mathrm{mm})$ 的关系式:

$$Z = Z_{\max} C_v$$

式中,C_v 为植被覆盖度,% ;$Z_{\max}$ 为在植被覆盖度为 100% 时,植被所拦截的降雨量(mm)。对应于不同的植被,其 $Z_{\max}$ 取值是不同的,具体数值可参照一些研究成果并根据鹤鸣观小流域不同季节的植被覆盖度变化情况确定计算地块对次降雨的截留量。

设一场暴雨起始流域蓄水量为 W_0,时段末流域蓄水量的计算公式为:

$$W_{t+\Delta t} = W_t + P_{t+\Delta t} - Z_{t+\Delta t} - E_{t+\Delta t} - R_{t+\Delta t}$$

式中,W_t、$W_{t+\Delta t}$ 分别为时段初、末流域蓄水量,mm;$P_{t+\Delta t}$ 为时段内流域的面平均降雨量,mm;$R_{t+\Delta t}$ 为时段内的产流量,mm;$Z_{t+\Delta t}$ 为时段内流域的植物截留量,mm;$E_{t+\Delta t}$ 为时段内流域的蒸散发量,mm,式中的蒸散发量根据流域逐日蒸发量数据按一定比例折算得到。

选取久旱无雨后一次降雨量较大且全流域产流的雨洪资料,计算流域平均降雨量 P 及产流量 R。因久旱无雨,可认为降雨开始时流域蓄水量 $W=0$。所以有:

$$W_m = P - Z - R - E$$

式中,P 为流域平均降雨量,mm;Z 为植被截留量,mm;R 为 P 产生的总径流深,mm;E 为雨期蒸发,mm。

模型中任意一个地块单元的出口总径流量可用下式表示:

$$Q_0 = Q_i - Q$$

式中,Q_0 为单元地块出口的总径流量,m³;Q_i 为进入单元地块的总径流量(包括来自坡面侧向入流量、上游坡面入流量)以及单元格内部产生的径流量(等于单元地块产生的径流深乘以该地块面积,m³);Q 为单元中所滞留的水量,m³。

在 Δt 时间内,单元地块所滞留的水量又可进一步表示为:

$$\frac{\mathrm{d}Q}{\mathrm{d}t} = [A(i,t) - A(i,t - \Delta t)]\Delta x$$

式中,$A(i,t)$,$A(i,t - \Delta t)$ 分别代表 t 时刻以及 $t - \Delta t$ 时刻垂直于径流方向的过水断面面积;Δx 为地块空间步长。

任一单元地块流速 v 采用明渠均匀流的谢才(A. Chezy)公式为:

$$v = \frac{1}{n} h^{2/3} S_0^{1/2}$$

228

式中，n 为曼宁糙率系数；h 为地块出口径流深，等于地块出口径流量除以该地块面积；S_0 为该地块地表平均坡度比降。

3 意义

以地块为计算单元，在每个地块上输入参数，依据流域产汇流机制，建立了紫色土小流域的产汇流模型，计算每个地块的产汇流量，并用递归算法将计算结果推算到流域出口，得到流域径流总量。根据紫色土小流域的产汇流模型，评价流域下垫面各因子空间分布不均匀性和人类活动的影响，模拟每个地块次降雨产汇流过程。在鹤鸣观小流域进行了模型的检验与应用，模拟过程与实测结果符合较好。紫色土小流域的产汇流模型的计算结果为四川紫色土地区水土保持治理提供了科学依据。

参考文献

［1］ 袁再健,蔡强国,吴淑安,等. 四川紫色土地区典型小流域分布式产汇流模型研究. 农业工程学报,2006,22(4):36-41.

［2］ Hartley D M. Simplified process model for water sedimentyield from single storms［J］. Part 1-Model formulat-ion. Tr ans ASAE,1987,30:710-717.

海岸线的土地利用模型

1 背景

黄河三角洲地理位置优越,生态类型独特,成为东北亚内陆和环西太平洋鸟类迁徙的重要"中转站、越冬栖息和繁殖地"。土地利用格局的变化对这些生物的生存将产生深远的影响。海岸带处于海陆生态系统的交错带,两者之间进行频繁的物质和能量的交流与交换,其覆被变化非常剧烈。另外,人类活动对海岸带覆被格局的影响弱化了其作为生物生境的许多功能。郭笃发[1]利用地理信息系统工具和景观生态学方法,对海岸带土地利用格局的时空变化进行了探讨。

2 公式

参照庄大方和刘纪远的计算方法[2],土地利用程度综合指数表示为:

$$L_a = 100 \times \sum_{i=1}^{n} A_i \times C_i \quad L_a \in [100,400]$$

式中,L_a 为土地利用程度综合指数;A_i 为第 i 类土地利用程度指数;C_i 为第 i 类土地面积百分比。

斑块分维数(D)反映斑块的复杂程度:

$$D = 2\log(p/4)\log A$$

景观优势度(Do):

$$Do = L/2 + R/2$$

$$L = 斑块 i 的数目/斑块总数目$$

$$R = 斑块 i 的面积／斑块总面积$$

其反映了斑块在景观中占有的地位及其对景观格局形成和变化的影响。

香农多样性指数($SHDI$):

$$SHDI = \sum_{i=1}^{m} (p_i \ln p_i)$$

式中,p_i 为第 i 种景观类型占总面积的比;m 为研究区中景观类型总数。

1986 年土地利用综合指数 Y_{86} 与距海岸线的距离 X 之间的关系用直线方程模拟为:

230

$$Y_{86} = 7.728X + 96.584$$

$$相关系数\ r = 0.979$$

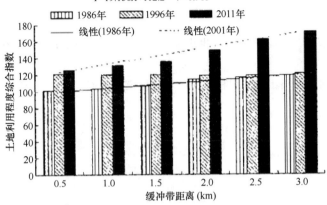

图1　海岸线缓冲带土地利用程度综合指数的空间变化

用前后两期土地利用程度综合指数的差值来表示时间上的变化,如图2所示。

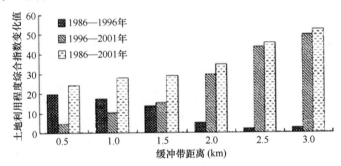

图2　黄河三角洲海岸线缓冲带土地利用程度综合指数时间变化

3　意义

　　解译1986年、1996年和2001年遥感图像,获得了黄河三角洲海岸带土地覆被数据,建立了海岸带的土地利用模型,将该地区土地覆被分为9种类型,并将3 km宽的海岸带分为6个缓冲带,每个带宽0.5 km。运用ARC/INFO软件和景观生态学方法,通过海岸带的土地利用模型,得到了渤海海岸线缓冲带的土地利用和景观格局变化。根据海岸带的土地利用模型,计算结果表明:在空间上,1986年和2001年各缓冲带土地利用程度综合指数随着距海岸线距离的增大而升高,两者呈直线关系;但在1996年,两者之间未呈现直线关系。在时间上,各缓冲带土地利用程度综合指数逐年增加;除了优势度外,所研究的其他景观格局指标与距海岸线的距离没有显著关系。

参考文献

[1] 郭笃发.近代黄河三角洲段渤海海岸线缓冲带土地利用时空特征分析.农业工程学报,2006,22(4):53-57.

[2] 庄大方,刘纪远.中国土地利用程度的区域分异模型研究[J].自然资源学报,1997,12(2):105-111.

融雪型灌区的来水预报模型

1 背景

在国内有季节性稳定积雪区约 $420×10^4$ km^2，现代冰川 $5.87×10^4$ km^2，冰水总储量约 $51\ 300×10^8$ m^3，主要分布在昆仑山、阿尔泰山、天山、祁连山、兴安岭和长白山及喜马拉雅山区。每年 4—8 月气温急剧上升时，冰雪融化，补给河流，形成河川径流。李智录等[1]利用神经网络具有的很强处理复杂非线性动力学系统的能力，将其应用于融雪补给型河流灌区来水预报，并将其与传统的多元线性回归预报模型进行比较，分析并指出两种模型各自的特点，为今后融雪补给型河流灌区来水预报模型的选择研究提供一种新的方法和依据。

2 公式

RBF 网络为有导师学习网络，隐单元的作用函数 G 常用高斯函数表示：

$$y_i = \sum_{i=1}^{m} w_i \exp\left(-\frac{\|x_j - c_i\|^2}{\sigma_i^2}\right)$$

目标函数表示为：

$$E = \frac{1}{2}\sum_{j=1}^{N} e_j^2$$

$$e_j = d_j - E(x_j) = d_j - \sum_{i=1}^{m} w_i \exp\left(-\frac{\|x_j - c_i\|^2}{\sigma_i^2}\right)$$

式中，N 为样本数；m 为所选隐节点数；w_i 为隐层第 i 个节点到输出层的权值；c_i 为隐层第 i 个节点的中心向量；σ_i 为隐层第 i 个节点的函数方差（高斯函数宽度）；x_j 为第 j 个输入样本，如昨日气温、前日气温、昨日平均流量、前日平均流量，等等；d_j 为与 x_j 对应的期望输出结果，实测的当日平均流量；y_j 为与 x_j 对应的网络输出结果，当日平均流量的预报值；e_j 为与 x_j 对应的误差信号。

应用归一化的数据进行训练学习，预报值与实测值对比见图 1，神经网络模型来水量预报的合格率为 87%，相当于甲等预报水平；多元线性回归预报模型系数结果见表 1，多元线性回归预报模型的合格率为 82%，相当于乙等预报水平。

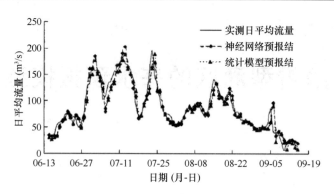

图 1　预报值与实测值对比

表 1　多元线性回归模型系数

因子选择	前一日温度 (℃)	前三日平均温度 (℃)	昨日平均流量	前日平均流量	常数项
模型系数	4.93	−2.65	1.13	−0.26	5.77

3　意义

将神经网络理论应用于冰雪融水补给为主的河流来水过程的模拟与预报,建立了融雪型灌区的来水预报模型,确定并识别冰雪融水补给为主的河流来水变化过程与其影响因子之间的复杂非线性关系,为无调蓄设施灌区灌溉来水预报提供了一种新的方法和途径。并在此基础上将神经网络模型与传统回归模型进行了对比分析,并用于新疆塔什库尔干河流域来水量预报,两模型预报结果与实测结果一致,神经网络模型模拟精度更高;神经网络模型在预报因素选择方面较回归模型简单,有成熟的理论基础。根据融雪型灌区的来水预报模型,计算结果表明其成果完全可以应用于工程生产,解决灌区来水的预报难题,有较好的应用前景。

参考文献

[1]　李智录,高杰,沈冰,等.基于神经网络的灌区融雪型河源来水预报模型.农业工程学报,2006,
22(4):66-69.

灌区的干旱程度评价模型

1　背景

干旱是指由水分的收与支或供与求不平衡形成的水分短缺现象。干旱作为全球性气象灾害,虽已有百年研究历史,但真正引起重视并进行系统的对策研究则是 20 世纪 60 年代以后的事。孙廷容等[1]试用改进可拓评价方法对灌区的干旱程度进行评价,引入粗集概念来确定评价指标的权重,克服了传统可拓评价方法在确定评价指标权重时采用专家意见调查法或层次分析法所造成的主观因素影响,同时,引入非对称贴近度代替最大隶属度原则,解决传统可拓评价方法中因最大隶属度导致信息丢失所引起的判别结果的偏差问题。

2　公式

为了描述客观事物的变化过程,把解决矛盾的过程形式化,可拓学引入了物元概念,它是以事物 N、特征 C 及其量值 V 三者组成的有序三元组,记作 $R = (N, C, V)$。不同的事物可以具有相同的特征,用同征物元表示:

$$\text{设 } R_1 = (N_1, C, V_1) = \begin{bmatrix} N_1, & C_1, & V_{11} \\ & C_2, & V_{21} \\ & \cdots & \cdots \\ & C_n & V_{n1} \end{bmatrix}, R_2 = (N_2, C, V_2) = \begin{bmatrix} N_2, & C_1, & V_{12} \\ & C_2, & V_{22} \\ & \cdots & \cdots \\ & C_n & V_{n2} \end{bmatrix}, \cdots,$$

$$R_m = (N_m, C, V_m) = \begin{bmatrix} N_m, & C_m, & V_{1m} \\ & C_2, & V_{2m} \\ & \cdots & \cdots \\ & C_n & V_{nm} \end{bmatrix}$$ 为 m 个同征 $(c_1, c_2, \cdots, c_n)$ 物元,则称 R 为同征物元,

可表示为:

$$R = \begin{bmatrix} N & N_1 & N_2 & \cdots & N_m \\ C & V_1 & V_2 & \cdots & V_m \end{bmatrix} = \begin{bmatrix} N & N_1 & N_2 & \cdots & N_m \\ C_1 & V_{11} & V_{12} & \cdots & V_{1m} \\ C_2 & V_{21} & V_{22} & \cdots & V_{2m} \\ \cdots & \cdots & \cdots & \cdots & \cdots \\ C_n & V_{n1} & V_{n2} & \cdots & V_{nm} \end{bmatrix}$$

设有 m 个干旱程度评价等级 N_1, N_2, $\cdots$, N_m 建立相应的同征物元：

$$R_0 = \begin{bmatrix} N & N_1 & N_2 & \cdots & N_m \\ C & V_1 & V_2 & \cdots & V_m \end{bmatrix} = \begin{bmatrix} N & N_1 & N_2 & \cdots & N_m \\ C_1 & (a_{11},b_{11}) & (a_{12},b_{12}) & \cdots & (a_{1m},b_{1m}) \\ C_2 & (a_{21},b_{21}) & (a_{22},b_{22}) & \cdots & (a_{2m},b_{2m}) \\ \cdots & \cdots & \cdots & \cdots & \cdots \\ C_n & (a_{n1},b_{n1}) & (a_{n2},b_{n2}) & \cdots & (a_{nm},b_{nm}) \end{bmatrix}$$

式中，R_0 为同征物元 R_1, R_2, $\cdots$, R_m 的同征物元体；N_j 为所划分的第 j 个干旱评价等级；C_i 为第 i 个评价指标；a_{ij}, b_{ij} 为 N_j 关于指标 C_i 所规定的量值范围，即各干旱等级关于对应的评价指标所取的数据范围，称为经典域。

根据已构造的经典域，令：

$$R_p = (P,C,V_p) = \begin{bmatrix} P, & C_1, & V_{1p} \\ & C_2, & V_{2p} \\ & \cdots & \cdots \\ & C_n & V_{np} \end{bmatrix} = \begin{bmatrix} P, & C_1, & (a_{1p},b_{1p}) \\ & C_2, & (a_{2p},b_{2p}) \\ & \cdots & \cdots \\ & C_n, & (a_{np},b_{np}) \end{bmatrix}$$

得使 $V_{ij} \subset V_{ip}(i=1,2,\cdots,m)$。其中，$P$ 表示评价等级的全体，$V_{ip} = (a_{ip},b_{ip})$ 为 P 关于 C_i 所取的量值的范围，称 P 的节域。

对待评的事物 Q，把所收集到的灌区指标数据或分析计算结果用物元

$$R_Q = \begin{bmatrix} Q, & C_1, & V_1 \\ & C_2, & V_2 \\ & \cdots & \cdots \\ & C_n & V_n \end{bmatrix}$$

表示，R_Q 称为事物的待评物元。式中，Q 表示待评事物；V_i 为事物 Q 关于指标 C_i 的量值，即待评灌区的指标数据。

粗集理论认为最终权重应由两部分权重组成：一是客观权重，可通过处理大量历史数据获得；二是主观权重 q，由专家经验知识直接确定。则综合权重可按下式确定：

$$\beta = \alpha q + (1-\alpha)P \quad (0 \leqslant \alpha \leqslant 1)$$

式中，β 为综合权重；α 称为经验因子($0 \leqslant \alpha \leqslant 1$)，反映决策过程中决策者对主观权重和客观权重的偏好程度：α 越大，表明决策者越重视专家的经验知识；反之表明决策者更重视客

观权重。

根据非对称贴近度公式($p=1$时),经整理可得:

$$N = 1 - \frac{1}{n(n+1)} \sum_{i=1}^{n} Dg\beta_i$$

用此进行关联度计算和等级评定。

具体计算和评价步骤如下:

(1)规格化

对经典域矩阵 R_0 中的元素规格化,得到:

$$R_0 = \begin{bmatrix} N & N_1 & N_2 & \cdots & N_m \\ C_1 & v'_{11} & v'_{12} & \cdots & v'_1m \\ C_2 & v'_{21} & v'_{22} & \cdots & v'_2m \\ \cdots & \cdots & \cdots & \cdots & \cdots \\ C_n & v'_{n1} & v'_{n2} & \cdots & v'_{nm} \end{bmatrix}$$

其中,$v'_{ij} = \dfrac{v_{ij}}{b_{ip}}(i = 1,2,\cdots,n, j = 1,2,\cdots,m)$,$b_{ip}$ 为节域的上边界值。

同理,对待测物元的特征值 $[v_1, v_2, \cdots, v_n]$ 规格化,得:

$$\begin{bmatrix} v_1 \\ v_2 \\ v_3 \\ \cdots \\ v'_n \end{bmatrix} = \begin{bmatrix} v_1/b_{1p} \\ v_2/b_{2p} \\ v_3/b_{3p} \\ \cdots \\ v_n/b_{np} \end{bmatrix}$$

(2)定义贴近度(计算距离)

令:

$$D_j(v'_i) = \rho(v'_i, V'_{ij})$$

其中,

$$\rho(v'_i, V'_{ij}) = \left| v'_i - \frac{a'_{ij} + b'_{ij}}{2} \right| - \frac{1}{2}(b'_{ij} - a'_{ij})$$

可进一步表示为:

$$N_j(q) = 1 - \frac{1}{n(n+1)} \sum_{i=1}^{n} \beta_i D_j(v'_i), j = 1,2,L,m$$

(3)评判

若 $N_{j0}(Q) = \max N_j(Q)$,有

$$\overline{N_j}(Q) = \frac{N_j(Q) - \min\limits_{j} N_j(Q)}{\max\limits_{j} N_j(Q) - \min\limits_{j} N_j(Q)}$$

$$j^* = \frac{\sum\limits_{j=1}^{m} j \cdot \overline{N_j}(Q)}{\sum\limits_{j=1}^{m} \overline{N_j}(Q)}$$

则称 j^* 为 Q 的等级变量特征值。

$$R_0 = \begin{bmatrix} N & N_1 & N_2 & N_3 & N_4 \\ C_1 & (-0.5244, 0.5244) & (-1.0364, -0.5244) & (-1.6485, 1.0364) & (-3, -1.6485) \\ C_2 & (1.7, 0.90) & (0.70, 0.90) & (0.60, 0.70) & (0.1, 0.6) \\ C_3(0.70, 1.0) & (0.50, 0.70) & (0.20, 0.50) & (0.0, 0.20) & \\ C_4(0.90, 1.0) & (0.80, 0.90) & (0.70, 0.80) & (0.20, 0.70) & \end{bmatrix}$$

$$R_P = \begin{bmatrix} P & C_1 & (-2.8, 0.8) \\ & C_2 & (0, 1.8) \\ & C_3 & (0, 12) \\ & C_4 & (0.2, 0) \end{bmatrix}$$

则待测物元：

$$R = \begin{bmatrix} & Q_1 & Q_2 & Q_3 & Q_4 \\ C_1 & -2.33 & 0.19 & 0.01 & 0.71 \\ C_2 & -2.22 & 0.22 & 0.09 & 0.59 \\ C_3 & -1.78 & 0.39 & 0.31 & 0.41 \\ C_4 & -2.18 & 0.36 & 0.01 & 0.88 \end{bmatrix}$$

3 意义

在此引入了基于非对称贴近度和粗集理论的改进可拓评价方法，建立了灌区的干旱程度评价模型，确定了灌区干旱评价特点，改进了评价方法不足，有效避免了灌区干旱评价指标界限的纲性量化导致的遗漏问题和单项指标评价结果的矛盾性、不确定性和不相容性。根据灌区的干旱程度评价模型，与传统可拓评价方法相比，在指标权重的确定中采用经验因子协调主客观权重，克服了以往决策者过分依赖专家经验知识确定的不足。在等级评价中采用非对称贴近度原则，代替最大隶属度，有效解决最大隶属度原则的失效问题。

参考文献

[1] 孙廷容,黄强,张洪波,等. 基于粗集权重的改进可拓评价方法在灌区干旱评价中的应用. 农业工程学报,2006,22(4):70-74.

土壤的平衡施肥模型

1 背景

近年来,以精准农业为目标的养分管理正成为农学、农业生态学和土壤学的热点,GPS、GIS 技术和地统计学方法开始大量应用。在区域尺度的农田养分管理方面,地理信息系统可以将土壤、土地利用、农业管理信息转化成 GIS 图层进行管理,通过产量图与其他相关因素图的比较,分析影响产量的主要因素。孙波等[1]以江西省余江县为例,首先通过田间试验建立基于土壤肥力的红壤旱地和水田的平衡施肥模型,然后利用组件 GIS 技术,基于土壤养分信息和施肥模型,建立余江施肥专家决策支持系统,通过施肥单元离散化技术,将施肥模型应用到县级尺度的施肥决策中。

2 公式

余江(丘陵红壤地区)施肥专家决策支持系统主要由 5 个功能模块(图1)组成:地理信息输入、显示模块,施肥参数输入编辑模块,施肥专家知识库模块,施肥决策模型库模块,施肥方案打印模块。

早稻氮肥试验:选取红砂岩、红黏土不同母质不同土壤肥力水平的水稻土(共 6 个田块),设置 5 个氮肥水平、3 次重复的田间试验(磷肥用量为 60 kg/hm²,钾肥用量为 150 kg/hm²),利用 SPSS 分析,建立了早稻产量和有机质、氮肥用量的线性相关模型:

$$Y = 8.268x + 523.22OM + 3471.667$$
$$(n = 90, 调整 R^2 = 0.462)$$

式中,Y 为早稻的产量,kg/hm²;x 为氮肥(N)用量,kg/hm²;OM 为土壤有机质的分类变量,$OM > 30$ g/kg 时,OM 取 1;20 g/kg $< OM < 30$ g/kg 时,OM 取 0。

花生磷肥试验:选取红砂岩、红黏土不同母质的 2 个田块,磷肥设置 5 个水平、3 次重复的田间试验,氮肥(N)用量 135 kg/hm²,钾肥(K₂O)用量为 180 kg/hm²,拟合方程如下:

$$Y = 3590.27 - 436.18AP + 6.189P$$
$$(n = 30, 调整 R^2 = 0.451)$$

式中,Y 为花生产量,kg/hm²;AP 为土壤速效磷的分类变量(参照国际 Olsen 法速效磷分级标准),速效磷小于 11 mg/kg 时取 0,11 mg/kg $<$ 速效磷 $<$ 22 mg/kg 时取 1,速效磷大于 22

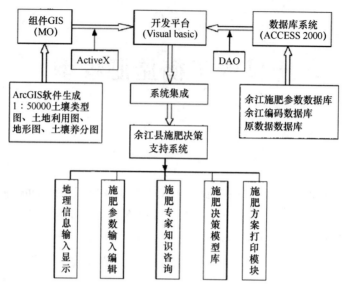

图 1　施肥专家决策支持系统的功能结构

mg/kg 时取 2;P 为磷肥用量,mg/kg 。

3　意义

利用组件式地理信息系统技术,在 Visual Basic 环境下嵌入 MapObjects,结合数据库技术、专家系统技术,建立了土壤的平衡施肥模型,这是土壤肥力的红壤旱地和水田的平衡施肥模型。通过土壤的平衡施肥模型,确定了典型红壤丘陵区——江西余江县的县级尺度的施肥专家决策支持系统。在管理余江县基础地理、土壤、农业经济等信息的基础上,采用土壤的平衡施肥模型,通过计算得到了江西余江县土壤养分的空间变异,利用离散化技术生成施肥单元,基于施肥单元进行了县域尺度水田和旱地作物的施肥指导。

参考文献

[1]　孙波,严浩,施建平,等. 基于组件式 GIS 的施肥专家决策支持系统开发和应用. 农业工程学报,2006,22(4):75-79.

饲料混合的质量评价模型

1 背景

中国现有几家公司生产数个型号的 TMR 混合机,但主要机型都是卧式螺旋型。由于反刍动物全混合日粮混合机及其机理方面的研究在我国还处于起步状态,缺少成熟的理论、工艺及方法,同时对全混合日粮质量的评价体系也还没建立起来,这对我国 TMR 混合机的设计和发展产生了严重影响。针对中国畜牧业的实际需要及 TMR 混合机研究的现状,王德福和蒋亦元[1]研究了集剪切、揉搓及混合加工于一体的双轴卧式 TMR 混合机。

2 公式

选用变异系数作为混合均匀度的考核指标,由于 TMR 原料组分湿度、容重、粒度等特性相差悬殊,确定以添加原料中的食盐作为示踪物,每次试验均以钠离子含量来计算变异系数。变异系数的计算公式为:

$$CV = \frac{S}{\overline{X}} \times 100\%$$

式中,CV 为变异系数;S 为混合物样品的标准差;$\overline{X}$ 为混合物样品的平均值。

每组试验取 3 个样品,在每个样品中各取出 100 g 物料,用 $\phi 19$ mm、$\phi 8$ mm、$\phi 4.75$ mm 标准冲孔筛组,使用样品振动筛分机筛分 5 min,称出 $\phi 4.75$ mm 筛下物质量,算出其占总质量的百分数,最后取 3 组的平均值作为加工物料的细粉率。计算公式为:

$$\lambda = \frac{D}{Q} \times 100\%$$

式中,λ 为物料碎粉率;D 为标准筛组底盘中(最大尺寸小于 5mm)的物料质量,g;Q 为样品总质量,g。

通过对试验结果的分析处理,得到混合均匀度与试验参数回归方程:

$$Y_1 = 5.93 + 1.25x_1 + 0.32x_2 + 0.55x_4 + 0.84x_5 + 0.22x_1^2 - 1.55x_1x_2$$
$$- 1.32x_1x_4 + 0.81x_1x_5 + 1.06x_2^2 - 0.47x_2x_3 - 0.57x_2x_4 - 0.76x_2x_5$$
$$- 0.43x_3x_4 + 0.36x_3x_5 + 0.74x_4x_5$$

由回归方程的方差分析可知,$F_1 = 1.54 < F_{0.01}(6,9) = 5.80$,说明回归方程拟合得较

好,又因 $F_2 = 2.53 > F_{0.05}(20,15) = 2.33$,说明方程是显著的。

由图1可见,当其他各因素均取零水平值时,转子转速对混合均匀度的影响显著,呈上升曲线变化,即转子转速取-2水平值(42 r/min)时,饲料混合均匀度高;同样,转子间隙对混合均匀度影响显著,呈下凸曲线变化;齿杆角度对混合均匀度影响不显著,呈平缓的曲线变化;混合时间对混合均匀度的影响较小,呈平缓上升曲线变化;充满系数对混合均匀度影响较显著,呈平缓上升曲线关系。

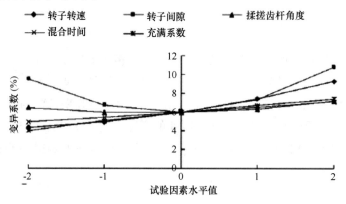

图1　单因素对混合均匀度的影响

通过对试验结果的分析,物料细粉率与试验参数回归方程如下:

$$Y_2 = 40.78 + 1.67x_1 - 0.34x_2 + 0.43x_3 + 1.67x_4 + 0.59x_5 + 0.60x_1^2$$
$$- 0.34x_1x_2 - 0.25x_1x_3 - 0.24x_1x_4 + 0.80x_2^2 + 0.34x_3^2 - 0.41x_3x_4$$
$$- 0.25x_3x_5 + 0.41x_4^2 + 0.26x_4x_5$$

由回归方程的方差分析可知,$F_1 = 1.09 < F_{0.01}(6,9) = 5.80$,说明回归方程拟合得较好,又因 $F_2 = 3.10 > F_{0.05}(20,15) = 2.33$,说明方程是显著的。

由图2可见,当其他各因素均取零水平值时,转子转速对细粉率的影响显著,呈上升曲线变化,即转子转速取-2~-1水平值时,物料细粉率达最小值;同样,转子间隙对细粉率影响较显著,呈总体下降的曲线变化;齿杆角度对细粉率影响相对较小,呈缓慢上升的曲线变化;混合时间对细粉率的影响显著,呈上升曲线变化;充满系数对细粉率影响相对较小,呈缓升曲线变化。

3　意义

采用二次回归正交旋转组合试验设计,建立了饲料混合的质量评价模型,确定了5个试验因素,进行了混合均匀度及物料细粉率作为指标的研究。根据饲料混合的质量评价模型,计算得出了其结构与运动参数的合理组合,即揉搓转子转速宜取 40~50 r/min、剪切转

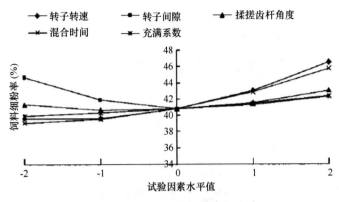

图 2　单因素对物料细粉率的影响

子转速宜取 55~65 r/min,转子间隙宜取 11~13 mm,齿杆角度宜取 5°~10°,混合时间宜小于 10 min,充满系数不应小于 0.1。在全混合日粮混合试验中,混合均匀度指标以变异系数进行评价,并以食盐为示踪物进行了变异系数分析,试验结果证明该法准确、简单、可行。

参考文献

[1]　王德福,蒋亦元. 双轴卧式全混合日粮混合机的试验研究. 农业工程学报,2006,22(4):85-88.

定容燃烧的喷雾模型

1 背景

缸内燃烧过程的改善是降低排放、改善柴油机性能的重要方面,而模拟实验是揭示缸内燃烧过程机理的有效手段。一般来说,发动机模拟实验装置有三种:高速压缩机、高速循环机和定容燃烧弹。目前,国内外的相关研究主要集中在柴油喷雾的自由射流方面,而采用平面激光诱导荧光法对现代柴油机在高温、高压、高密度工作环境下高压燃油喷射受限(撞壁)射流、二次射流及油束撞壁混合过程的研究较少。赵昌普等[1]就开发新型定容燃烧喷雾模拟实验装置进行了分析,并进行相关研究。

2 公式

当在定容燃烧弹内充入 N_2 , O_2 , C_2H_2 ,且当 1 摩尔乙炔与氧在化学计量比下完全燃烧时,其化学反应方程式如下:

$$C_2H_2 + 2.5O_2 + xN_2 = 2CO_2 + H_2O + xN_2$$

如果假定燃烧是在定容绝热条件下进行的,且取点火燃烧前燃烧弹内气体的温度 T_0 为室温,即 $T_0 = 298K$,则此过程的能量方程式为:

$$Q_v = \sum_{prod} N_i (u_T - u_{298})_i - \sum_{reac} N_i (u_T - u_{298})_i$$

式中, Q_v 为 C_2H_2 的反应内能,或称定容反应热。

若用 p,V,T,n,R_m,R 分别表示燃烧弹内气体压力、燃烧弹容积、温度、气体摩尔数、通用气体常数及气体常数,下标 $0,1,2$ 分别表示燃烧前、燃烧后、喷油时刻的状态,下标 R,P 分别表示反应物和生成物,利用理想气体状态方程:

$$p_0V = \sum n_R R_m T_0 \ \text{及} \ p_1V = \sum n_P R_m T_1$$

得:

$$\frac{p_1}{p_0} = \frac{\sum n_R T_1}{\sum n_P T_0}$$

由上式化简可得：

$$p_0 = p_1 \left(\frac{\sum n_R}{\sum n_P} \frac{T_1}{T_0} \right) = p_1 \left(\frac{2 + 1 + x}{1 + 2.5 + x} \frac{T_1}{T_0} \right)$$

再由第一个方程式可得初充入各气体组分的分压力：

$$p_{C_2H_2} = \frac{1}{1 + 2.5 + x} p_0 = 0.0327 \text{ MPa}$$

$$p_{O_2} = \frac{2.5}{1 + 2.5 + x} p_0 = 0.0818 \text{ MPa}$$

$$p_{N_2} = \frac{x}{1 + 2.5 + x} p_0 = 1.3918 \text{ MPa}$$

因燃烧弹容积为：$V = \frac{c}{V} D^2 h = 0.3393 \times 10^{-3} \text{m}^3$，可得燃烧前及燃烧后燃烧弹内气体的总摩尔数分别为：

$$\sum n_R = \frac{p_0 V}{R_m T_0} = 2.063 \times 10^{-4} \text{ kmol}$$

$$\sum n_P = \frac{p_1 V}{R_m T_1} = 2.040 \times 10^{-4} \text{ kmol}$$

再由 $pV = mRT$ 可得燃烧弹内充入各组分的质量：

$$m_{C_2H_2} = \frac{p_{C_2H_2} V}{R_{C_2H_2} T_0} = 0.1651 \times 10^{-3} \text{ kg}$$

$$m_{O_2} = \frac{p_{O_2} V}{R_{O_2} T_0} = 0.3585 \times 10^{-3} \text{ kg}$$

$$m_{N_2} = \frac{p_{N_2} V}{R_{N_2} T_0} = 5.3369 \times 10^{-3} \text{ kg}$$

因此，燃烧弹内气体的密度为：

$$d = \frac{\sum m_i}{V} = \frac{m_{C_2H_2} + m_{O_2} + m_{N_2}}{V} = 17.272 \text{ kg/m}^3$$

为使乙炔充分燃烧及减少碳烟对石英视窗的污损，充入的氧气量往往大于理论值，即燃空当量比小于1。此时的化学反应方程式为：

$$C_2H_2 + (2.5 + T)O_2 + N_2 = 2CO_2 + H_2O + TO_2 + xN_2$$

3 意义

根据定容燃烧的喷雾模型,得到了一种无需将燃烧弹壳体加热到高温,只需点燃可控预充可燃混合气,即可模拟现代柴油机喷油时缸内高温、高压、高密度工作环境下高压燃油喷射特性及油束撞壁混合过程的定容燃烧喷雾模拟实验装置。此装置可以模拟实际发动机高达 6.5 MPa、1000 K 的缸内高压、高温工作环境,并给出了模拟不同压力和温度时预充气组分各分压的理论计算方法及实验所得的压力—时间曲线,为测量现代柴油机的喷雾特性及油束撞壁混合过程提供了必要的条件。

参考文献

[1]   赵昌普,苏万华,汪洋,等. 新型定容燃烧喷雾模拟实验装置的开发及应用. 农业工程学报,2006,
       22(4):89-93.

热泵干燥系统的性能模型

1 背景

热泵干燥具有节约能源、产品质量高、干燥条件可调节范围宽和环境友好等显著优点，已广泛应用于木材、谷物、果蔬、水产品及种子等热敏感性物料的干燥。用热泵干燥机对蘑菇所做干燥实验表明热泵干燥是一种节能有效的干燥方法。经热泵干燥加工的洋葱成品，其品质比传统气流干燥更优，且节能30%。张绪坤等[1]对自行设计的热泵干燥系统的性能进行了试验研究，考察了开路式、半开路式及闭路式热泵干燥运行时的蒸发器析水速率、热泵干燥系统的性能系数和单位能耗除湿量等主要性能指标。

2 公式

为了对热泵干燥装置的性能进行深入研究，常用单位能耗除湿量（SMER）和热泵干燥系统的性能系数（COP_{ws}）来综合评价一个热泵干燥系统。

单位能耗除湿量定义为：

$$SMER = \frac{M_d}{W_s}$$

式中，M_d 为水分蒸发量，kg；W_s 为输入的电能，kWh。

热泵干燥系统的性能系数（COP_{ws}），根据下列公式计算，即：

$$COP_{ws} = 1 + SMER \times h_{tg}$$

式中，$SMER$ 为单位能耗除湿量，kg/（kW h）；h_{tg} 为水的蒸发潜热，水在100℃时的蒸发潜热为 2 255 k J/kg 或 1.596 kg/（kW h）。

从图1和图2可以看出，在开路式热泵干燥运行时，干燥室入口、出口处的温度变化不大，进出口温度的差值保持在6~7℃左右。而半开路式热泵干燥运行时，随着时间的延长，干燥室进出口处的温度不断上升。

3 意义

根据热泵干燥系统的性能模型，设计了一套热泵干燥装置，压缩机3.73kW，制冷工质

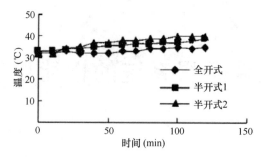

图1 开路式、半开路式循环干燥室入口空气温度

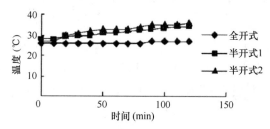

图2 开路式、半开路式循环干燥室出口空气温度

为R22,并在此试验装置上进行了热泵干燥系统的性能试验。利用热泵干燥系统的性能模型,计算结果表明:在开路式热泵干燥运行时,蒸发器析水速率较低,但热泵运行稳定;而在半开路式热泵运行时,随着外排干燥废气的减少,蒸发器析水速率不断增加;闭路式热泵干燥循环过程中,空气旁通率(BAR)对热泵的运行状况影响较大。利用热泵干燥系统的性能模型计算得到,开路式、半开路式热泵干燥循环中,系统的单位能耗除湿量较高。而且在闭路式热泵干燥循环过程中,当 $BAR=0.4$ 和 $BAR=0.6$ 时,系统的单位能耗除湿量有最大值。

参考文献

[1] 张绪坤,李华栋,徐刚,等. 热泵干燥系统性能试验研究. 农业工程学报,2006,22(4):94-98.

FOPS 受落锤冲击的动态模型

1 背景

装载机上安装的对司机提供落物保护的结构简称为 FOPS。目前出口到欧盟和美国的装载机必须装备 FOPS。无论是大中型装载机还是小型装载机,国际标准 ISO3449 和国家标准 GB/T1777 均要求 FOPS 在 -18℃ 或以下环境中能承受 11 600 J 的冲击能量。王继新等[1]以 ZL15 装载机为例,提出了用显式动态有限元法来分析 FOPS 的碰撞冲击响应,介绍了 FOPS 有限元模型的建立方法和边界条件的施加方法,分析了落锤与 FOPS 间的碰撞接触冲击力波形、冲击变形规律和能量转换规律,进行了 ZL15 装载机的 FOPS 样机试验,试验结果与计算机仿真一致。

2 公式

在 t 时刻变形体的节点质量矩阵 M 乘以节点加速度 $X(t)$ 等于所施加的外力与单元内力之差,即:

$$M\ddot{x}(t) = F(x,\dot{x}) - I(x,t) + H + Q$$

式中,M 为集中质量矩阵;$\ddot{x}(t)$ 为节点加速度;$F(x,\dot{x})$ 为所施加的外力;$I(x,t)$ 为节点内力。

在上式中加入总体沙漏黏性阻尼力 H 和碰撞接触力 Q 后,有:

$$M\ddot{x}(t) = F(x,\dot{x}) - I(x,t) + H + Q$$

当采用集中质量方式,并应用中心差分法对上式进行显示的时间积分时,方程组是非耦合的,故 t_m 时刻有:

$$\ddot{x}(t_n) = M^{-1}[P(t_n) - F(t_n) + Q_C(t_n) + H(t_n)]$$

$$\dot{x}(t_{n+1/2}) = \dot{x}(t_{n-1/2}) + (\Delta t_{n-1} + \Delta t_n)x(t_n)/2$$

$$x(t_{n+1}) = x(t_n) + \Delta t_n \dot{x}(t_{n+1/2})$$

式中,$t_{n-1/2} = (t_n/t_{n-1})/2$;$t_{n+1/2} = (t_{n+1}/t_n)/2$;$\Delta t_{n-1} = t_n - t_{n-1}$;$\Delta t_n = t_{n+1} - t_n$。

此次分析的 FOPS 材料为 Q235A,其动态屈服条件采用 Cowper-symonds 模型,其数学模型为:

$$\sigma_d = [1 + (\dot{\varepsilon}/C)^{1/P}](\sigma_0 + \beta E_p \varepsilon_p^{eff})$$

式中，σ_d 为动态屈服应力；$\dot{\varepsilon}$ 为应变率；C、P 为 Cowper-Symonds 应变率系数；σ_0 为初始屈服应力；β 为硬化参数；$\varepsilon_p^{\mathit{eff}}$ 为有效塑性应变；E_p 为塑性硬化模量，且 $E_p = E_{\tan}E/(E - E_{\tan})$，其中 $E_{\tan}$ 为硬化阶段的切线模量。FOPS 材料参数如表 1 所示。

表 1　FOPS 材料参数

$\rho(\mathrm{kg/m^3})$	$E(\mathrm{MPa})$	$\sigma_0(\mathrm{MPa})$	$C(\mathrm{s^{-1}})$	P	$E_{\tan}(\mathrm{MPa})$
7800	206	330	5	40	600

碰撞过程中能量转换关系如下：

$$E_k + E_i = E_{k_0} + E_w$$

式中，E_k 为系统动能；E_i 为系统内能(包括弹性变形能和塑性变形能)；E_{k_0} 为落锤与 FOPS 顶平面开始碰撞时的动能；E_w 为落锤冲击过程中的重力做功。

3　意义

以 ZL15 装载机为例，利用有限元模型的建立方法和边界条件的施加方法，建立了受落锤冲击的动态模型，确定了落锤碰撞 FOPS 时的冲击力波形、FOPS 的冲击变形规律和能量转换规律。根据对受落锤冲击动态模型的计算可知，冲击力波形与方波假设不同；冲击过程没有 FOPS 构件侵入 DLV，FOPS 满足 ISO3449 的要求；第一次冲击 FOPS 吸收了 83% 的能量，第二次及其以后的冲击可以忽略。受落锤冲击的动态模型计算结果表明，在冲击能量不变的前提下，得到了落锤高度和质量变化对 FOPS 冲击变形的影响规律：落锤高度变小、质量变大时冲击变形反而变大。

参考文献

[1]　王继新, 王国强, 杜文靖, 等. 小型装载机 FOPS 受落锤冲击的动态响应. 农业工程学报, 2006, 22(4): 107-111.

渠道运行的控制模型

1 背景

渠道运行控制系统是一个多输入多输出的多变量系统,用现代控制理论研究渠道运行自动控制问题较为合适,状态空间方程能较清楚地表述各级节制闸门开度的变化与渠道水面变化之间的动态关系。但是,现代控制论是建立在线性理论基础之上的应用科学,渠道运行控制是一个非线性的问题。阮新建等[1]利用神经网络对实际问题自学习功能进行补偿,以求得较好的控制效果。

2 公式

根据渠道输送流量和各分水口规定的取水流量,用非均匀流方法计算出渠道系统运行的稳态目标。基于这个目标对离散的圣维南方程进行线性化处理,从而建立起渠道运行自动控制系统的连续的、时不变模型:

$$X(t) = AX(t) + BU(t)$$
$$Y(t) = CX(t)$$

式中, $X(t)$ 为渠道各计算节点水位(m)、流量(m^3/s)与稳态位置(控制目标)水位、流量的差值; $U(t)$ 为各节制闸门开度与控制目标的闸门开度的差值,m; $Y(t)$ 为各节制闸门上、下游实测的水位变化,m; t 为时间,s; A 为系统矩阵; B 为控制矩阵; C 为输出矩阵。为运算方便所有变量均化为无量纲值。

用 MATLAB 软件很容易将连续模型转化为离散模型:

$$X[(K+1)T] = GX(KT) + HU(KT)$$
$$Y(KT) = CX(KT)$$

式中, $X[(K+1)T]$ 为渠道系统各计算节点在采样时刻 $(K+1)T$ 的水位、流量改变; $X(KT)$ 为 KT 时刻的水位、流量的改变; $U(KT)$ 为采样时刻 KT 各节制闸门开度的改变; $Y(KT)$ 为采样时刻 (KT) 测量的各节制闸门上、下游水位的变化; G 为离散后的系统矩阵; H 为离散后的控制矩阵; C 为输出矩阵。

这组系列为估计状态变量,控制器根据估计的状态变量进行闸门开度调节,即:

$$\hat{X}(K+1) = G\hat{X}(K) + HU(K) + K_e[Y(K) - \hat{Y}(K)]$$

$$U(K + 1) = - K\hat{X}(K + 1)$$

渠道运行控制离散系统状态方程的二次型性能指标为：

$$J = \frac{1}{2} \sum_{t=0}^{\infty} (X(k)^T Q X(k) + V(k)^T R V(k))$$

其中，

$$V(k) = -\left\{ \begin{bmatrix} KM \end{bmatrix} \begin{bmatrix} G - I_m & H \\ C & 0 \end{bmatrix} + \begin{bmatrix} 0 - I_m \end{bmatrix} \right\} \begin{bmatrix} X(k) \\ U(k) \end{bmatrix}$$

式中，Q、R 为权矩阵。

渠道系统的 Riccati 方程为：

$$P = Q + G^{TP}G - G^T PH (R + H^T PH)^{-1} H^T PG$$

若 (G,H) 是稳定的，(Q,G) 可观，则渠道闭环系统是渐近稳定的。假定：

$$L = (R + H^T PH)^{-1} H^T PG$$

通过分析计算，可得到渠道运行控制系统的反馈增益 K 和前馈增益 M：

$$\begin{bmatrix} K & M \end{bmatrix} = \begin{bmatrix} L & G(LH + I_m) \end{bmatrix} \begin{bmatrix} (G - I_n) & H \\ C & 0 \end{bmatrix}^{-1}$$

式中，n 为状态向量 X 的维数；m 为控制向量 U 的维数。

根据渠道系统模型中已知的闸门开度 $U(k)$ 系列和实测水位 $Y(k)$ 系列来估计整个系统状态，其 $(k+1)$ 时刻的观测器的状态方程为：

$$X'(k + 1) = (G - K_e C) X'(k) + HU(k) + K_e Y(k)$$

式中，X' 为状态估计值，K_e 为 $(n \times m)$ 维观测器反馈增益矩阵。

NNM 网络并联在渠道运行控制系统的观测器上，输入为闸门开度增量 $U(k)$，输出信号为各节点水位、流量增量的估计补偿误差 $\Delta X(k+1)$。被控对象的状态估计响应为：

$$\hat{X}(k + 1) = X'(k + 1) + \Delta X(k + 1)$$
$$= X'(k + 1) + h[U(k)]$$

式中，$h[U(k)] = h(u_1, u_2, \cdots, u_m)$，表示 NNM 网络的非线性映射关系。

渠道模型估计的输出响应(测量点水位增量的估计值)为：

$$\hat{Y}(k + 1) = C\hat{X}(k + 1)$$

为了使 $\hat{Y}(k + 1)$ 与 $Y(k + 1)$ 之间的误差最小，定义训练网络 NNM 的指标函数为：

$$E_{k+1}^M = \frac{1}{2} [Y(k + 1) - \hat{Y}(k + 1)]^T [Y(k + 1) - \hat{Y}(k + 1)]$$

可用最速下降法来调整 NNM 网络权值，即：

$$W_{jk}^M(k + 1) = W_{jk}^M(k) - Z_M \frac{\partial E^M(k + 1)}{\partial W_{jk}^M}$$

$$W_{ij}^M(k+1) = W_{ij}^M(k) - Z_M \frac{\partial E^M(k+1)}{\partial W_{ij}^M}$$

计算得整个 NNM 的权值调整式：

$$W_{jk}^M(k+1) = W_{jk}^M(k) + Z_M W_K^M \cdot b_j^M(k)$$

$$W_{ij}^M(k+1) = W_{ij}^M(k) + Z_M W_j^M \cdot b_i^M(k)$$

$$W_K^M = [Y(k+1) - \hat{Y}(k+1)]C \cdot O_K^M(k)[1 - O_K^M(k)]$$

$$W_j^M = b_j^M(k)[1 - b_j^M(k)] \cdot \sum_{k=1}^{N_3} W_k^M \cdot W_{jk}^M$$

式中，W_{jk}^M 为隐层到输出层的权值；W_{ij}^M 为输入层到隐层的权值；$a_i^M = [u_1(k), u_2(k), \cdots, u_m(k)]$，是闸门开度增量，表示 NNM 输入向量；$b_j^M$ 为 NNM 隐层节点输出；$O_K^M = \Delta X_k(k+1)$ 为输出向量，是水位、流量增量的估计误差；Z_M 为网络学习率。

NNC 网络的输入为水面状态增量估计值 $\hat{X}(k)$，输出信号为闸门开度增量补偿误差 $\Delta U(k)$，此时的控制律应为：

$$U(k) = -K\hat{X}(k) + ME(k) + \Delta U(k)$$
$$= -K\hat{X}(k) + ME(k) + g[\hat{X}(k)]$$

式中，$g[\hat{X}(k)] = g(\hat{x}_1, \hat{x}_2, \cdots, \hat{x}_n)$ 表示 NNC 的输入与输出非线性映射函数。

定义训练权值的误差函数为：

$$J_k^c = \frac{1}{2}\left\{ [X(k+1)^T U(k+1)^T]\hat{P}\begin{bmatrix} X(k) \\ U(k) \end{bmatrix} + U(k+1)^T RU(k+1) \right\}$$

式中，$\hat{P}$ 为增广系统的 Riccati 方程，$(n+m) \times (n+m)$ 维正定矩阵。可以证明当 NNC 网络的输出为零 $[\Delta U(k) = 0]$ 时，用上式训练控制网络（NNC）的权值，能够使控制网络输出达到最优控制。NNC 连接权值的修正式为：

$$W_{jk}^C(k+1) = W_{jk}^C(k) - Z_C W_K^C \cdot b_j^C(k)$$

$$W_{ij}^C(k+1) = W_{ij}^C(k) - Z_C W_j^C \cdot \hat{X}_i(k)$$

$$W_K^C = W_K \cdot O_K^C(k)[1 - O_K^C(k)]$$

$$W_j^C = b_j^C(k)[1 - b_j^C(k)] \cdot \sum_{k=1}^{N_3} W_k^C \cdot W_{jk}^C$$

式中，W_{jk}^C 为隐层到输出层的权值；W_{ij}^C 为输入层到隐层的权值；$\hat{X}_i(k)$ 为网络 NNC 的输入；b_j^C 为隐层输出；O_K^C 为输出层的输出；Z_C 为网络学习率。

假设建立方程过程中被忽略的非线性项以及干扰、不确定因素粗略地概括为 $U(1 - e^{-\hat{X}(k+1)^2})$，$U$ 为非线性程度，那么，实际渠道系统状态表述为：

$$X(k+1) = \hat{X}(k+1) + U(1 - e^{-\hat{X}(k+1)^2})$$

3 意义

根据渠道运行的控制模型，针对渠道运行的不确定性和非线性，在渠道自动控制系统的观测器回路上并联一个 BP 神经网络，通过实测水位的学习，修正控制系统数学模型的不准确性。应用渠道运行的控制模型，计算结果表明，在控制器增益回路上并联一个 BP 神经网络，可以补偿控制增益的不精确。其与传统的线性二次调节（LQR）最优控制相比，渠道运行控制过渡过程更为平稳，达到稳定的时间缩短，闸门运行的振动和超调大为改善。

参考文献

[1] 阮新建,姜兆雄,杨芳. 渠道运行神经网络控制. 农业工程学报,2006,22(1):114-118.

垃圾降解产气的动力模型

1 背景

生物反应器填埋场是一种新型的垃圾填埋处理技术。在生物反应器填埋场中渗滤液经过产甲烷反应器处理后再回流的方式有利于垃圾降解微生物的分相生长,使填埋场成为有机垃圾生物降解的专相产酸反应器,而后续的生物反应器成为专相产甲烷生物反应器。何若等[1]将产甲烷反应器作为渗滤液回灌前的预处理设施引入生物反应器填埋场,在研究生物反应器填埋场系统中有机垃圾降解、产气特性的基础上,建立了其动力学模型,以便为相关生物反应器填埋场系统的稳定化研究及其能源的利用提供理论依据。

2 公式

在生物反应器填埋场系统中有机物(COD_{Cr})的降解分为填埋场和产甲烷生物反应器两部分,因此,有机物(COD_{Cr})降解速率可近似地表达为:

$$\frac{dM_G}{dt} = \frac{dM_{lG}}{dt} + \frac{dM_{UG}}{dt}$$

式中, dM_G/dt 为生物反应器填埋场系统有机物(COD_{Cr})的降解速率,g/d; dM_{lG}/dt 为填埋场中有机物(COD_{Cr})的降解速率,g/d; dM_{UG}/dt 为产甲烷生物反应器中有机物(COD_{Cr})的降解速率,g/d。

在生物反应器填埋场系统中,产甲烷生物反应器进水与填埋场渗滤液为同一系统,则:

$$\frac{dM}{dt} = QS_o$$

$$\frac{dM}{dt} = QS_e - \frac{dM_s}{dt} - \frac{dM_{lG}}{dt}$$

$$\frac{dM_{UG}}{dt} = Q(S_o - S_e)$$

式中,Q 为产甲烷生物反应器进水流量,L/d; S_o , S_e 分别为产甲烷生物反应器进水、出水 COD_{Cr} 浓度,g/L; M 为渗滤液中有机物(COD_{Cr})量,g; M_s 为填埋场中可生物降解有机物(COD_{Cr})的残留量,g。

255

根据 Eastman 和 Ferguson 研究结果,大分子有机垃圾水解、转化成分子量较低的可溶性成分为一级反应,则:

$$-\frac{\mathrm{d}M_s}{\mathrm{d}t} = kM_s$$

$$M_s = M_{so}e^{-kt}$$

式中,k 为水解速率常数,d^{-1};M_{so} 为初始可生物降解垃圾的 COD_{Cr} 当量,g。

在填埋场中有机物(COD_{Cr})的降解和稳定化实质上是一个微生物的代谢过程,因此,其基质降解转化可用 Monod 方程表示为:

$$\frac{\mathrm{d}M_{lG}}{\mathrm{d}t} = \mu_{\max,lG} \frac{M_{lG'}}{K_{lG} + M_{lG'}} \frac{X_{lG}}{Y_{lG}} V$$

式中,$\mu_{\max,lG}$ 为填埋场中产甲烷细菌的最大比生长速率,d^{-1};X_{lG} 为填埋场中产甲烷细菌的浓度,g/L;Y_{lG} 为填埋场中产甲烷细菌的生长得率,g/g;$M_{lG'}$ 为可生物降解基质浓度,g/L;V 为填埋垃圾有效体积,L;K_{lG} 为饱和常数,g/L。

简化可得:

$$\frac{\mathrm{d}M}{\mathrm{d}t} = QS_e + kM_{so}e^{-kt} - \mu_{\max,lG} \frac{M_{lG'}}{K_{lG} + M_{lG'}} \frac{X_{lG}}{Y_{lG}} V$$

在生物反应器填埋场系统中有机垃圾主要在填埋场发生水解、酸化反应,填埋场有机物(COD_{Cr})主要以渗滤液形式溶出;而在填埋场中进一步降解转化为甲烷量则相对较低(<12%),故忽略填埋场的产甲烷反应,则上式可简化为:

$$\frac{\mathrm{d}M}{\mathrm{d}t} = QS_e + kM_{so}e^{-kt}$$

$$M(t) = M_{so}(1 - e^{-kt}) + \int_0^t QS_e \mathrm{d}t = M_{so}(1 - e^{-kt}) + \sum_{i=0}^t Q_j S_{ej}$$

在产甲烷生物反应器中产气率与基质(底物)降解率成正比,其产气过程可表示为:

$$\frac{\mathrm{d}G_{UG}}{\mathrm{d}t} = W\frac{\mathrm{d}M_{UG}}{\mathrm{d}t}$$

式中,G_{UG} 为产甲烷生物反应器产气量,L;W 为物料产气系数,L/g。

简化得:

$$\frac{\mathrm{d}G_{UG}}{\mathrm{d}t} = WkM_{so}e^{-kt}$$

由于忽略了填埋场的产甲烷反应,则生物反应器填埋场系统有机垃圾降解、产气速率可近似地表示为:

$$\frac{\mathrm{d}G_G}{\mathrm{d}t} = WkM_{so}e^{-kt}$$

$$G_G(t) = WM_{so}(1 - e^{-kt})$$

式中，G_C 为系统产气量，L。

在生物反应器填埋场中灰分和不易生物降解的垃圾是保守性物质，假设它们在反应前后质量不变，则填埋垃圾的降解为易降解物质（厨余垃圾）的降解，则：

$$M_{so} = WZ(1 - k)C_{COD}$$

式中，W 为填埋垃圾重量（湿重），g；Z 为厨余垃圾的含量，%；k 为厨余垃圾的含水率，%；C_{COD} 为厨余干垃圾的 COD_{Cr} 当量，g/g。

渗滤液中总有机污染物质（COD_{Cr}）的溶出量为：

$$M(t) = \sum_{j=0}^{t} Q_j S_{oj}$$

$$M_{so}(1 - e^{-kt}) = \sum_{j=0}^{t} (Q_j S_{oj} - Q_j S_{ej})$$

用试验数据回归分析，得水解速率常数为 $k(0.013\ 0\ d^{-1})$，则生物反应器填埋场系统有机垃圾降解、产气动力学模式可表示为：

$$G_{BLG}(t) = 0.4614 \times 1390 \times (1 - e^{-0.0130})$$

3 意义

在此建立了垃圾降解产气的动力模型，确定了渗滤液回灌型生物反应器填埋场中存在着有机酸的积累。将产甲烷反应器作为渗滤液回灌前的预处理设施引入生物反应器填埋场，通过垃圾降解产气的动力模型，得到了填埋场系统中有机垃圾的降解和产气规律。应用垃圾降解产气的动力模型，计算可知在本模拟试验条件下，有机垃圾在填埋场、产甲烷反应器和生物反应器填埋场系统的总产气量分别为 62.1 L、456 L 和 518.1 L，其中产甲烷反应器产气量占生物反应器填埋场系统产气量的 88% 以上。该模型可用来初步估算相关生物反应器填埋场系统中填埋垃圾稳定化所需时间及产气量，为系统填埋气的能源化利用提供理论依据。

参考文献

［1］ 何若,沈东升,许恒韬,等. 生物反应器填埋场系统中有机垃圾降解特性研究. 农业工程学报,2006,
    22(1):134-137.

叶轮内部的流场模型

1 背景

随着计算机和 CFD 技术的迅速发展,三维数值模拟的应用越来越广泛。事实证明,运用准确可靠的数学方法可以进行流体机械内部流动的数值模拟及性能预测,从而指导流体机械的设计,这就避免了烦琐的模型试验,减少了设计成本。赵斌娟等[1]用数值模拟的方法,研究了某一双吸式叶轮的内部流场,分析了不同工况下双吸式离心叶轮内的压力和速度分布特征,通过数值模拟预测了扬程、水力效率,并与试验值进行对比。

2 公式

在计算域的进口,速度取第一类边界条件,即:

$$u_j\big|_{in} = u_j(x,y,z) \ (j = 1,2,3)$$

湍动能 k 和耗散率 X 由下列经验公式确定:

$$k_{in} = 0.005u_{in}^2 \ , \ X_{in} = \frac{C_- k_{in}^{3/2}}{l_{in}}$$

在计算区域的出口部分,速度分量 u_{out}、湍动能 k_{out} 和耗散率 X_{out} 取第二类边界条件,即:

$$\frac{\partial u_j\big|_{out}}{\vec{\partial n}} == 0 \ , \ \frac{\partial k_{out}}{\vec{\partial n}} = 0 \ , \ \frac{\partial X_{out}}{\vec{\partial n}} = 0 (j = 1,2,3)$$

式中, $\vec{n}$ 为出口断面的单位法向矢量。

设近壁点 P 到壁面的距离为 y_P,则近壁点处的 u_P, k_P, X_P 值分别由下列壁面函数所确定:

$$\frac{u_P}{u_f} = \frac{1}{k}\ln(E \overset{+}{y_P}) \ , \ k_P = \frac{u_f^2}{\overline{C}} \ , \ X_P = \frac{u_f^3}{ky_P}$$

式中, $\overset{+}{y_P} = \frac{du_f y_P}{\mu} = \frac{dC_-^{1/4} k_P^{1/2} y_P}{\mu}$;壁面摩擦速度 $u_f = \frac{\overline{f_w}}{d}$, $E = 9.011$, $k = 0.419$。

在双吸式叶轮内流数值模拟的基础上,可以预测叶轮在不同工况下的扬程和水力效率值。效率的计算公式如下:

$$Z = H/H_t$$

其中，H 为叶轮的实际扬程，可由下式计算得出：

$$H = \left\{ \sum_{i=1}^{N} \left(\frac{P}{dg} \right)_i /N + \sum_{i=1}^{N} \left(\frac{V^2}{2g} \right)_i /N \right\}_{outlet} - \left\{ \sum_{i=1}^{M} \left(\frac{P}{dg} \right)_i /M + \sum_{i=1}^{M} \left(\frac{V^2}{2g} \right)_i /M \right\}_{outlet}$$

式中，M、N 分别为进、出口断面上的总节点数；P 为节点上的压力值；V 为节点上的绝对速度；dg 为水的重度。

H_t 为叶轮的理论扬程，可由下式计算得到：

$$H_t = \left\{ \sum_{i=1}^{N} \left(\frac{V_u U}{g} \right)_i /N \right\}_{outlet} - \left\{ \sum_{i=1}^{M} \left(\frac{V_u U}{g} \right)_i /M \right\}_{inlet}$$

式中，V_u 为进、出口断面节点上绝对流速的圆周分量；U 为节点上的牵连速度。

3 意义

在此建立了叶轮内部的流场模型，这是以时均化的 N-S 方程和考虑旋转与曲率影响的修正的 k-湍流模型为基础，在贴体坐标系中运用 SIMPLEC 算法，模拟了双吸式离心叶轮内流的三维湍流。利用叶轮内部的流场模型，计算得到叶轮内的速度、压力场分布，预估了扬程、水力效率并与试验值进行对比。通过叶轮内部的流场模型，计算可知在双吸式叶轮中，从叶轮进口到出口压力逐渐增加；在叶片区域，处于前盖板和对称面之间的中间截面上，叶片工作面附近的压力明显大于背面附近的压力；设计工况下叶轮出口断面上压力分布明显比其他工况均匀。

参考文献

[1] 赵斌娟,袁寿其,李红,等. 双吸式叶轮内流三维数值模拟及性能预测. 农业工程学报,2006,22(1):93-96.

水力侵蚀的调控模型

1 背景

由于水力侵蚀相似准则研究长期无法突破,因此目前研究还主要基于所谓的"水文响应相似",即只考虑几何相似,或者适当考虑重力相似,对特定模型的水力侵蚀输沙研究首先假定"现象相似",不考虑将模型结果定量推广到原型。这种方法在研究初期具有一定意义,但却达不到室内模型模拟研究定量推广到原型的要求。高建恩等[1]通过相关公式对水力侵蚀调控物理模拟试验相似律进行了初步确定。

2 公式

小流域降雨坡面汇流可用如下形式的圣维南方程组描写:

$$\frac{\partial(V_y)}{\partial x} + \frac{\partial y}{\partial t} = i(x,t) - f(x,t) = r(x,t)$$

$$J_0 - J_F = \frac{\partial y}{\partial x} + \frac{1}{g}\frac{\partial V}{\partial t} + \frac{V}{g}\frac{\partial V}{\partial x} + \frac{V}{gy}[i(x,t) - i_0(x,t)]$$

式中,x 为水流方向;y 为坡面流水深;V 为坡面流速;$i(x,t)$ 为降雨强度;$f(x,t)$ 为下渗强度;r 为净雨强度,$r(x,t) = i(x,t) - i_0(x,t)$,均为 x,t 的函数,采用国际标准单位时为 m/s;J_0 为坡面坡度;J_F 为摩阻坡度;g 为重力加速度。

对于正态模型,如果假设几何相似得到保证,有:

$$\lambda_x = \lambda_y = \lambda_z = \lambda_l = \frac{l_y}{l_m}$$

式中,λ_x,λ_y,λ_z 分别为 x,y,z 三个方向的几何比尺;l_y 为原型线段长度;l_m 为模型线段长度;λ_l 为线段比例系数。

将这一方程用于原型,并将原型的有关物理量用比尺转化成相应的模型物理量,即取

$$x_y = \lambda_l x_m, \quad y_y = \lambda_l y_m, \quad z_y = \lambda_l z_m, \quad V_y = \lambda_v V_m$$

再进行相似变换并整理得:

$$\frac{\lambda_V \lambda_l}{\lambda_l}\left[\frac{\partial(V_y)}{\partial x}\right]_m + \left(\frac{\partial y}{\partial t}\right)_m = \frac{\lambda_t}{\lambda_l}\lambda_i i(x,t) - \frac{\lambda_t}{\lambda_l}\lambda_f f(x,t)_m = \frac{\lambda_t}{\lambda_l}\lambda_r r(x,t)_m$$

根据相似第一定理,相似的物理现象应当被相同的物理方程所描述,即应有:

$$\frac{\lambda_t \lambda_v}{\lambda_l} = \frac{\lambda_t \lambda_i}{\lambda_l} = \frac{\lambda_t \lambda_f}{\lambda_l} = \frac{\lambda_t \lambda_r}{\lambda_l} = 1$$

$$\lambda_v = \lambda_i = \lambda_f = \lambda_r = \frac{\lambda_l}{\lambda_t}$$

同理进行变换有一般的阻力比尺:

$$\lambda_{J_F} = 1$$

与坡面降雨径流相类似,对三度紊动水流的时均微分方程式即雷诺方程进行与前类似的相似变换,可得比尺关系及相似准则:

$$\frac{\lambda_t \lambda_u}{\lambda_l} = 1 \ \text{或} \ \frac{tu}{l} = const$$

$$\frac{\lambda_u^2}{\lambda_g \lambda_l} = 1 \ \text{或} \ Fr = \frac{u^2}{gl} = const$$

$$\frac{\lambda_p}{\lambda_\rho \lambda_u^2} = 1 \ \text{或} \ Eu = \frac{p}{\rho u^2} = const$$

$$\frac{\lambda_u \lambda_l}{\lambda_v} = 1 \ \text{或} \ Re = \frac{ul}{v} = const$$

$$\frac{\lambda_u^2}{\lambda_{u'}^2} = 1 \ \text{或} \ \frac{u^2}{u'^2} = const$$

由于沟道水流一般均为紊流,而紊流中黏滞力的作用比较小,这个相似律在模型中一般并不要求严格满足,而事实上也无法严格满足。联解这两个关系式,消去 λ_u,可得:

$$\lambda_l = \frac{\lambda_v^{2/3}}{\lambda_g^{1/3}}$$

与正象解微分方程式必须有确定的边界条件一样,和边界条件密切相关的阻力相似的比尺关系式,只能是在每一个具体情况下,由微分方程式的边界条件导出。事实上,坡面沟道水流床面边界条件为,当 $y=0$ 时,有:

$$\tau = \tau_0 = \frac{f}{4} \rho \frac{U^2}{2}$$

式中,τ 为床面紊动剪力;f 为床面阻力系数;U 为垂线平均流速,由此可导出比尺关系式为:

$$\lambda_\tau = \lambda_{\tau_0} = \lambda_f \lambda_\rho \lambda_U^2$$

而三度水流当 x 轴与水流方向一致时,在 xz 平面上沿水流方向的单位面积的紊动剪力应为:

$$\tau = \tau_{xz} = -\rho \overline{uv}$$

写成比尺关系式应为：

$$\lambda_\tau = \lambda_{\tau_{xz}} = \lambda_\rho \lambda_u^2$$

其实,不但上述特定紊动剪力的比尺关系如此,对于正态模型来说,由于 $\lambda_{u'} = \lambda_{v'} = \lambda_{w'}$,任何平面上沿任何方向上的单位面积的紊动剪力的比尺关系式都是如此。考虑到以上两式存在的比尺关系,并取垂线平均流速比尺 $\lambda_U = \lambda_u$,可得：

$$\lambda_{u'}^2 = \lambda_f \lambda_u^2$$

代入可得：

$$\frac{\lambda_u^2}{\lambda_f \lambda_u^2} = \frac{1}{\lambda_f} = 1 \text{ 或 } \lambda_f = 1$$

由于天然糙率系数 n 的资料比较丰富,为衡量阻力相似,可利用阻力公式：

$$U = \overline{\frac{8g}{f}} \overline{RJ}$$

$$U = \frac{R^{1/6}}{n} \overline{RJ}$$

通过比尺变换容易得：

$$\lambda_n = \lambda_l^{1/6}$$

如前分析,黄土高原小流域侵蚀输沙,悬移质一般情况下占主体,对于正态模型,对悬移质运动的三度扩散方程进行比尺变化有：

$$\frac{\lambda_t \lambda_\omega}{\lambda_l} = 1$$

$$\frac{\lambda_u}{\lambda_l} = 1$$

$$\frac{\lambda_{\varepsilon_{sx}}}{\lambda_l \lambda_u} = \frac{\lambda_{\varepsilon_{sy}}}{\lambda_l \lambda_\omega} = \frac{\lambda_{\varepsilon_{sz}}}{\lambda_l \lambda_\omega} = \frac{\lambda_{\varepsilon_s}}{\lambda_l \lambda_\omega} = 1$$

对于二维均匀流来说,它的表达式可从卡尔曼–勃兰德尔流速分布公式导出：

$$\varepsilon_s \approx s = ku_*(1 - \frac{y}{h})y$$

因而

$$\lambda_{\varepsilon_s} = \lambda_\varepsilon = \lambda_k \lambda_{u_*} \lambda_l$$

取 $\lambda_k = 1$,将所得结果代入可得：

$$\frac{\lambda_{u_*}}{\lambda_u} = 1$$

对于正态模型来说,在满足惯性力、阻力、重力比相似条件下,有：

$$\lambda_u = \lambda_{u_*} = \lambda_l^{1/2}$$

对于正态模型,悬移相似应该满足的相似条件为:

$$\lambda_u = \lambda_{u_*} = \lambda_\omega = \lambda_l^{1/2}$$

起动相似条件要求起动流速比尺 λ_{uc} 与流速比尺 λ_u 相等,即:

$$\lambda_{uc} = \lambda_u$$

小流域模型悬沙运动相似必须解决的另一个问题是,进入沟道河段的输沙率模型必须与原型相似,这就涉及一个含沙量比尺问题。这个比尺可通过悬移质扩散方程的床面边界条件加以确定。后者可以写为:

$$\varepsilon_s \frac{\partial s}{\partial y_{y=0}} = -\omega s b_*$$

式中,sb_* 为床面饱和含沙量。这就是说,在床面处,由于含沙量梯度而引起的泥沙向上扩散量等于饱和挟沙情况下,因重力作用而引起的泥沙向下沉降量。由于具有一定沉速 ω 的河底饱和含沙量为定值,故床面的向上扩散量 $\varepsilon_s \dfrac{\partial s}{\partial y_{y=0}}$ 亦为定值,亦即床面的向上扩散量仅与水流条件有关。由这个边界条件可以导出的比尺关系为:

$$\frac{\lambda_{\varepsilon_s} \lambda_{s_b}}{\lambda_\omega \lambda_h \lambda_{s_{b*}}} = 1$$

考虑到:

$$\frac{\lambda_{\varepsilon_s}}{\lambda_\omega \lambda_h} = 1$$

应有:

$$\frac{\lambda_s}{\lambda_{s*}} = 1$$

由床面变形相似:

$$\frac{\partial Q_s}{\partial x} + \gamma' B \frac{\partial y}{\partial t} = 0$$

考虑满足惯性力重力比相似得到冲淤时间比尺为:

$$\lambda_{t'} = \frac{\lambda_l}{\lambda_u} \frac{\lambda_{r_0}}{\lambda_s} = \frac{\lambda_{r_0}}{\lambda_s} \lambda_t$$

式中,$\lambda_{t'}$ 为冲淤变形时间比尺。

由土壤水运动基本方程[2]可得:

$$\frac{\partial(\rho\theta)}{\partial t} + \frac{\partial(\rho V_x)}{\partial x} + \frac{\partial(\rho V_y)}{\partial y} + \frac{\partial(\rho V_z)}{\partial z} = 0$$

式中,ρ 为水的密度;V_x,V_y,V_z 分别为 x、y、z 方向的平均流速(非水质点的运动速度);H 为土壤的含水量。

3　意义

利用流体动力学及相似论的基本原理,建立了水力侵蚀的调控模型,确定了黄土高原小流域水力侵蚀特点,得到了水力侵蚀模拟相似遵循的基本相似准则和比尺关系。根据水力侵蚀的调控模型,计算结果表明,黄土高原小流域沟道暴雨侵蚀水力输沙运动多数情况仍可视为紊流运动,遵循紊动水流输沙方程;侵蚀模拟试验不但需要满足几何相似,同时必须满足运动相似和动力相似;小流域水力侵蚀模拟应满足的基本比尺关系为几何相似、降雨相似、水流运动相似、侵蚀产沙运动相似、床面变形相似及土壤水运动相似等。

参考文献

[1]　高建恩,杨世伟,吴普特,等. 水力侵蚀调控物理模拟试验相似律的初步确定. 农业工程学报,2006,22(1):27-31.

[2]　高建恩. 地表径流调控与模拟试验研究[D]. 中国科学院研究生院博士学位论文,2005:70-79.

斜坡的稳定性公式

1 背景

滑坡和崩塌是山区常见的重力地质现象,往往在强烈地震中大量发生,它严重地威胁着山区国民经济建设和人民生命财产的安全。地震力毕竟是短暂作用于坡体上的脉冲循环力,并非长期作用于坡体上,显然不能脱离坡体的现状,孤立地研究它的效应。研究地震诱发自然斜坡产生滑坡、崩塌的效应问题,绝不能只限于研究次强震的水平惯性力作用,更不能简单地将地震力作为方向固定、大小不随时间变化的似静力来对待。吴其伟[1]通过结合实验讨论了地震对山区斜坡稳定性的影响,确定斜坡的稳定性公式,计算滑坡滑动摩擦系数。

2 公式

根据炉霍震区统计的边坡坡度同触发滑坡发生频率关系图(图 1)可以看出,地震触发滑坡的范围为 30°~50°斜坡。由图 2 也可以看出地震时自然边坡残余变形的累积过程:在不过几十秒钟的地震持续时间内,超过屈服变形加速度 K_{ya} 的峰值部分极为短暂而不连续。

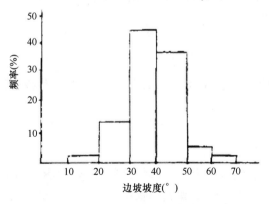

图 1 边坡坡度与滑坡发生频率关系示意图

根据山体滑坡的机制,1973 年 12 月奥地利学者 A·E·谢德格在《灾害性滑坡滑程和滑速的推算》一文中提出的确定动摩擦系数 f 的方法是可取的。这个方法是按功能原理推

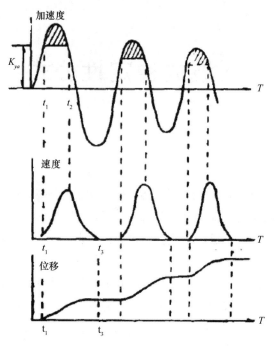

图 2　岩石边坡累积残余变形示意图

导出的,可以根据野外调查的滑体落差 H 和水平滑程 L 直接求得。动摩擦系数由下式计算:

$$f = H/L$$

有了动摩擦系数值后,结合滑体中块石的含量,即可由许靖华提出的动静摩擦系数的关系式求出液体的密度 ρ_f,其关系式为:

$$f = \left[\frac{(\rho_s - \rho_f)\,C}{\rho_f + (\rho_s - \rho_g)\,C} \right] \mathrm{tg}\alpha$$

式中,$\mathrm{tg}\alpha$ 为块石的静摩擦系数;ρ_s 为块石的密度;C 为单位体积中块石体积的百分比。

3　意义

通过研究地震对山区斜坡稳定性的影响,可知滑坡和崩塌不是一次强震的直接产物,而是坡体演变到一定阶段的产物,强震对坡体失稳起了一定的促进作用。对于地震引起的流塑状碎块体崩塌性滑坡,根据野外调查的资料,按 A·E·谢德格的方法,确定斜坡的稳定性公式,计算得到滑坡滑动摩擦系数。然后,结合滑动机制和坡体结构,可对地震效应做一定程度的定量分析。这样,得到结果:地震作用于坡体的力,是短暂时间内作用于坡体上的循环脉冲冲击荷载,时间上短促、方向上交变。对于具有特殊动力特性的土体,有可能出现触变、液化,一般岩土体则表现为结构的残余变形。

参考文献

[1]　吴其伟.地震对山区自然斜坡稳定性的影响.山地研究,1983,1(1):27-34.

岩土的物理力学模型

1 背景

随着滑坡研究工作的不断深入和各种新技术的发展,越来越多的现代化技术手段用于滑坡研究上,地球物理勘探就是其中的一种。地球物理勘探就是通过对地面物理场的测量研究来探知地下的各种地质情况,特别是新近发展起来的工程水文物探,其仪器小巧、精细,适应山地工作特点;工作方法也简便灵活,是研究滑坡较为理想的手段。王治华和袁明德[1]通过实验对地球物理勘探方法在滑坡调查中的应用展开了分析,利用岩土的物理力学模型,计算地球物理的力学数值。

2 公式

从测得的时间—距离曲线推断,区分出以下几个速度层:

V_0 = 2 000 m/s,表层水田,旱地耕作土及下部含碎石坡积物,速度稳定。

V_1 = 2 600 ~ 3 200 m/s,卵石夹沙或基岩上部的风化层。

V_2 = 3 200 ~ 3 800 m/s,二叠系沙湾组砂、页、泥岩或黏土岩。

V_3 = 4 000 ~ 4 800 m/s,玄武石。全区都可以追踪到 V_3 层。

求得卵石层及沙湾组砂、页、泥岩互层、玄武岩的埋深如图 1 所示。

在第Ⅳ剖面上还求得砂、页、泥岩互层与玄武岩的接触带。

斜坡岩土的物理力学性质(指标)是认识滑坡、评价坡体稳定性、进行滑坡稳定计算及推力计算的主要依据之一。

测量地震波的纵波和横波在坡体岩土中的传播速度,进而再求岩土的动弹模量 E,剪切模量 G,体积模量 K,泊松比 ν。这是目前应用较多的有效方法。众所周知,地震波速度与动弹模量、泊松比之间有如下关系:

$$E = 2G(1 + \nu)$$
$$G = dV^2$$
$$K = \frac{1}{3} \frac{E}{1 - 2v}$$
$$\nu = \left(\left(\frac{V_P}{V_S}\right)^2 - 2 \right) \Big/ \left(2 \left(\frac{V_P}{V_S}\right)^2 - 2 \right)$$

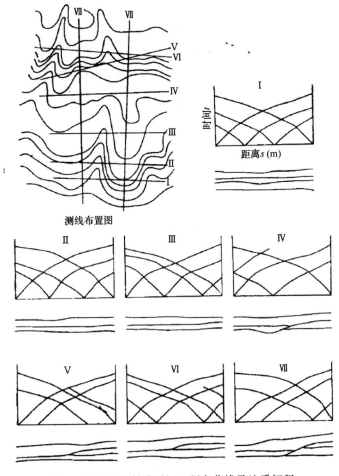

图 1　某滑坡折射波时间—距离曲线及地质解释

式中，d 为密度；V_P 为纵波（压缩波）速度；V_S 为横波（剪切波）速度。

3　意义

根据地震法，利用岩土的物理力学模型，计算地球物理的力学数值。通过测量地震波速度，可以求得岩土的物理力学性质。也就是测量地震波的纵波和横波在坡体岩土中的传播速度，应用岩土的物理力学模型，可以计算得到岩土的动弹模量、剪切模量 G 和体积模量等。这样，借助于了解斜坡岩土的物理力学性质（指标），进一步可确定滑坡、评价坡体稳定性以及进行滑坡稳定计算及推力计算，为了解和认识滑坡的变化过程起到积极的作用。

参考文献

[1]　王治华,袁明德.地球物理勘探方法在滑坡调查中的应用.海岸工程,1983,1(3):55-61.

辐射平衡的分量计算

1 背景

横断山区位于青藏高原东南部,区内山川相间排列,南北纵贯,山高谷深,自然资源十分丰富。国内许多研究人员在对青藏高原和其他地区的辐射平衡研究中,也有涉及横断山区辐射平衡的若干分析,但都不甚详细。贺素娣和文传甲[1]利用现有地面气象台站观测资料,考虑山区的地形特征,选择适当的公式,对横断山地区的辐射平衡各分量进行了计算,并分析了辐射平衡各分量的时空分布特征。

2 公式

辐射平衡是地表面各种辐射能量的收支差额,如果以 Q 表示到达地面的太阳总辐射,r 表示地表反射率,e^* 表示下垫面有效辐射,则辐射平衡 R 可表示为:

$$R = Q(1 - r) - e^*$$

太阳总辐射的计算,采用王炳忠的公式:

$$Q = Q_0(a + bN)$$

式中,Q_0 为理想大气总辐射,由该地的纬度、海拔(气压)经查表得出;N 为日照百分率;a,b 为系数,这里 $a = 0.18$,b 取值如下:

$$b = 0.55 + 1.11 \frac{1}{E_n}$$

式中,E_n 为地面平均绝对湿度。

有效辐射的计算采用黄秉维在《中国自然地理概论》第十三章中所应用的经验公式:

$$e > 10 \text{ 毫巴时}: e^* = \sigma T^4(0.1 + 0.9N)(0.56 - 0.08\sqrt{e})$$

$$e < 10 \text{ 毫巴时}: e^* = [(\sigma T_0^4 - \sigma T^4)(0.61 - 0.05\sqrt{e})](1 - cm)$$

式中,e 为空气绝对湿度;T_0 为地面绝对温度;T 为空气绝对温度;N 为日照百分率;m 为云量;c 为系数,由该地纬度查表得出。

由于印缅低压槽活动,频繁的高原冷空气下滑使这里有较多的春季降水,如福贡降水可达 507 毫米,实际上这些地区阴雨天气都较多(见表1)。

表 1　干季(11 月翌年 5 月)大于 5 mm 降水日数的比较

地区	贡山	碧江	福贡	中甸	德钦	维西	腾冲	盐源	渡口
降水日数(d)	37.6	30.8	37.9	6.2	11.6	19.2	18.9	6.0	3.8

3　意义

由于辐射平衡的变化取决于太阳总辐射、有效辐射和反射率各量的大小,而各地总辐射的变化比有效辐射大得多,并且年总辐射大的地方,有效辐射也大。这样,通过辐射平衡的分量计算,得到辐射平衡年总量的分布趋势大体与年太阳总辐射分布相似,且分布均匀,在甘孜、理塘、稻城一带太阳总辐射量达最大,辐射平衡也大,两侧的贡山、雅安附近,年太阳总辐射量最小,年辐射平衡量也最小。年内各月辐射平衡的变化趋势与总辐射各月的变化亦基本相近。因此,辐射平衡月总量分布也与太阳辐射月总量分布基本一致。

参考文献

[1]　贺素娣,文传甲. 横断山地区辐射平衡各分量的计算和分布特征. 山地研究,1983,1(3):32-36.

山区气温的数值方程

1 背景

山区建设的迅速发展,迫切要求提供能满足需求的气候预报和分析。但山区地理条件复杂,测站稀疏,很难直接满足需要。袁育枝等曾对河北省山地气温做过推算[1]。郭康[2]在此利用 108 个站的气象观测资料,考虑纬度、高度等多种地理因子,对太行山—燕山及附近山地气温分布规律做了比较详尽的分析,并分类建立了一系列地理条件估算方程。此法可供省、地级气候资源及区划工作参用。

2 公式

太行山和燕山俯瞰着广阔的海滦河平原,平原地势十分平坦,绝大部分地区在海拔 50 米以下,南北跨越 5 个纬度,超过 500 千米。现分别对所处 36°—40°N 各纬线(附近两侧)之年温进行平均,得到有趣的结果(表 1),即纬度每变化 1°,气温之变化都是 0.5℃。这使我们很容易地建立了年温($T\varphi$)依纬度($\varPhi$)变化的经验方程:

$$T\varphi = 31.7 - 0.5\varPhi$$

表 1　海河平原五条纬度线上的年平均气温(℃)

北纬(N)	36°	37°	38°	39°	40°
年温(℃)	13.50	13.00	12.46	11.99	11.46
纬度间温差		0.5	0.5	0.5	0.5

对于高度温差 ΔT ,依高度之变化值做点聚图(图 1)。

太行山—坝西范围(图线 A):

$$\Delta T_A = 1.06 - 0.60H$$

相关系数 $r=0.975$,经 t 值检验大大超过信度(0.001)的标准(0.489 6),属高度相关。

燕山—坝东范围(图线 B):

$$\Delta T_B = -0.31 - 0.66H$$

相关系数 $r=0.993$,经 t 值检验大大超过信度(0.001)的标准(0.536 8),属高度相关。

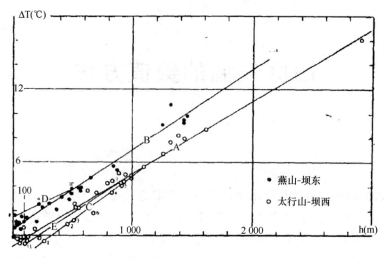

图1 ΔT 随高度 h 之变化

太行山—坝西范围：

$$T_= 32.76 - 0.50\Phi - 0.60H$$

燕山—坝东范围：

$$T_= 31.19 - 0.50\Phi - 0.66H$$

式中, T 为山地气温估算值,℃; Φ 为纬度,(°); H 为高度,100 m。

根据讨论结果把原基本方程进一步订正为 7 个不同地区分别适用的年气温经验方程,如表 2 中所示。

表2 太行山—燕山地区年平均气温的经验方程

地区	适用范围	年平均气温(℃)变化的经验方程
太行山—坝西：		
太行山一般山地	$b>100$ m	$T=32.76-0.50\phi-0.60H$
太行山东坡中、南段低山	$500>h>100$ m	$T=33.08-0.50\phi-0.65H$
太行山东坡盆地,宽谷川地	$h>100$ m	$T=34.11-0.50\phi-0.72H$
太行山西北坡,冀西北山地,坝上西部	$h>100$ m	$T=32.36-0.50\phi-0.60H$
燕山—坝东：		
燕山东段山地(滦河,老牛河以东)	$500>b>100$ m	$T=30.7146-0.50\phi-0.47H$
坝头东段	$42°$N 以北	$T=30.16-0.50\phi-0.66H$
燕山西段,冀北山地	$h>100$ m	$T=31.61-0.50\phi-0.66H$
(及燕山东段中、高山)	($h>550$ m)	

3　意义

根据山区气温的数值方程,利用散点图及公式,就可以计算得到以下结果:太行山—燕山地区的山地气温除了受纬度和高度的明显作用外,还受盆地增温,焚风效应,海洋以及盛行气流等多种地理因素的影响,温度递减的特征大致为以北京为中心,从太行山东麓开始顺时针方向旋转,扫过太行山东坡,西坡及冀西北山地与坝上西部、燕山与冀北山地,直到坝上东段及燕山东段,起讫的温度相差达 3℃。可根据讨论结果把原基本方程进一步订正为不同地区均适用的年气温经验方程。

参考文献

[1]　袁育枝等. 山地热量资源的宏观估算方法. 气象,1982,6.

[2]　郭康. 太行山—燕山地区的气温分析. 山地研究,1983,1(3):37-41.

山区的风雪流模型

1 背景

    雪害及其防治与经济、国防建设和人民生活密切相关,在山区灾害防治研究中占有较突出的地位,且愈来愈引起人们的重视。冰雪融水是我国主要的水资源之一,雪又产生种种灾害。我国积雪分布具有由南向北递增和随海拔增高而明显增厚的总趋势,且积雪分布受天气气候、地形、下垫面性质以及风的再搬运沉积作用的严格控制。因此,王中隆[1]通过实验,建立山区的风雪流模型,对我国雪害及其防治展开了研究。

2 公式

    由于山区风速分布受地形影响,使雪粒被风力起动和搬运过程较平原复杂。经研究实践表明,用改正后的风速廓线方程去研究山区复杂地形下的雪粒起动和运行是切合实际的。山区风雪流中风速随高度分布可用下列方程表示:

$$V_z = V_t + 5.75 V_* \log \frac{Z - hd}{Z_t}$$

式中,V_t 是高度 Z 处的起动风速,m/s;V_* 是摩擦速度,m/s;hd 为地形影响高度层,m;Z_t 是聚集点的高度,m。

    由天山移雪量剖面所作的观测分析得出,某些段的吹雪输送率可用下式表示:

$$q_m = a \left(V_{10} - V_t \right)^3$$

式中,q_m 为吹雪输送率,g/(s・m);V_{10} 和 V_t 分别为 10 m 高处的风速和起动风速,m/s;a 是系数,它随天气条件、吹雪性质和积雪密度 ρ_τ 而定。利用上式求得某地段的吹雪输送率,如图 1 所示。

3 意义

    根据山区的风雪流模型,计算山区复杂地形下的雪粒起动和运行。借助于天气条件、吹雪性质和积雪密度,由此得到吹雪输送率。这为雪害理论研究和进行雪害防治提供科学依据。同时,利用一些野外测试仪器和开展的雪物理力学性质与吹雪风洞模拟试验,确定

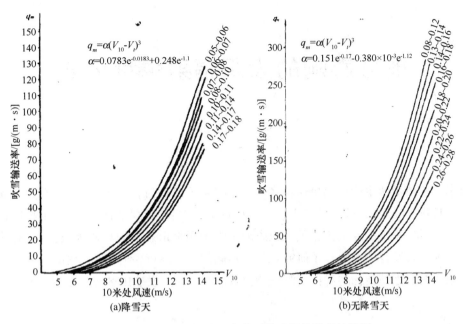

图1 不同积雪密度（ρ_τ）条件下的吹雪输送率计算图

山区的风雪流模型参数，为模拟山区风雪流的变化过程提供真实数据。今后应加强对雪害及其防治的研究，以适应我国山区经济建设发展的需要。

参考文献

［1］ 王中隆．我国雪害及其防治研究．山地研究，1983，1（3）：22-31.

地形影响的太阳辐射强度公式

1 背景

杉木系亚热带速生珍贵用材树种之一。它的生长发育与气候关系密切,不同气候区域的杉木生长量差异很大,杉木径向生长量与年降水量、相对湿度呈正相关,与生长期日照百分率、年蒸发量、年干燥度呈负相关。宛志沪等[1]利用地形影响的杉木生长公式,对地形小气候与杉木生长发育关系展开了研究。并在不同的海拔高度,不同坡向坡位上进行了杉木林分的小气候及生理指标的对比观测,这对合理利用资源、发展山区经济是有意义的。

2 公式

安徽省地处中纬段,日高角终年大于 $90°$,太阳光线总是斜射,所以不同坡向接受的太阳辐射能量不同,直接辐射强度变化更大。坡地直接辐射强度按下式计算,即:

$$S_c = S\cos i$$

式中, $\cos i = \cos\alpha\sin\theta + \sin\alpha\cos\theta\cos\varphi$。

由于不同坡向直接辐射和光照强度的不同,辐射平衡值也有差异。据有关文献记载,坡地的散射辐射与水平面的散射辐射相近似,即 $D_c \approx D_g$;缓坡地的有效辐射可按 $F_c = F_p\cos\alpha$ 计算;坡地辐射平衡值为:

$$R_c = (S_c + D_c) \times (1 - A) - F_c$$

尽管不同坡向的 F_c 和 A(反射率)不完全相同,但在白天,这些数值的变化与 S_c 相比仍然是很小的。所以南坡的辐射平衡值 R_c 和温度都高于北坡。因此不同坡向的可能蒸发力也不相同, $E_0 = R_c/L$,南坡 R_c 大,蒸发力强,土壤和空气都比较干燥,北坡则相反(表1)。

表1 太平县游山不同坡向气象要素日变化

日期	气象要素	高度(cm)	坡向	时				
				8	10	12	14	16
1982年 5月22日	温度(℃)	地面	SW	16.7	20.5	43.1	27.1	25.5
			NE	16.9	19.2	21.3	21.5	21.2
		150	SW	17.6	23.3	28.6	30.5	29.5
			NE	18.0	23.1	26.3	27.1	26.7
		林冠层中部	SW	17.8	22.8	29.5	31.2	31.6
			NE	19.1	22.8	27.2	27.7	26.6
	湿度(%)	150	SW	77	63	33	28	32
			NE	77	66	52	38	40
		林冠层中部	SW	82	59	31	25	27
			NE	76	61	36	31	30
	光照强度 (lx)	100	SW	1300	1400	2500	4400	1300
			NE	400	550	650	350	150
		林冠层中部	SW	1450	9000	14300	8200	4700
			NE	525	4425	5725	4000	150

3 意义

安徽省地形复杂,小气候资源丰富,即使在同一林场范围内小气候变化也较大,应根据树种生态学特性的要求,适地适树,因地制宜地进行造林的规划和布局。利用地形影响的太阳辐射强度公式,确定杉木生长发育阶段,采取营林技术措施,调节林分结构,以改变林分内的小气候条件。在高丘和低山丘陵地区,由于风速大,气候干燥,光照强,栽杉应选择在土坡湿润且排水良好的阴坡、半阴坡、山洼或地形遮蔽度较大的山坡下部。而干燥的阳坡、山脊、山冈和风口处,均不适宜杉木的生长。

参考文献

[1] 宛志沪,王太明,叶志琪.地形小气候与杉木生长发育关系的探讨.山地研究,1983,1(4):44-49.

滑带土的抗剪强度公式

1 背景

滑坡滑带土的抗剪强度在滑坡稳定性计算和抗滑工程设计中是一个重要的参数，其值正确与否，影响着滑坡验算和抗滑设施的安全，因此引起人们的极大关注。李妥德[1]通过概述滑带土强度参数来确定某些计算方法和选择相关指标。确定滑带土抗剪强度的方法有三种：经验数据法、试验法和反算法。对滑动距离较大而又经过多次滑动的滑坡体来说，其抗剪强度一般都降至残余值，因而确定滑带土的残余强度是必不可少的。

2 公式

将全国各地 91 种滑带土的残余强度剪切试验资料经整理后，得出如下经验公式，即：

$$\lg \Phi_r = 2.428 - 1.228 \lg I_P - 0.117 \lg I_L \pm 0.117$$

式中，Φ_r 为残余内摩擦角；I_P 为滑带土的塑性指数；I_L 为滑带土的液性指数，$I_L = (W - W_P) / I_P$，W_P 为滑带土的塑限，W 为滑带土的天然含水量。

苏联戈利德什捷英求残余抗剪强度 S_r 所用经验公式为：

$$S_r = 0.09 + 0.14 \sigma$$

式中，σ 为正压力。

意大利亚苗尔卡夫斯基用如下经验公式来求残余强度 $\Phi_r{}'$：

$$\Phi_r{}' = 453.1 \, (W_L)^{-0.35}$$

巴西坎基认为，残余黏着力 $Cr' = 0$ 时，求 $\Phi_r{}'$ 的经验公式为：

$$\Phi_r{}' = 46.6 / I_P{}^{0.488}$$

鉴于强度指标的选择，试样的采得以及试验方法等存在着局限性，所以太沙基于 1943 年最早提出用反算法来确定滑带土抗剪强度参数，并认为这是一种较可信赖的方法，因为反算法将许多有利因素和不利因素都包含进去了，最简便而又能满足精度的反算公式，要推毕肖普公式，即：

$$F_s = \frac{\Sigma CL + \Sigma (W \cos\alpha - UL) \mathrm{tg} \Phi}{\Sigma W \sin\alpha}$$

式中，F_s 为滑坡稳定系数；C 为滑带土黏着力；Φ 为滑带土内摩擦角；W 为各条块的滑体重

280

量;L 为各条块的滑面长度;α 为各条块的滑面倾角;U 为孔隙水压力。

3 意义

用经验数据法、试验法和反算法三种方法所得的抗剪强度往往会出现差异,最终如何选取一组较为符合实际的强度参数,这确是人们最为关心的问题。各种方法的精度取决于它们各自所需的边界条件。经验数据法,由于统计资料来源的局限性,所以不会对所有地区都能适用;试验法由于取样位置、含水量、土的结构的代表性以及试验方式的不同,其所得的强度参数也往往不能代表整个滑坡;反算法虽然能将许多不利因素和有利因素包含进去,但由于受到滑坡断面、滑动面位置和稳定系数等是否准确的限制,因此也存在着精度的问题。在这种情况下,必须将三种方法所得的强度加以综合考虑,才能够准确地计算所需的参数。

参考文献

[1]　李妥德. 滑坡滑带土抗剪强度的确定方法. 山地研究,1984,2(1):25-30.

垂直气候带的气候类型模型

1 背景

南迦巴瓦峰地区岭谷高差很大,这就破坏了当地的纬向气候带。与其他山区一样,南迦巴瓦峰地区随海拔高度的不同,热量条件和水分状况差异明显,形成不同的垂直气候带。长期以来对该地区进行垂直气候带划分的研究从未间断。通过对当地的气候考察后,发现在谈及气候情况时,常常有类似模糊性的问题,如"不太热"、"多雨水"等没有严格界限的模糊概念。林振耀和吴祥定[1]应用模糊数学的原理,采用模糊聚类分析方法,对南迦巴瓦峰地区垂直气候带及气候类型进行了分析,建立了垂直气候带的气候类型模型。

2 公式

将研究区各地点的海拔高度根据 1∶10 万地形图以及进行实地考察定出。有关热量、水分和霜冻情况是在气候考察、短期地面气象观测以及调查访问中得到的。现将 12 个地点统计参量的评分结果列于表 1。

表 1　12 个地点统计参量的评分结果表

评分\项目 地点	海拔高度	热量	水分	冻霜
丹娘	3	3	2.5	1
加拉	3	3	2.5	1
林芝	3	3	3	1.5
米林	3	3	3	1.5
波密	3	3	3	1.5
易贡	4	3	3	1.5
汉密	4	3	3.5	1.5
达木	4	4	3	2
格当	4	3.5	3	2
加热萨	4	4	3.5	2
墨脱	5	4.5	4	2.5
地东	5	5	4	2.5

参照文献[2],用表 1 所列的结果建立相似矩阵 $R = (r_{ij})$,当 $i=j$ 时,有:

$$r_{ij} = 1(i,j = 1,2,\cdots,12)$$

当 $i \neq j$ 时,r_{ij} 按下式求得,即:

$$r_{ij} = (\sum_{k=1}^{4} a_{ik} \times a_{jk})/M$$

式中,a_{ik} 为第 i 个单元中气候因素的第 k 个分量;M 是须经适当选择的一个常数。

为了形成模糊等价关系,须对相似矩阵进行改造,以满足传递性。这就需要通过矩阵复合运算来求相似矩阵的幂:

$$r_{ij}^{(2)} = \bigvee_{k=1}^{12} (r_{ik} \wedge r_{jk})$$

式中,$\vee$,$\wedge$ 分别为最大值和最小值。从而计算出 R^k,直到 $R^k = R^{2k} = R^*$ 为止,即满足了传递性,R^* 便是一个模糊等价关系。

3 意义

应用模糊数学的原理,在模糊事物之间建立模糊关系,抓住构成这一地区气候差异的主导因素,采用模糊聚类分析方法,筛选出起决定性作用的参数,并对各种参数予以数字化,然后根据垂直气候带的气候类型模型,通过合理的数学运算,结合实地气候考察和气候对比,做出比较客观的定量的气候分类,把雷同的气候归并为一类,而类与类之间在各种气候特征值上又有较明显的差异。从而将山区分为多种垂直带,以便分析多种气候类型。

参考文献

[1] 林振耀,吴祥定. 南迦巴瓦峰地区垂直气候带及气候类型. 山地研究,1984,2(3):165-173.

[2] 杨美华,王铭文. 模糊数学在小区域农业气候区划中的应用. 地理科学,1982,2(2):154-161.

森林年伐量的预测模型

1 背景

森林资源是林业生产力的重要要素之一,森林蓄积生长量,是森林群落最为活跃、最为积极、最有生命力的基本生产力。它是制定林业区划、林业规划、林业计划以及编制森林开发利用方案和组织森林经营的重要依据。但是由于过去没有建立森林资源连续清查体系,又无专门的森林资源管理系统,加之森林调查方法多变,所以三十多年来未能对四川省森林蓄积生长量进行全面的预测与分析研究。陈起忠等[1]以森林蓄积生长量动态观点和森林资源动态平衡观点来探讨森林合理经营、可持续利用问题。

2 公式

四川省历年木材产量的急剧跳动序列表明(图1),离开森林生长的客观规律,单纯运用一般经济供求法则,只顾眼前获取木材效益,是有害无益的。因而必须改变那种游击性采掘式的单纯木材经营方式,应在坚持森林分类利用的基础上,根据现有可利用资源、森林再生产能力(年平均生长率1.31%,以及幼龄林、中龄林、成熟林的生长量结构为2:3:5),确定最佳利用比例,以形成与森林生产力相适应的轮伐生产秩序。

目前四川省森林资源,正以1.9倍于年生长量,或以2.3倍于用材林生长量的惊人速度消失,比例失调严重。若不迅速采取有效措施调整采伐量,那么少则二十多年,多则三十多年后,全省可利用森林资源将濒于枯竭。因而我们根据森林蓄积量、生长量、采伐量平衡利用原则,按下式,对四川省年伐量做了多方案预测分析,现择其中三个方案列于表1[1]。

$$M_L = \sum_{i=1}^{n} Z_i P_m M_\rho$$

式中,M_L 为按生长量计算所得年伐量(m^3);$\sum_{i=1}^{n} Z_i$ 为经营单位各树种龄组的平均生长量总和(m^3);P_m 为森林蓄积量可及率(%);M_ρ 为利用蓄积量比(%)。

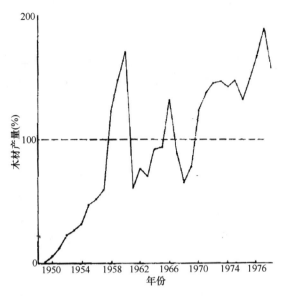

图1　四川历年木材产量(%)升降动态

表1　年伐蓄积量预测表

方案	生长率(%)	用材林		
		蓄积比(%)	可及率(%)	预测年代蓄积量(10^8 m^3)
Ⅰ	1.31	70.0	75.0	0.068
Ⅱ	1.31	70.0	75.0	0.075
Ⅲ	1.31	70.0	75.0	0.085

3　意义

　　四川省森林开发率尚不到30%,生产布局不合理,过伐林区的资源日趋枯竭,未开发林区的过熟林大量积压,比例失调,降低了森林生产力。这样,摸清各林区可持续利用条件,应用森林年伐量的预测模型,科学计算各经营单位可持续利用能力,制定长期远景规划。以营林为基础,调低过伐林区采伐量,使其与森林结构、生产力和生长量相适应。通过积极调整、加强林业建设,提高经营水平,以保持森林资源与利用量的相对平衡,实现森林合理经营、持续利用,加速四川省林业现代化建设。

参考文献

[1]　陈起忠,王少昌,李承彪. 四川森林的生长动态与永续利用探讨. 山地研究,1984,2(4):221-227.

地层的磁化方向公式

1　背景

　　昔格达组广泛分布在四川西南部的金沙江、雅碧江、大渡河等河谷中,早先常隆庆称其为"混旦层",时代归于上新世;后被袁复礼改名为昔格达组,时代归于第四纪中或后期。由于在昔格达组中迄今尚未发现哺乳动物化石,上部地层中孢子花粉也极少,因而对其时代长期存在着争论。第四纪冰川考察队等认为属早更新世,四川省区域地层表编写组则认为属上新世。钱方等[1]试图通过对昔格达组磁性地层研究,为较确切地测定该组的时代提供依据。

2　公式

　　图 1 为 143—(1)、251—(1)号、52—(2)、303—(1)号四块标本的矢量分析图,代表倾角象限($\pm Y, \pm Z$)均逐步向零点收束,说明标本已达到磁清洗的要求,磁化方向已趋向确定,次生剩磁大部分已被清洗。

　　对每块样品的矢量分析图或退磁曲线,选择最佳退磁场所测定出的 X, Y, Z 三个矢量,用公式

$$D = tg^{-1}(Y/Z) \text{ 和 } J = tg^{-1}\left(\frac{Z}{\sqrt{X^2 + Y^2}}\right)$$

计算出各自的磁偏角 D 和磁倾角 J,然后根据计算结果和剩余磁化方向的变化做出极性柱状图。

　　四个剖面的昔格达组极性柱与古地磁年表的对比如图 2 所示。

3　意义

　　川西南地区,在第四纪的不同时期都有规模不等的河湖相堆积,正确地区分它们是十分重要的。根据地层的磁化方向公式,确定西昌大赞梁子公路上方 100 米之外的分水岭地带和雅砻江下游河谷下部的两套长期被认作昔格达组的河湖相地层,经 C^{14} 法测定年代,属晚更新世中期—全新世早期。因此,在该区进行的工作不仅是根据由岩性来对比第四纪地

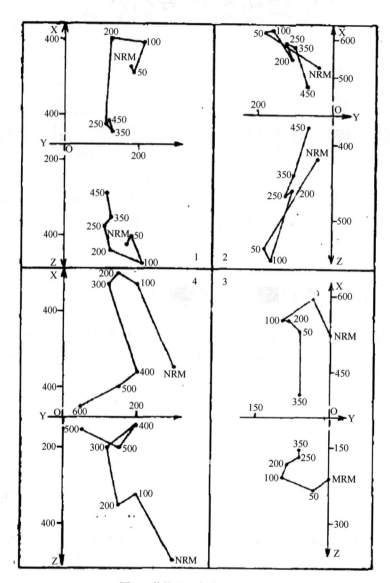

图1 昔格达组标本矢量分析

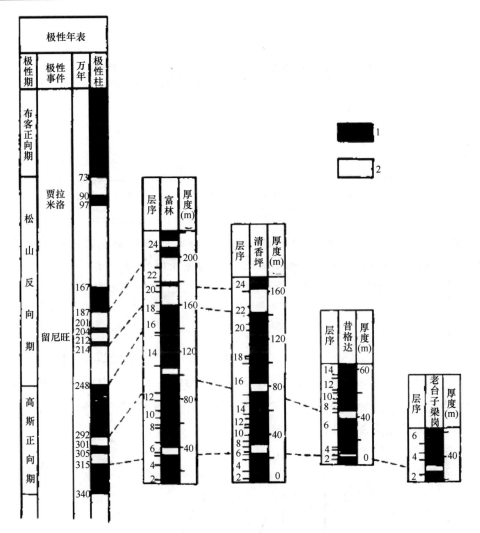

图 2　昔格达组极性柱与极性年表对比

层,而且须进行全面、综合的地质、地貌分析。事实上,上述两套新地层,在岩性和沉积环境上与昔格达组也有所不同,是应该加以区别的。

参考文献

[1]　钱方,徐树金,陈富斌,等．昔格达组磁性地层的研究．山地研究,1984,2(4):275-282.

等混合距离的分类公式

1 背景

陆地卫星的计算机兼容磁带包含着丰富的地学信息,因而可直接从 CCT 上提取信息,加以数字处理后,便能取得精度较高的数字图像,供各种地学研究使用。这种处理可在计算机上进行,不受专用图像处理设备的限制,较为灵活方便。程康和张福祥[1] 试用 ISONMIX(等混合距离)法对浙西大明山区的 CCT 数据予以分类,并讨论了这种分类的步骤、结果和效果。研究区位于浙江省临安县境内,属浙江西部大明山区。

2 公式

由于事先并不知道地物中心位置,故设待分类地物由 A、B 两类组成,平均值 $\overline{X}$ 便是这两类地物中心位置连线的中点,而 A、B 两类地物各自中心到 $\overline{X}$ 的距离是相等的,并且正好等于所求得的总偏差值 S_i(图 1)。

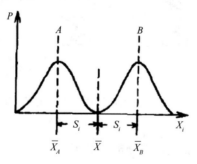

图 1 分类中心、平均值和偏差值

根据以上设想,求出待分类地物 A、B 的中心位置 $\overline{X}_A$、$\overline{X}_B$:

$$\overline{X}_A = \overline{X} - S_i$$

$$\overline{X}_B = \overline{X} + S_i$$

然后经运算可得等混合距离公式:

$$d[x_i, \overline{X}_{(A,B)}] = \sum_{j=1}^{n} |x_{ij} - \overline{X}_{(A,B)}|$$

式中,d 为第 i 个像元到中心 $\overline{X}_A$ 或 $\overline{X}_B$ 的光谱亮度距离;j 为 MSS4、5、6、7 中的任一波段,计算机实现时 $j=1,2,3,4$;x_i 为第 i 个像元的亮度值。

3 意义

通过实地调查并结合 1∶5 万地形图等资料,对八类彩色分类图进行分析,表明分类图能较好地反映研究区植被的分布情况。植被的分布受岩性和地貌的制约,因而在野外调查工作的基础上,用地学相关原则,对八类彩色分类图进行再解译后,可获得某些地质、地貌等信息。这些信息包括主要的线性构造、弯窿体、山脊线、沟谷线、河漫滩和阶地等,根据等混合距离的分类公式,计算结果的再解译是提高分类效果、获取更多地学信息的重要环节。从而可知等混合距离的分类公式是对山区植被进行分类,并在此基础上获取某些地学信息的有效方法。

参考文献

[1] 程康,张福祥. 浙西大明山区陆地卫星计算机兼容磁带数据的分类研究. 山地研究,1984,2(4): 265-271.

作物光合生产的潜力模式

1 背景

我国亚热带山区包括秦岭—淮河以南的长江中下游、西南及华南的广大丘陵、高原和山地。年均温 14~22℃，不小于 0℃ 的时间长达 8~12 个月，不小于 10℃ 积温 4 500~8 000℃，年降水量在 900 mm 以上。温度高，生长期长，降水充沛，雨热同季，农业气候资源丰富。因此，要合理利用气候资源，充分挖掘平坝区作物生产潜力，积极利用丘陵山地发展林业。充分借助于气候资源，因地、因时制宜安排作物生产。侯光良[1]对我国亚热带山区农业气候资源利用展开了作物生产方面的研究。

2 公式

内岛立郎、羽生寿郎研究了日本 42 个地点的水稻产量与气候资源之后，得出如下结果：

$$Y_R = S[4.14 - 0.13(21.4 - Q_R)^2]$$

式中，Y_R 为成熟量指数（用成熟时间气候资源表示的水稻生产力）；S 为抽穗后 40 天的日照时数，h；Q_R 为抽穗后 40 天的平均气温，℃。

作物产量的数学模式，可以用下列阶乘函数表示，即：

$$\overline{Y}' = f(I)f(T)f(W)f(S)f(M)$$

式中，$\overline{Y}'$ 为作物生产潜力，斤/亩；$f(I)$ 为作物光合生产潜力，斤/亩，由下式确定：

$$f(I) = QEHeaA$$

式中，E 为太阳能利用率；H 为每形成 1 g 干物质所需要的热量，g/J；e 为作物干物质产量换算成经济产量的系数；a 为将克换算成斤的系数，斤/500 g；A 为将平方厘米换算成亩的系数，667×10^4 cm^2/亩。

当作物群体生育环境的温度、水分、土壤肥力和农业技术措施处在最适条件下，作物产量（作物生产潜力）亦等于作物光合生产潜力，即：

$$\overline{Y}' = f(I)$$

3 意义

我国亚热带山地作物复种指数已经较高。在全年安排满作物后,仍有茬口衔接时的光能损失和作物前后期覆盖率较低、叶面积较小时的光能浪费。人们用间种、套种、移栽等方式加以改进,但仍有不可避免的光能损耗。因此,根据作物光合生产的潜力模式,可考虑在我国亚热带山地种植林果木,特别是常绿林果木,其有成林后覆盖率高等优点,周年均有较大的叶面积指数,光能截获量大,维持时间长,光能利用率高。在水肥等其他条件较好的情况下,从光能利用角度,利用作物光合生产的潜力模式,就可以确定山地林果木的干物质产量赶上或超过平坝区作物产量是可能的。这也正是应该重视占亚热带80%～90%以上山地来发展林果木的重要原因之一。

参考文献

[1] 侯光良. 试论我国亚热带山区农业气候资源利用的几个问题. 山地研究,1985,3(1):10-14.

流域的产沙量公式

1 背景

香溪在鄂西山区、宜昌以西约 78 千米处,地处长江三峡之一西陵峡入口处的左岸。香溪流域的地质构造属于黄陵背斜与秭归盆地,岩类众多,各支流流域内的岩类组成有一定差异:湘坪河主要由灰岩与砂岩组成;古夫河主要由灰岩、白云岩、硅质岩组成;高岚河主要由灰岩、白云岩与火成岩组成。根据流域内岩类的不同,可把整个流域划分为灰岩、砂岩两个产沙区。林承坤[1]结合相关公式分析了鄂西山区香溪流域地理环境的演变。

2 公式

对香溪与黄陵背斜区产沙自然地理因素所作的调查结果表明,产沙量随风化壳厚度 T(m),溪沟切割密度 D(km/km^2)以及径流深度 R(m/a)的增大而增加,随森林覆盖率 P(小于 1.0)的增加而减少。产沙量用产沙模数 Ms[t/(km·a)]值表示,并作为纵坐标;自然地理因素 TDR/P 作为横坐标。以 9 个点的实测资料在双对数坐标绘出 Ms—TDR/P 的关系(图 1)。据此用最小二乘法求 Ms 的经验公式为:

$$Ms = 194.7 (TDR/P)^{0.024}$$

根据上述诸自然地理因素,用上式计算所得的峡口以上香溪流域产沙量列于表 1。

表 1 峡口以上香溪流域各产沙区产沙模数与产沙量

产沙区	面积 (km^2)	风化壳 厚度 T (m)	径流深度 R(m/a)	溪沟切割 密度 D (km/km^2)	森林覆 盖率 P	TDR/P [m^3/ (km^2·a)]	产沙模数 Ms [t/(km^2·a)]	产沙量 (10^4 t/a)
灰岩	1960	4.3	0.650	0.30	0.25	3.354	414.3	81.2
砂岩	767	5.9	0.675	0.32	0.22	5.793	582.7	44.7

3 意义

通过鄂西山区香溪流域地理环境的演变,建立了流域的产沙量公式[1]。利用该公式计

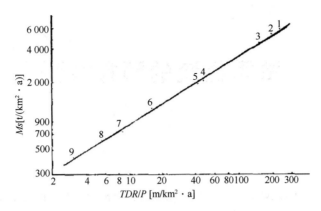

图 1　香溪、黄陵背斜区产沙模数(Ms)与
自然地理因素值(TDR/P)的关系

1. 刘家湾溪拦沙坝;2. 刘家湾东支水库;3. 茅坪河水库;

4. 乐天溪沙坪水库;5. 上木坪水库;6. 雾渡河;

7. 黄柏河天福庙水库;8. 水田坝区菁蒿峪水库;9. 高岚河家躺墒水库

算得到峡口以上香溪流域各产沙区产沙模数与产沙量。这样,根据流域的产沙量公式的计算结果可知,要改善香溪流域的地理环境,就得禁止采伐森林,开展植树造林。植树造林时,掌握香溪流域的地理特点,选择林型与树种,多采用优良的乡土树种。目前流域内森林破坏较为严重,植树造林的工程浩大,为了提高造林效益,必须确定香溪流域的最佳森林覆盖率,以尽可能小的造林面积,取得最大的水土保持效益与地理环境效益。借助于流域的产沙量公式的计算结果,确定本流域产沙特点,在湘坪河与古夫河上兴建水库,拦截泥沙,力争做到:既发挥各种工程效益,又改善与美化环境。

参考文献

[1]　林承坤. 鄂西山区香溪流域地理环境的演变. 山地研究,1985,3(2):79-87.

枯季径流的预报模型

1 背景

横断山南部农业最需水的季节主要在河流少水的枯季，且农业用水基本上取自二级以下的支流。由于缺乏调蓄工程，枯季用水紧张。在一些地区，特别是干旱而雨季来临又晚的年份，农业用水的供需矛盾十分尖锐。因此研究这一地区枯水期历时的地区差异、枯季径流在空间及时间上的变化、分析影响枯季径流的因素、探索枯季径流的预报，对该区工农业发展都有重要意义。刘振声和汤奇成[1]通过实验对横断山南部河流枯季径流展开了分析。

2 公式

正确划分枯水期起止期是研究枯季径流的重要前提。在此以降水相对系数 C

$$C = \frac{R_月}{R_年} \times \frac{365}{31}$$

作为计算、确定枯水期的依据。式中，$R_月$ 为多年平均月降水量；$R_年$ 为多年平均年降水量。

以芒市河等戛站、鲹鱼河会东站、宁蒗河庄房站为例，建立了如图1的相关关系。

三站枯季开始月流量与枯季平均流量的关系式为：

$$Q_1 = a + bQ_2$$

相关统计参数及误差见表1。

表1 相关统计参数及误差

河名	站名	参数 a	参数 b	相关系数 r	误差（%）	
					平均误差	最大误差
芒市河	等戛	7.07	0.282	0.89	5.9	14.6
鲹鱼河	会东	2.37	0.277	0.91	4.4	20.9
宁蒗河	庄房	1.21	0.210	0.94	9.1	24.8

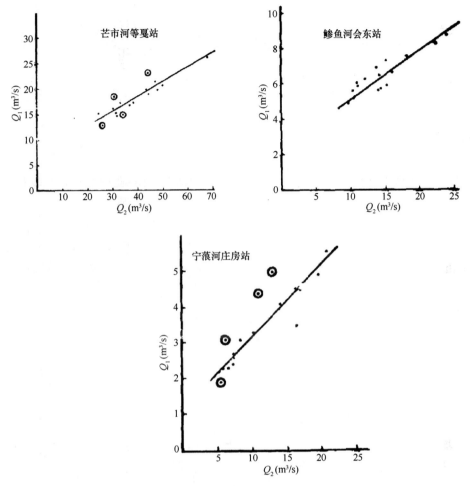

图1　枯季开始月流量与枯季平均流量的关系

Q_1 为枯季平均流量；Q_2 为枯季开始月流量

3　意义

从误差统计看,除枯水期历时过长或过短年份,枯季降水过多或过少年份外,用流域蓄水预报枯季径流是可行的。在此建立了枯季径流的预报模型,选取 95 个雨量站、5 个中小流域水文站作为基本分析站,径流资料未作还原计算。降水资料截止 1980 年,径流资料除云南个别站至 1978 年或 1979 年外,其他也截止 1980 年。根据枯季径流的预报模型的计算结果得知,1959—1980 年实测系列有一定代表性。该地区的自然要素,特别是热量、水分要素,具有十分明显的水平地带变化和垂直地带变化规律。

参考文献

[1] 刘振声,汤奇成.横断山南部河流枯季径流分析.山地研究,1985,3(2):65-72.

遥感图像的地表模型

1 背景

遥感数字图像处理用于山地研究中,对提高山地经济效益具有重要的意义。地物的光谱特性,即地物对光的反射性、漫射性以及本身的辐射性差异,在遥感图像上成不同的灰度和颜色,这是解译地物的直接标志。由于山区遥感图像具有上述这些特点,故只有用遥感数字图像处理,才能消除与地物无关的干扰光谱,使图像清晰,辨别出各地物间光谱特性的微细差异,便于成图。周万村[1]通过实验对遥感数字图像处理在山地研究中的应用展开了分析。

2 公式

1981年8月嘉陵江南充段洪水淹没范围的图像处理在I^2S系统上,突出了淹没区内各地物间光谱特性的微细差异,扩大了暗区(水体与淹没的湿地)的反差比,区分出了河道与洪水淹没区,尔后由计算机输出处理结果,整个处理过程花时约2个小时,解译结果见图1。

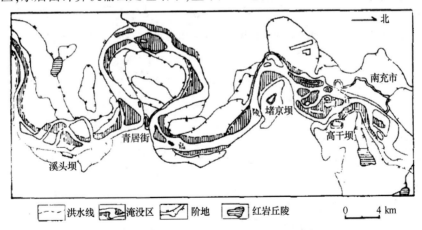

图1 1981年8月嘉陵江南充段洪水淹没范围解译图

工作步骤和方法是:①搜集基本资料,且加以辐射校正;②几何校正;③分类准备;④分类,这包括土地利用的分类和成果综合。这里用最大似然法来加以分类。用到的公式是:

299

$$d_i = \ln[p(k_i)] - 1/2\ln|C_i| - 1/2(g - m_i)^T C_i^{-1}(g - m_i)$$

式中，d_i 为各类土地利用判别值；$p(k_i)$ 为样本类型 k_i 的先验概率；m_i，C_i 分别为样本类型 k_i 的均值矢量和协方差矩阵；g 为须分类的像元；T 为样本类型的个数，即 k_1，k_2，$\cdots$，k_t。

使用上式时须进行下列计算：①把均值矢量 m_i 和协方差拒阵 C_i 计算给样本类型；②对分类图像的各个像元 g 都要计算出 $d_i(g)$，$i = 1,2,\cdots,t$；③如果 $d_i(g) > d_j(g)$，且 $i \neq j$，那么像元 g 就归入样本类型 k_j，式中的

$$(g - m_i)^T C_i^{-1}(g - m_i)$$

称为样本类型 k_i 像元 g 的 Mahalanobis 距离。

3   意义

根据遥感图像的地表模型，通过遥感图像数字处理，逐年掌握地表覆盖变化，并结合年降水量进行分析比较，在一定周期后，或许能得到地表覆盖变化对气候影响的定量解释。应用遥感图像的地表模型，对地表覆盖变化和河流泥沙含量变化加以对比和统计计算，就可获得一个地区或流域内的地表覆盖和水土流失之间的定性和定量关系。这样，便达到了监视地表变化的目的。当然，随着遥感数字图像处理技术的完善，其将在山地研究中解决更多的问题。

参考文献

[1]   周万村. 遥感数字图像处理在山地研究中的应用. 山地研究，1985，3(3)：189-192.

地磁场的球谐级数公式

1 背景

以往在南迦巴瓦峰地区并未进行过地磁测量工作。在 1983 年中国科学院登山科学考察中对南迦巴瓦峰地区首次开展了地磁测量工作。这次的工作任务是,通过剖面测量,建立若干地磁测量基点,以了解地磁场的分布概况;并通过室内对获取的地磁资料分析整理,寻求区内的区域地质及深部构造特征。由于受考察方式和当地工作条件限制,剖面测量采用的是徒步单点推进(不往返)方式。徐宝慈和杨惠心[1]对南迦巴瓦峰地区地磁展开了研究。

2 公式

在此采用球谐分析法来提取区域异常。

球谐分析法原理及区域场的提取,根据的是地磁学理论。这一理论认为,约占全部地磁场 93% 的内源稳恒磁场由中心偶极子场、大陆磁场、区域磁异常和局部磁异常组成,即改正了变化值的实测场。为研究异常场,一般把中心偶极子场和大陆磁场看作是地球的基本磁场。如果用数学模型来模拟地磁场,则应满足 $n=12$ 的高斯球谐级数公式:

$$\text{磁位 } U = \sum_{n=1}^{12} \sum_{m=0}^{12} \left(\frac{R}{r}\right)^{n+1} \left[g_n^m \cos m\lambda + h_n^m \sin m\lambda \right] P_n^m \cos\theta$$

若沿坐标的三个方向分别予以微分,则可得到各个场要素的球谐级数公式:

$$X = -\sum_{n=1}^{12} \sum_{m=0}^{12} \frac{1}{R} \left[g_n^m \cos m\lambda + h_n^m \sin m\lambda \right] \frac{d}{d\theta} (P_n^m \cos\theta)$$

$$Y = \sum_{n=1}^{12} \sum_{m=0}^{12} \frac{1}{R} \left[g_n^m \sin m\lambda - h_n^m \cos m\lambda \right] \frac{P_n^m \cos\theta}{\sin\theta}$$

$$Z = -\sum_{n=1}^{12} \sum_{m=0}^{12} \frac{1}{R} \left[g_n^m \cos m\lambda + h_n^m \sin m\lambda \right] (n+1) P_n^m \cos\theta$$

式中,g_n^m,h_n^m 为高斯球谐系数;$P_n^m \cos\theta$ 为缔合勒让德函数;λ 为经度;θ 为纬度;R 为地球半径;r 为矢径。

如果能滤去表层磁性体的影响,将得到与深部构造及磁性物质层有关的区域磁场。为

此可用如下的异常值网格化公式:

$$Za_j = (\sum_{i=1}^{6} Za_i/r_i)/(\sum_{i=1}^{6} 1/r_i)$$

式中, Za_j 是插值点 j 处的磁异常; Za_i 是插值点附近 i 点的磁场值; r_i 是插值点到引用点的距离。

3 意义

根据地磁场的球谐级数公式的计算结果,可知居里深度与莫霍深度有一定的对应性,即居里面深,莫霍面也深,反之亦然;上地幔隆起部位,地热露头往往众多。通过重力测量资料,重磁负异常区较大者,地壳厚度就相当大。这样,区域异常等值线走向与区域构造线的方向是一致的。据此确定,板块地缝合带在南迦巴瓦峰地区,西部的米林—大峡弯顶端雅鲁藏布江,可能是欧亚板块和南亚板块地缝合带的一段。东部的地缝合带,可能位于大峡弯顶端—背崩雅鲁藏布江与区域异常等值线走向之间。

参考文献

[1] 徐宝慈,杨惠心.南迦巴瓦峰地区地磁研究.山地研究,1985,3(4):214-219.

海拔变化的气温预测方程

1 背景

南迦巴瓦峰地区位于青藏高原东南隅,三面环山。青藏高原伸入对流层,迫使高空西风带气流分为南北两支。南迦巴瓦峰地区以东喜马拉雅山主脊线为界:主脊线以北及西北的波密、米林和林芝等地属高原温带气候;墨脱以南则为山地热带亚热带气候。界线南北分属两个截然不同的气候带,气候差异十分明显。探讨本区的气候特征,对合理开发利用气候资源具有十分重要的生产实践意义。林振耀和吴祥定[1]通过海拔变化的气温预测方程,对南迦巴瓦峰地区气候基本特征展开了研究。

2 公式

众所周知,气温与海拔相关性极好,但随地域不同而有差异。现根据南迦巴瓦峰地区几个站点的气温与海拔资料,求得该区年均温与海拔的相关线性方程:

$$Y = 22.4 - 0.005x$$

式中,y 为年均温,℃;x 为海拔,m。相关系数为-0.99。

森林上限、高山灌丛上界和雪线等的海拔分布,不仅与年均温有关,更主要是与最暖月气温、最冷月气温有关,为此求出最暖月气温、最冷月气温线性方程为:

$$Y_1 = 27.8 - 0.004x_1$$

$$Y_2 = 14.8 - 0.005x_2$$

式中,Y_1 为最暖月气温,℃;x_1 为海拔,m;Y_2 为最冷月气温,℃;x_2 为海拔,m。相关系数仍为-0.99。

气温随海拔不同而变化,还可用递减率来表征。南迦巴瓦峰地区气温随海拔升高的递减率,具有明显的地域差异和季节变化(表1)。

表1 气温随海拔升高的平均递减率

测站	高差(m)	1月	4月	7月	10月	年
墨脱—背崩	320	-0.66	-0.77	-0.34	-0.44	-0.47
背崩—迪布鲁加尔	670	-0.75	-0.87	-0.63	-0.93	-0.48

3 意义

根据海拔变化的气温预测方程,可知南迦巴瓦峰地区气温等值线和降水等值线,均沿雅鲁藏布江大峡弯谷地及其支流呈树枝状分布,背崩以南海拔 500 米以下雅鲁藏布江谷地内,气候湿热,年均温在 20℃ 以上,年降水量可达 2 500~3 000 毫米,具有热带亚热带气候特征。这样有利的地形和环流形势,使区内的气温远远超出同纬度其他地区的气温,因而南迦巴瓦峰地区成为我国热带的最北地区。通过海拔变化的气温预测方程,确定了该地区年降水日数多,平均降水强度大,暴雨时有发生,易酿成山地灾害。南迦巴瓦峰地区气候资源丰富,但沿雅鲁藏布江大峡弯及其支流的谷地可耕地甚少,限制了热带亚热带作物的种植。

参考文献

[1]　林振耀,吴祥定. 南迦巴瓦峰地区气候基本特征. 山地研究,1985,3(4):250-257.

通道输送的水汽量模型

1 背景

南迦巴瓦峰地区的雅鲁藏布江大峡弯,是青藏高原东南部一个南北向大槽子,印度洋暖湿气流经此槽子长驱北进,这对青藏高原的天气和气候影响显著,因而雅鲁藏布江大峡弯的通道作用值得重视。高登义等[1]用1983年7—8月南迦巴瓦峰地区地面、高空气象考察资料以及相关信息,论证了雅鲁藏布江在夏季向青藏高原输送水汽中所起的作用和地位,分析了雅鲁藏布江水汽通道对青藏高原东南部及其南侧地区降水的影响。

2 公式

计算水汽输送量用以下公式:

$$F_W = \int_1 \int_t \int_{P_1}^{P_2} \frac{Vg}{g} \mathrm{d}P \mathrm{d}t \mathrm{d}l$$

式中,F_W是某一时期t内在等压面P_1与P_2之间通过边界长度l的水汽输送量,g/(cm·s); q是比湿,g/kg;V是投影在输送方向的水平风速,m/s;g为重力加速度,m/s^2。

图1中的水汽输送量,是1983年7月13日至8月1日逐日13时(当地时间,下同)地面-20毫巴层内,向西北(溯易贡藏布而上)输送的水汽量;水汽含量(或叫可降水量)为同样条件下的总水汽含量;逐日降水量是08-08时的观测值,可用以下公式求水汽含量:

$$W = \frac{1}{g} \int_{P_Z}^{P_0} q \mathrm{d}P$$

式中,W为水汽含量,mm;g和q的含义同上;P_0,P_Z分别为地面与Z高度上的气压,mb。

3 意义

根据输送的水汽量模型,计算可知青藏高原水汽通道所起的作用:青藏高原东南部及其南侧地区年降水量分布呈现一条起自孟加拉湾北岸、溯布拉马普特拉河—雅鲁藏布江谷地而上的降水带。大峡弯顶端北侧雨季起始月份与青藏高原南侧地区诸站雨季起始月份相同。雅鲁藏布江谷地内诸站的降水量主要依赖于溯江而上的水汽输送量的多寡。青藏

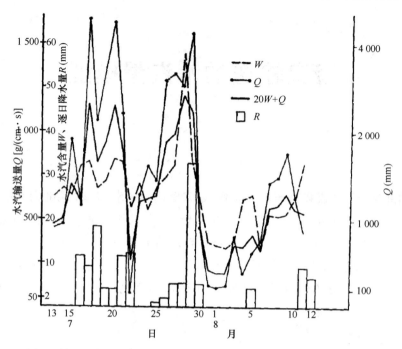

图1　易贡站水汽输送量(Q)、水汽含量(W)与降水量(R)的日际变化

高原水汽通道使印度洋暖湿气流不断向东北输送大量水汽,当副热带西风槽前的西南气流控制青藏高原东南部及其南侧地区时,不仅给青藏高原东南部及其南侧地区带来大量降水,而且还会在青藏高原东侧地区产生大面积暴雨。

参考文献

[1]　高登义,邹捍,王维.雅鲁藏布江水汽通道对降水的影响.山地研究,1985,3(4):239-249.

滑坡的滑速预测模型

1 背景

我国西北半干旱半成岩分布区灾害性大型滑坡一般都发生在半成岩地层中。这里的半成岩地层是一套上新世或早中更新世期间内陆湖盆沉积的半胶结黏土岩、粉质砂岩和砂岩等地层;水平的层状结构特征,有由粗至细的沉积旋回韵律,呈互层状交替分布的特点。近年来,对西北地区半成岩灾害性滑坡已有不少研究,灾害性滑坡的形成和高速的原因涉及滑坡的形成环境、滑面形成机制、滑带土剧滑时的性状以及势能释放性质等问题。吴其伟和李天池[1]就滑面形成机制与滑坡高速成因间的关系做了探讨。

2 公式

查纳滑坡发生在共和盆地与蛙里贡山隆起带的接触部位,滑前岸坡系由更新世弱胶结半岩质土组成(图1)。其规模达 $1.27×10^8$ m³,剧滑历时约 2 min,前缘最远滑程 2~3 km,整体最大滑速达 40 m/s。岸坡前方约 4.5 km² 的土地被滑体掩埋,两侧分布的东西查纳村顷刻间荡然无存,黄河短期断流。

图 1 查纳滑坡剖面

西北地区半成岩大型滑坡滑速的预测,根据液化、残峰效应机制,可按图 2 分析,进行预测估算,能得到较为接近实际的上限值。其估算式为:

$$V = \sqrt{2K_1 \cdot K_2 \cdot g \cdot H}$$

式中, $K_1 = (1 - R)$, $K_2 = F_1/(F_1 + F_2)$,为无量纲参数;R 为黏土岩、泥岩的残峰比;g 为重力加速度,m/s²;F_1,F_2 分别为驱滑段、抗滑段的断面面积,m²;H 为驱滑段的重心落差,m。

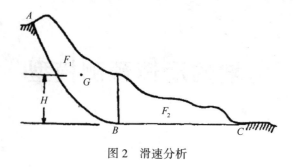

图2　滑速分析

3　意义

西北地区半成岩高边坡的出现、灾害性滑坡的酝酿形成及其高速成因,受区域地质环境因素的严格控制,具有地域性的特色。西北地区半成岩灾害性滑坡,是该区晚近构造活动特征和半干旱气候环境的必然产物。根据滑坡的滑速预测模型,确定了在我国不同地区灾害性滑坡的发生都同各地区的特殊地质背景条件密切相关。按照滑坡的滑速预测模型,可知滑坡的环境地质因素特征,这无疑有助于把握我国灾害性滑坡现象及其活动规律,对国土整治、危险区划、预测防治有着重要的意义。

参考文献

[1]　吴其伟,李天池.半成岩大型滑坡机制和滑速分析.山地研究,1986,4(1):48-53.